U0748738

无师自通 系列书

电焊工 彩图版
操作技能

周 岐 武晓峰 王冠群 孙铭远 编著

中国电力出版社
CHINA ELECTRIC POWER PRESS

内 容 提 要

　　本书的最大特点是采用大量的彩色数码照片，清晰、直观地表现了金属焊接的操作方法和步骤。主要内容包括：焊接工艺基础知识、焊条电弧焊、单面焊双面成形技术、管材和管板的焊条电弧焊、手工钨极氩弧焊、CO_2 气体保护焊、埋弧焊的操作工艺与技术以及焊接安全技术。读者通过本书的学习，可以轻松、正确地掌握焊接技术的操作方法，选择合适的焊接工艺并能保证工作安全。

　　本书适合刚开始从事金属焊接工作的技术人员学习使用，能帮助他们快速掌握正确的操作技能，也适合中级电焊工以及高职、中职相关专业的学生参考。

图书在版编目（CIP）数据

电焊工操作技能：彩图版 / 周岐等编著 . —北京：中国电力出版社，2013. 8（2025. 7 重印）

（无师自通系列书）

ISBN 978-7-5123-4280-4

Ⅰ . ①电… Ⅱ . ①周… Ⅲ . ①电焊—基本知识 Ⅳ . ① TG443

中国版本图书馆 CIP 数据核字（2013）第 066425 号

中国电力出版社出版、发行

（北京市东城区北京站西街 19 号　100005　http://www.cepp.sgcc.com.cn）

廊坊市文峰档案印务有限公司印刷

各地新华书店经售

*

2013 年 8 月第一版　　2025 年 7 月北京第十一次印刷

880 毫米 ×1230 毫米　32 开本　7.75 印张　314 千字

定价 **35.00** 元

前言 Preface

    焊接作为当代机械组装工艺之一，在国民经济中起着极其重要的作用，广泛应用于压力容器、锅炉、重型机械、石油化工、航空航天、船舶、汽车、工程机械等领域。随着工业社会生产的快速发展，焊接产业市场和发展空间为焊接工人提供了大量的就业岗位，同时对焊接工人的操作技能水平也产生了巨大的需求。

    焊接的广泛应用促使焊接工人不断提高自身的操作技能和相关工艺知识，焊工高超的操作技能不但来源于良好的焊接习惯和实践经验的不断总结，而且借鉴并掌握成熟的操作工艺和必要的操作技巧，能够快速提高焊接工人的焊接操作技能。

    本书以实用为原则，以操作技能为重点，通过图解的形式，配以详细的文字说明来阐述工业生产中常用焊接方法的焊接过程及操作工艺与技术。全书共分八章，分别介绍了焊接工艺基础知识、焊条电弧焊、单面焊双面成形技术、管材和管板的焊条电弧焊、手工钨极氩弧焊、CO_2气体保护焊、埋弧焊的操作工艺与技术，以及焊接安全技术等知识。每种焊接方法均涉及板材、管材以及管板的焊接技能，涵盖内容广。

    本书介绍的操作技术既包括焊接工人从事焊接生产应掌握的基本知识和基本操作技能，也包括焊接工人提高自身操作水平的相关技能。所介绍的操作技术都是典型和成熟的操作技能，遵循由技能基础到技能提高的路线，辅以实际生产图片及说明，利于读者对知识更快、更好地理解和深入，从而较快地学习和掌握操作技能，并能更好地在实际生产中运用。

    本书内容通俗，操作知识涵盖面广，特别注重实用性，可供各行各业的焊接从业人员学习使用。本书由周岐主编，参加编写的人员还有王冰、刘伟东、岳旭东、孟力凯、王孝良、李青春、王欢、张巍、宋丹、吴帅。

    由于编者水平有限，漏误之处在所难免，恳请读者批评指正。

编　者

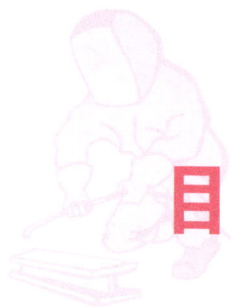

目录 Contents

第一章　焊接工艺基础知识

焊接是被焊工件的材质（同种或异种），通过加热、加压或二者并用，并且用或不用填充材料，使工件的材质达到原子间的结合而形成永久性连接的工艺过程。焊接生产是现代工业生产中主要的加工工艺之一，在机械制造、交通运输、石油化工、基建及国防等工业部门得到了广泛的应用。

按焊接的工艺特点和母材金属所处的状态，焊接方法可分为熔焊、压焊、钎焊和特种焊四类。

第一节　焊接电弧与极性

一、焊接电弧

焊接电弧是由焊接电源供给，具有一定电压的两个电极之间的气体中产生持久而强烈的放电现象，用来在焊接过程中为焊接材料提供热量，例如常用的焊条电弧焊，就是把焊条和焊件分别作为两个电极，通过两者之间产生的电弧热量来熔化焊条和焊件金属，冷却后形成焊缝，如图1-1所示。

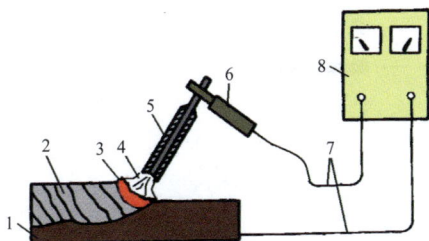

图1-1　焊条电弧焊示意图

1—焊件；2—焊缝；3—熔池；4—电弧；5—焊条；6—电焊钳；7—焊接电缆；8—焊机

焊接电弧由阴极区、阳极区、弧柱三个部分组成，如图1-2所示。

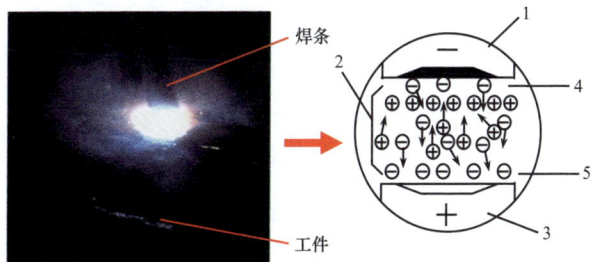

图1-2　焊接电弧的构造

1—焊条；2—弧柱；3—焊件；4—阴极区；5—阳极区

1

弧柱是处于阴极区和阳极区之间的区域。它是电子和阳离子的混合物，也有一些阴离子和中性微粒。弧柱的温度由于不受材料沸点的限制，通常高于阴极辉点和阳极辉点的温度。常说的电弧电压与弧柱长度成正比关系。

二、电弧的极性

当焊接电源采用交流电源时，由于正、负极是交替变化的，所以不存在正接与反接。而采用直流电源，若工件接电源正极，焊条接电源负极时，称为直流正接；若工件接电源负极，焊条接电源正极时，称为直流反接，如图1-3所示。

由于阴极的发热量远小于阳极，采用直流正接时，工件接正极，温度较高。因此，焊厚板时用直流正接，焊薄板时用直流反接。低氢型碱性焊条必须采用直流反接。直流反接时，电弧燃烧稳定，飞溅小；而采用直流正接时，电弧燃烧不稳定，飞溅大，而且容易产生气孔缺陷。

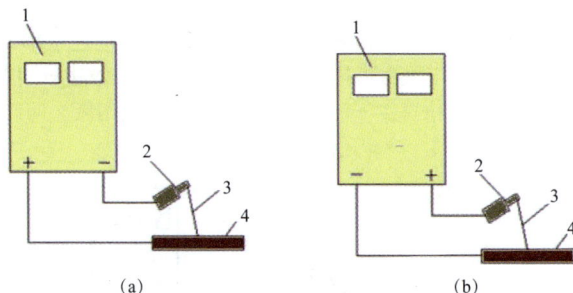

图1-3　直流正接与反接

(a) 直流正接；(b) 直流反接
1—焊接电源；2—焊钳；3—焊条；4—焊件

三、电弧偏吹

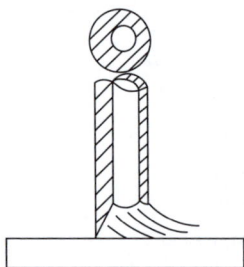

图1-4　药皮偏心引起的偏吹

焊接生产中，会遇到电弧偏离焊条轴线的现象，这叫电弧偏吹。电弧偏吹使温度分布不均匀，容易产生咬边、未熔合、夹渣等缺陷，产生电弧偏吹的原因有：

（1）由于焊条药皮偏心，圆周各处药皮厚度不一致，熔化快慢不同，药皮薄的一边熔化快，药皮厚的一侧熔化慢，焊条端部产生"马蹄形"套筒，使电弧吹向一边，如图1-4所示。

（2）在钢板两端焊接时，由于热空气引起冷空气流动，使电弧向钢板外面偏吹。

（3）由于在风的作用下，电弧向风吹的方向偏斜。

（4）接地线位置不当引起的偏吹如图1-5所示。

（5）焊接区附近的铁磁物质引起电弧偏吹如图1-6所示。

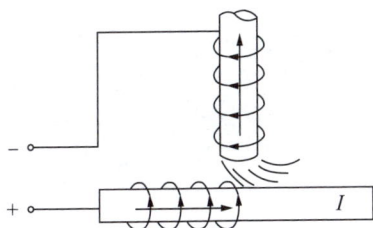

图1-5　接地线位置不当引起的电弧偏吹

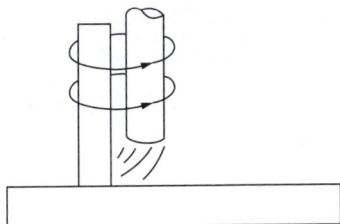

图1-6　铁磁物质引起电弧偏吹

焊接时，如果发现焊条出现"马蹄形"，当"马蹄形"不大时，可转动焊条改变偏吹的方向调整焊缝成形；若"马蹄形"较大，则更换焊条；或者改变工件上的接线位置，将地线接在工件中间较好；当焊T形接头或焊接具有不对称铁磁物质的焊件时，要适当改变焊条角度，削弱立板的影响。在钢板两头焊接时，可改变焊条角度或增加引弧板，尽量避免在有风的地方焊接或用防护挡板挡风。

第二节　焊接接头

焊接接头是采用焊接方法连接的接头，包括焊缝、熔合区和热影响区三部分，如图1-7所示。

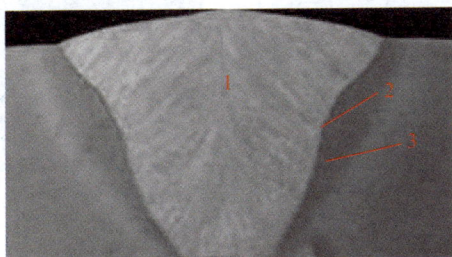

图1-7　焊接接头

1—焊缝；2—熔合区；3—热影响区

一、焊接接头形式

焊接生产中，由于焊件厚度、结构形状和使用条件不同，其接头形式和坡口形式也不同。焊接接头形式可分为对接接头、角接接头、T形接头及搭接接头四种。

1. 对接接头

对接接头形式如图1-8所示。它是焊接结构中使用最多的一种接头形式。按照焊件厚度和坡口准备的不同，对接接头一般可分为不开坡口、单边V形坡口、V形坡口、X形坡口、单U形坡口和双U形坡口等六种基本形式。

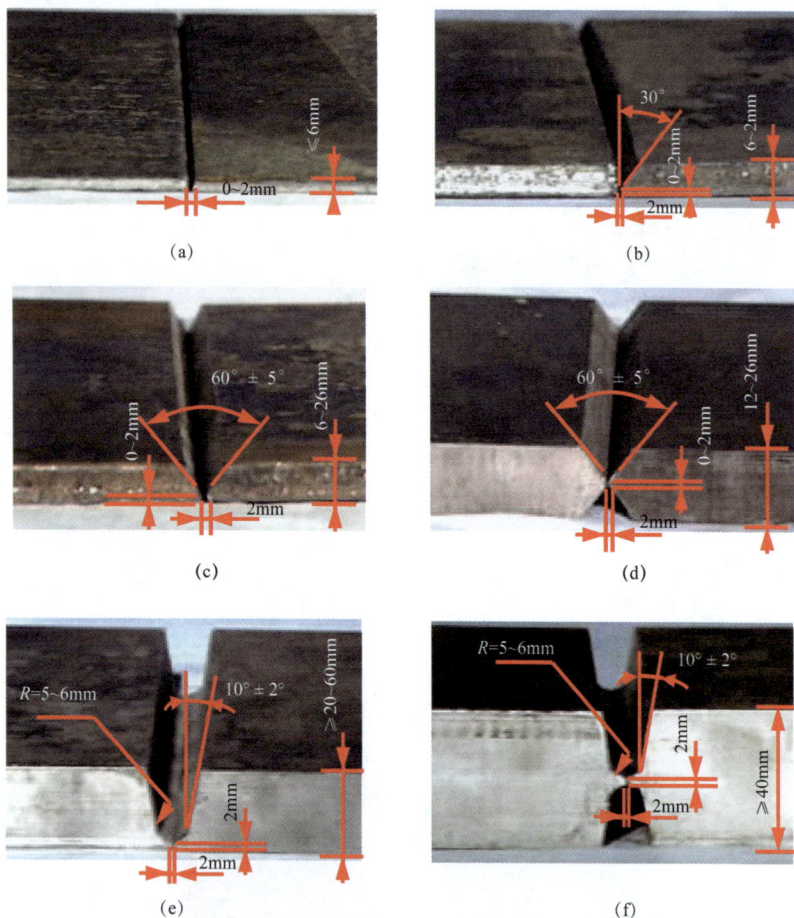

(a)

(b)

(c)

(d)

(e)

(f)

图1-8 对接接头形式

(a) 不开坡口； (b) 单边V形坡口； (c) V形坡口； (d) X形坡口； (e) 单U形坡口； (f) 双U形坡口

　　坡口是根据设计或工艺要求，将焊件的待焊部位加工成一定的几何形状，经装配后形成的沟槽，如图1-9所示的V形坡口。开坡口是为了保证焊缝根部焊透，便于清除熔渣，获得较好的焊缝成形，而且坡口能起调节基本金属和填充金属的比例作用。钝边是为了防止烧穿，钝边尺寸要保证第一层焊缝能焊透，间隙也是为了保证根部能焊透。

　　钢板厚度在6mm以下，一般不开坡口；但重要结构，当厚度在3mm时就要求开坡口。钢板厚度为6~26mm时，采用V形坡口，但焊后焊件容易发生变形。钢板厚度为12~60mm时，可采用X形坡口，主要用于大厚度及要求变形较小的结构中。单U形和双U形坡口的加工较困难，一般用于较重要的焊接结构。

图1-9 V形坡口示意图

2. 角接接头

角接接头的形式如图1-10所示。根据焊件厚度和坡口准备不同，角接接头可分为不开坡口、单边V形、V形以及K形四种形式。

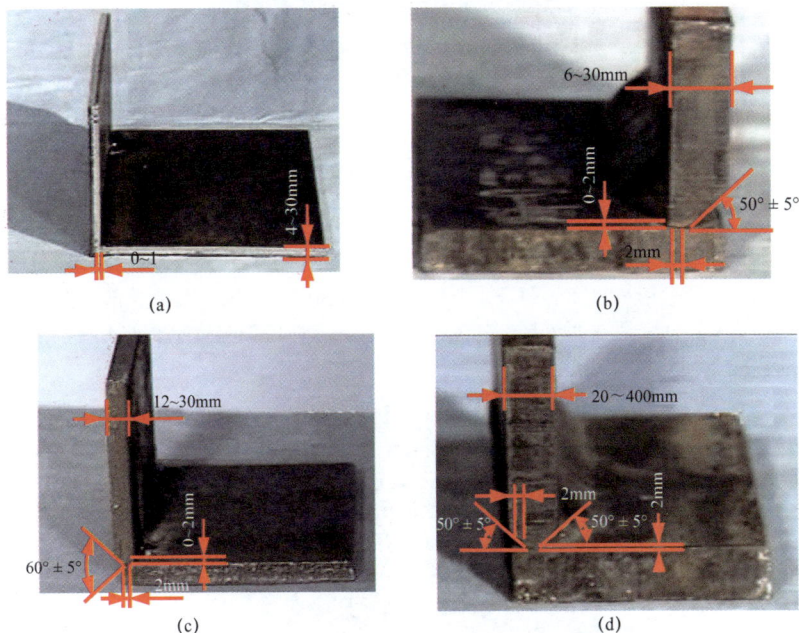

(a)

(b)

(c)

(d)

图1-10 角接接头

(a) 不开坡口； (b) 单边V形坡口； (c) V形坡口； (d) K形坡口

3. T形接头

T形接头是两个焊件相交成直角或近似直角的接头，其具体形式如图1-11所示。按照焊件厚度和坡口准备的不同，常见的T形接头可分为不开坡口、单边V形、K形等形式。

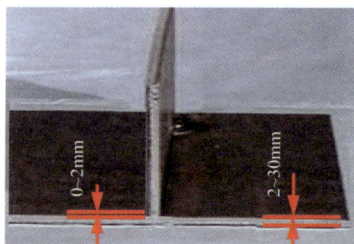

(a)

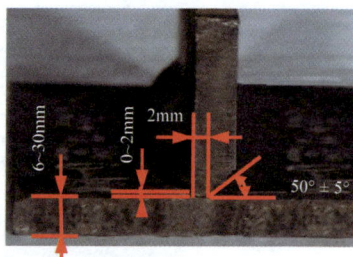

(b)

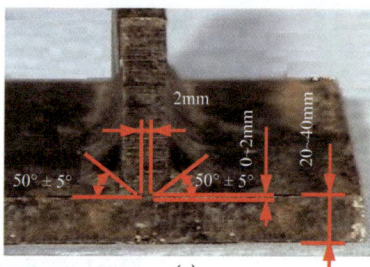

(c)

图1-11　T形接头

(a) 不开坡口；　(b) 单边V形坡口；　(c) K形坡口

4. 搭接接头

搭接接头是两个焊件部分重叠在一起进行焊接所形成的接头。搭接接头根据其结构形式和对强度的要求，一般用于12mm以下钢板，其重叠部分为$L \geq 2(\delta_1 + \delta_2)$，并采用双面焊接，如图1-12所示。这种接头的装配要求不高，接头的承载能力低，所以只用在不重要的结构中。

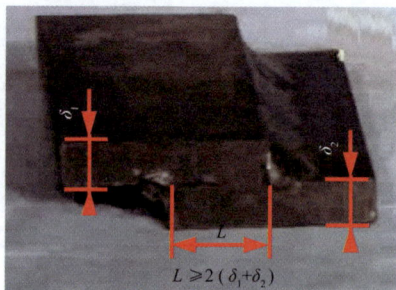

图1-12　搭接接头

二、焊接位置

焊接位置是焊缝和焊条所处的空间位置，根据焊接焊缝时，在空间的所处操作位置的不同，可分为平焊、立焊、横焊及仰焊四种形式（见图1-13），相对应的焊缝分别为平焊缝、立焊缝、横焊缝及仰焊缝四种形式。而角焊缝可分为平角焊、船形焊、立焊和仰角焊四种形式。

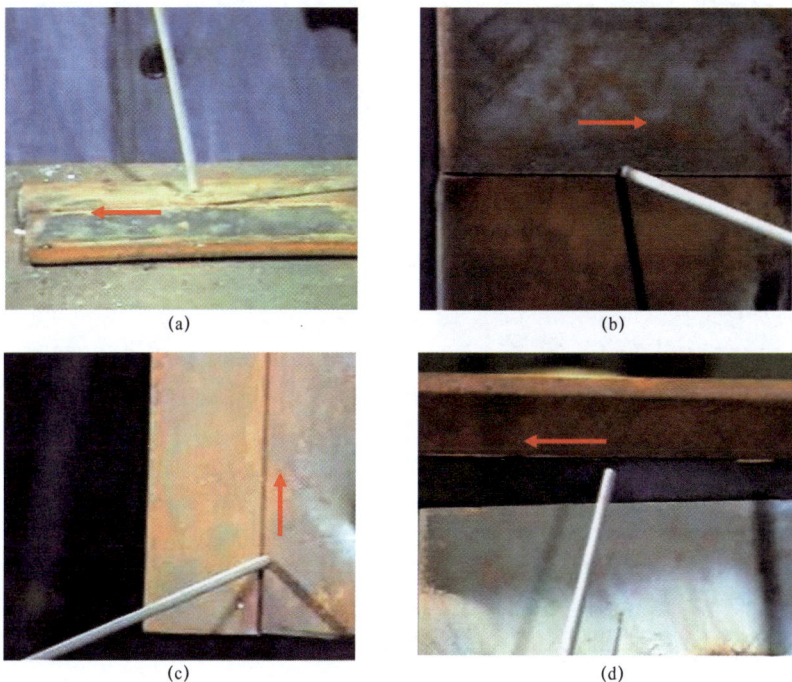

(a)　(b)

(c)　(d)

图1-13　对接接头各种位置的焊接形式
(a) 平焊；(b) 横焊；(c) 立焊；(d) 仰焊

第三节　焊　接　缺　陷

焊接缺陷按其在焊缝中的位置，可分为内部缺陷和外部缺陷两大类。外部缺陷位于焊缝的外表面，用肉眼或低倍放大镜就能看到，如焊缝尺寸不符合要求、咬边、表面气孔、表面裂纹、烧穿、焊瘤及弧坑等；内部缺陷位于焊缝内部，需用无损探伤法或用破坏性试验才能发现，如未焊透、内部气孔、内部裂纹及夹渣等。

一、焊缝外形尺寸不符合要求

焊缝表面形状高低不平，焊波粗劣，焊缝宽度不均匀，焊缝高低不平，这些均属焊缝外形尺寸不符合要求，如图1-14所示。焊缝外形尺寸不符合要求，不仅造成焊缝成形难看，而且还会影响焊缝与基本金属的结合，造成应力集中，影响结构的安全使用。

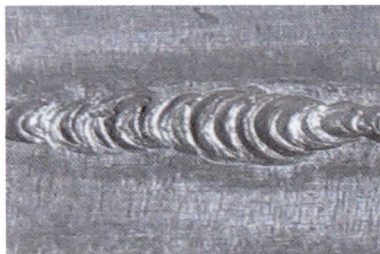

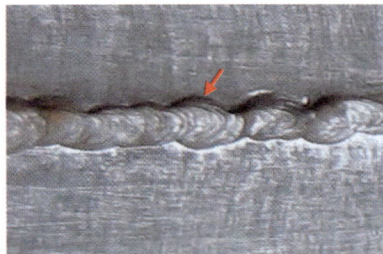

| 图1-14 焊缝外形尺寸不符合要求 | 图1-15 咬边 |

产生焊缝外形尺寸不符合要求的主要原因是：焊接坡口角度不当或装配间隙不均匀、焊接电流过大或过小、焊条的角度选择不合适和运条速度不均匀等原因造成的。

二、咬边

咬边又称咬肉，通常把基本金属和焊缝金属交界处的凹槽称为咬边，如图1-15中箭头所指处。咬边不仅减弱了焊接接头的强度，而且在咬边处容易引起应力集中而产生裂纹。一般规定，当钢材厚度小于10mm时，基本金属咬边深度不得大于0.5mm；当钢材厚度超过20mm时，基本金属咬边深度不得大于1mm；承受动载荷的焊件，基本金属的咬边深度不得大于0.5mm；特别重要的焊件，如高压容器、高压管道等咬边是不允许存在的。

咬边产生的原因主要是：平焊时由于焊接电流太大、电弧过长或运条速度不适当；角焊时，由于焊条角度或电弧长度不适当。

三、烧穿

把在焊缝中形成的穿孔称为烧穿，如图1-16所示。烧穿不仅影响焊缝的外观，而且使该处焊缝的强度显著减弱，因而焊接过程中，应尽量避免这种缺陷的产生。

产生烧穿的主要原因是：焊接电流过大、焊接速度过慢和焊件间隙太大。

| 图1-16 烧穿 | 图1-17 弧坑 |

四、弧坑

在焊缝末端或焊缝接头处，低于基本金属表面的凹坑称为弧坑，如图1-17所示。弧坑不仅使该处焊缝的强度严重减弱，同时在弧坑内很容易产生气孔、夹渣或微小裂纹，所以在熄弧时一定要填满弧坑，使焊缝高于基本金属。

弧坑产生的原因主要是熄弧过快或薄板焊接时使用的电流过大。

五、焊瘤

把在焊接过程中，熔化金属流敷在未熔化的基本金属或凝固的焊缝上所形成的金属瘤，称为焊瘤，如图1-18所示。焊瘤不仅影响焊缝外表的美观，而且焊瘤下面常有未焊透缺陷，易造成应力集中。

焊瘤的产生主要是由于焊接电流太大、电弧过长、焊接速度太慢、焊件装配间隙太大、操作不熟练、运条不当等原因造成。

六、夹渣

把存在于焊缝或熔合线内部的非金属夹杂物称为夹渣，如图1-19所示。夹渣对接头的性能影响比较大，由于夹渣多数呈不规则的多边形，其尖角会引起很大的应力集中，导致裂纹的产生。

产生夹渣的原因主要有：①焊件边缘、焊层和焊道之间的熔渣未清除干净，特别是碱性焊条，若熔渣未除净，就更容易产生夹渣；②焊接电流太小，熔化金属和熔渣所得到的热量不足，使其流动性降低，而且熔化金属凝固速度快，熔渣来不及浮出；③焊接时，焊条角度和运条方法不恰当，熔渣和铁水分辨不清，把熔渣和熔化金属混杂在一起，阻碍了熔渣的上浮等。

图1-18 焊瘤

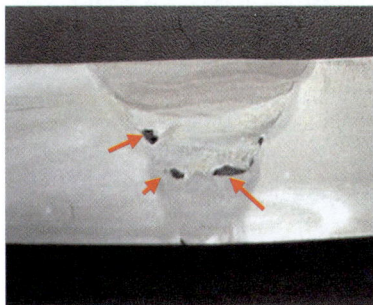

图1-19 夹渣

七、未焊透

基本金属和焊缝金属之间或焊缝金属之间，局部未熔合而留下的空隙，称为未焊透，如图1-20所示。该缺陷不仅降低了焊接接头的机械性能，而且在未焊透处的缺口和端部形成应力集中点，承载后往往会引起裂纹。尤其在对接焊缝中，未焊透这一缺陷是不允许存在的。

未焊透产生的原因：①焊接电流太小或运条速度过快，电弧穿透力降低使熔深变浅，因此，焊件边缘得不到充分的熔化；②坡口角度太小、钝边太厚、根部间隙太窄；③焊条角度不对，或由于电弧的偏磁吹，使电弧的热能散失或偏于一侧，电弧作用不到之处，就容易产生未焊透；④焊件散热速度太快，熔池存在的时间短，以致与基本金属之间得不到充分的熔合；⑤氧化物和熔渣等阻碍了金属间的熔合等。

八、气孔

把焊缝中由于气体存在而造成的空穴称为气孔（见图1-21）。气孔的位置可能在焊缝表面，也可能在焊缝的内部。位于焊缝表面的气孔称为表面气孔，处于焊缝内部的气孔称为内部气孔。气孔的形状有球形、椭圆形、链状或厚蜂窝状等。在熔化焊中，氢气和一氧化碳是形成气孔的主要原因。

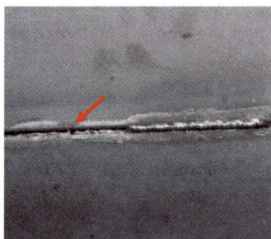

图1-20　未焊透

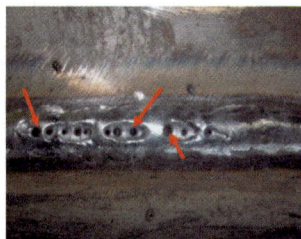

图1-21　气孔

气孔产生主要有以下方面：①焊件表面及坡口处有水、油、锈等污物存在；②基本金属和焊条钢芯的含碳量过高；③焊条药皮、焊剂受潮；④焊接电流偏低或焊接速度过快；⑤电弧长度过长；⑥焊接电流过大以及电弧偏吹、运条手法不稳等。

九、裂纹

把存在于焊缝或热影响区中开裂而形成的缝隙称为焊接裂纹。焊接裂纹的形式是多种多样的，有的分布在焊缝的表面，有的分布在焊缝内部，有的则分布在热影响区。通常把平行于焊缝的裂纹称为纵向裂纹（见图1-22），垂直于焊缝的裂纹称为横向裂纹（见图1-23），产生在弧坑中的裂纹称为火口裂纹或弧坑裂纹（见图1-23）。

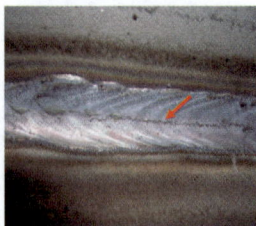

图1-22　纵向裂纹

图1-23　横向裂纹（弧坑裂纹）

第四节　焊接应力与变形

当金属材料在受到各种形式的外力作用时，会产生应力与变形。而当金属材料在进行焊接加工时，由于焊接时焊件的局部被加热到高温状态，形成了焊件上温度的不均匀分布（即焊件的不均匀加热），会产生应力与变形，即所谓的焊接应力和焊接变形。

一、焊接变形的种类

焊接变形的种类主要有纵向缩短、横向缩短、角变形、弯曲变形、波浪变形、扭曲变形等。

1. 缩短

两块对接的钢板经焊接后，沿长度和宽度方向都比原来尺寸缩短了，如图1-24所示。通常把这种变形称为纵向缩短和横向缩短。这种变形是由于焊缝的纵向及横向收缩所引起的。

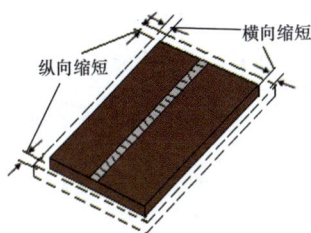

图1-24　纵向缩短和横向缩短

结构处于自由状态下，焊条电弧焊焊缝的横向收缩量近似值见表1-1，焊缝的纵向收缩量近似值见表1-2。

表1-1　　　　　　　　　　　　焊缝横向收缩近似值　　　　　　　　　　　　（mm）

接头类型		钢板厚度δ										
		5	6	8	10	12	14	16	18	20	22	24
V形坡口对接焊缝		1.3	1.3	1.4	1.6	1.8	1.9	2.1	2.4	2.6	2.8	3.1
X形坡口对接焊缝		1.2	1.2	1.3	1.4	1.6	1.7	1.9	2.1	2.4	2.6	2.8
单面坡口角焊缝		0.8	0.8	0.8	0.8	0.7	0.7	0.6	0.6	0.6	0.4	0.4
无坡口单面角焊缝		0.9	0.9	0.9	0.9	0.9	0.8	0.8	0.7	0.7	0.5	0.4

表1-2　　　　　　　　　　　　焊缝纵向收缩近似值　　　　　　　　　　　　（mm/m）

对接焊缝	连续角焊缝	间断角焊缝
0.15~0.3	0.2~0.4	0~0.1

2. 角变形

钢板V形坡口在对接焊后发生的角变形如图1-25所示。这是由于焊缝截面形状上、下不对称，使焊缝横向收缩上下不均匀而引起的，图1-26为T形接头的焊后角变形。

图1-25 对接接头角变形

图1-26 T形接头的焊后角变形

角变形的大小取决于焊缝金属的收缩情况。它与焊接参数、接头形式、坡口角度等因素有关。坡口角度越大，上、下横向收缩量的差别就越大，角变形也就增大。由于X形坡口是两面焊接，角变形可以互相抵消，因而比V形坡口的角变形小。

3. 弯曲变形

焊接时的弯曲变形，是由纵向及横向这两方面变形叠加所形成的。如图1-27所示构件，焊后由于焊缝的收缩而引起了构件的弯曲。

4. 波浪变形

波浪变形（见图1-28）容易发生在薄板（厚度小于10mm）焊接结构中，产生的原因为：①因为焊缝的纵向收缩，对薄板边缘的压应力超过一定数值时，在边缘出现了波浪式的变形；②由于焊缝横向收缩所引起的角变形。

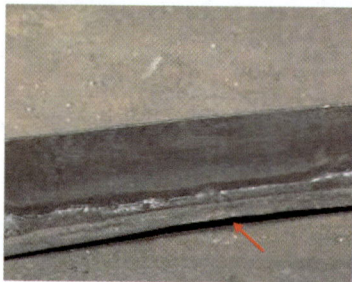

图1-27 弯曲变形

图1-28 波浪变形

5. 扭曲变形

扭曲变形（见图1-29）产生的原因主要是装配质量不好，焊件搁置的位置不当以及焊接顺序和焊接方向不合理等原因所造成的。引起扭曲变形的主要原因是由于焊缝纵向收缩和横向收缩的缘故。

二、焊接变形的控制与矫正

焊件的变形过大，将会严重影响它的作用，往往使下一道工序无法正常进行，甚至会使整个焊件无法矫正，造成产品报废。因此，除设计人员必须考虑焊接接头形式、焊缝位置的分布等因素外，在装配、焊接过程中，还必须采取适当措施，使焊接变形最小。

在工件设计上，要选用合理的焊缝尺寸和形状。在保证构件的承载能力条

图1-29　扭曲变形

件下，应尽量采用较小的焊缝尺寸，尽可能减少焊缝的数量，合理安排焊缝位置。只要结构上允许，应尽可能使焊缝对称于构件截面的中性轴，或者接近中性轴。

在施工工艺上常采取以下措施。

1. 反变形

在装配焊接时，造成一个反方向的变形（见图1-30），使之与焊接所引起的变形相抵消，从而达到减小变形的目的。反变形的大小一般根据经验和计算确定。低碳钢板载自由状态下对接焊后所测得的角变形见表1-3，工字梁（焊条电弧焊）的反变形值见表1-4。

表1-3　　　　　　　　　　　　　　对接接头角变形

接头横截面	焊接方式	角变形	接头横截面	焊接方式	角变形
6	单面焊条电弧焊两层	1°	20	单面焊条电弧焊八层	7°
12	单面焊条电弧焊三层	1.4°	20	焊条电弧焊22道	13°
12	单面焊条电弧焊五层	3.5°	14	铜垫板上埋弧自动焊一层	0°
12	正面焊条电弧焊五层背面清根焊三层	0°	22	1/3焊条电弧焊2/3自动焊	2°
12	右向气焊	1°	22	铜垫板上埋弧焊两层	5°
14	两面同时垂直气焊	0°			

表1-4　　　　　　　　　　　　工字梁反变形a值　　　　　　　　　　　（mm）

简图	板宽b	板厚t									
		10	12	14	16	18	20	24	30	36	40
	100	2.5	1.95	1.6	1.35	1.19	1.15	0.9	0.7	0.6	0.53
	200	5	3.9	3.2	2.7	2.38	2.1	1.79	1.4	1.2	1.06
	400	10	7.8	6.38	5.4	4.75	4.2	3.58	2.8	2.3	2.13
	1000	25	19.5	16	13.5	11.9	10.5	9	7	6	5.3

2. 刚性固定

即采用强制手段限制焊接变形（见图1-31）。此法多应用于薄板结构的钢板对接和对防止变形要求较高的焊件，如用夹具进行定位焊或在焊件上直接定位焊，但此法会使焊件产生较大的应力，应用时要注意防止裂纹。

图1-30　焊前反变形

图1-31　刚性固定法

3. 冷却法

把容易散热的物体放在焊接区域的周围，使焊件迅速冷却，以减小焊接受热区域，可使焊接变形减小，但这种方法易使淬火倾向大的材料产生裂纹。

4. 选用合理的焊接方法

选用热源比较集中的焊接方法，可以减小焊接变形。

5. 采用合理的装配焊接顺序

合理的装配焊接顺序不仅能减小焊接变形，而且能减小焊接应力。

6. 锤击焊缝

用小锤锤击焊缝金属，使焊缝金属发生塑性变形，这样就可以减少焊接接头的应力与变形。

生产中矫正焊接变形的方法主要有机械矫正和气体火焰矫正两种。不论哪一种矫正方法，其本质都是设法造成新的变形来抵消已发生的变形。在实际生产中，往往根据焊件的形状、尺寸、刚性的大小及变形情况联合使用不同矫正方法，对焊件的变形进行矫正。

第二章 焊条电弧焊

第一节 焊接设备与工具

一、焊机

焊条电弧焊采用的电焊机主要分为交流电焊机和直流电焊机两种。

交流电焊机常用的是BX1系列和BX3系列焊机。BX1系列电焊机属于增强漏磁式弧焊变压器，工作原理如图2-1所示，由于焊机的铁心可以通过手动进行调节，所以称为动铁漏磁式弧焊变压器。以图2-2所示的BX1-315型焊机为例，焊接电流的调节方法是通过摇动手柄，移动铁芯的位置，改变漏磁而获得焊接电流的，当调节手柄顺时针旋动时，焊接电流增大；逆时针旋动时，焊接电流减小。BX1-315型焊机空载电压为60~70V，工作电压为30V，焊接电流调节范围为60~315A。

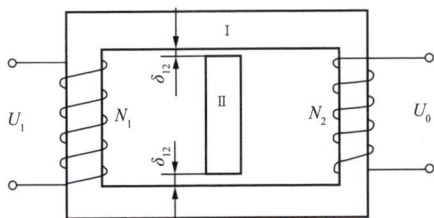

图2-1 BX1系列焊机工作原理

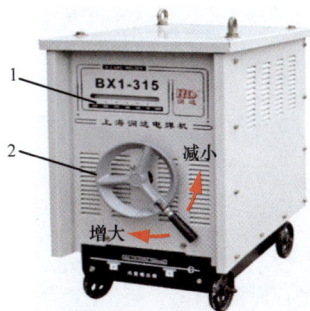

图2-2 BX1-315焊机外形及电流调节
1—电流指示；2—电流调节手柄

X3系列焊机属于增强漏磁式的交流焊机，由于同一铁芯上的一、二次绕组可以做相对移动，所以叫做动圈式弧焊变压器。其结构如图2-3（a）所示，一次绕组W1固定不动，二次绕组W2可用丝杠上下均匀移动，两个绕组之间形成漏磁磁路，其间隙δ_{12}越大，则漏抗越大，焊接电流越小。BX3-300型焊机外形图如2-3（b）所示，其空载电压为60~70V，工作电压为30V，焊接电流调节范围为40~300A。

以BX3-300型焊机为例，焊接电流调节通过先粗调，再细调来完成（见图2-3），粗调节时，先将电源切断，转动转换开关至相应的挡位，即Ⅰ挡（35~114A）或Ⅱ挡（110~300A）。然后进行细调节，摇动电流调节手柄，改变一、二次绕组之间的距离进行电流细调节，达到所需电流。细调节时，顺时针旋转手柄时，焊接电流减小；反之，逆时针旋转手柄时，焊接电流增大。

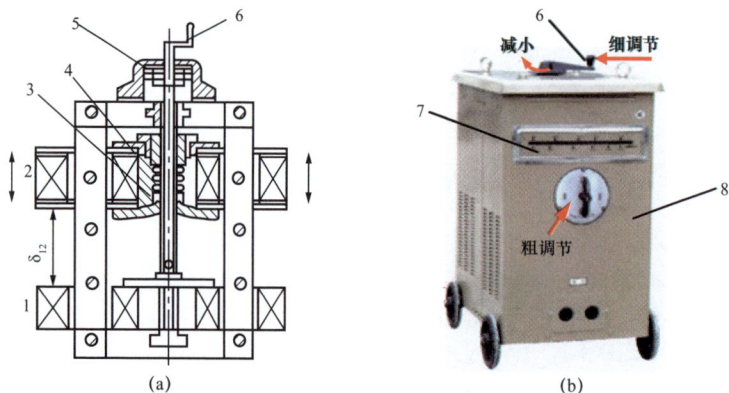

(a)   (b)

图2-3 BX3系列弧焊变压器构造及外形图

(a) 焊机构造； (b) 焊机外形

1——次绕组W_1； 2—二次绕组W_2； 3—丝杠； 4—压力弹簧； 5—轴承； 6—手柄；
7—电流指示； 8—挡位旋钮

直流电焊机常见的是ZX5系列电焊机和ZX7系列电焊机。

ZX5就是晶闸管式直流弧焊机，就是用晶闸管把电焊机的交流输出，整流成直流输出。ZX7就是逆变式直流弧焊机，就是把三相或单相交流电整流，经滤波后得到一个的直流电，由IGBT组成的逆变电路将该直流电变为交流电，经主变压器降压后，再经整流滤波获得平稳的直流输出焊接电流。ZX5焊机因为有变压器在里面，所以有些笨重，而逆变电焊机轻巧不重、且性能好，是焊接压力容器的理想焊接电源。

图2-4所示为常用的ZX5-400型焊机和ZX7-250型焊机，这类焊接调节比较方便，只要开启电源开关，通过转动焊接电流调节旋钮，达到所需电流，即可进行焊接操作。

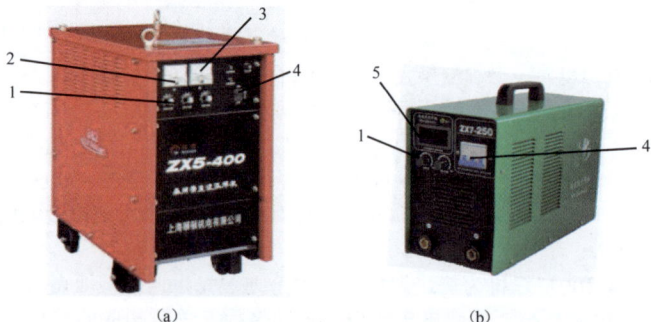

(a)   (b)

图2-4 ZX5-400型焊机和ZX7-250型焊机

(a) ZX5-400型焊机； (b) ZX7-250型焊机

1—控制旋钮；2—电流指示表；3—电压指示表；4—电源开关；5—参数显示屏

此外，如图2-5所示的一些小型电焊机，由于轻巧紧凑、移动方便、价格低廉，在维修及工作量不大的焊接加工生产时经常使用。这些焊机均可使用220V或380V两种电压。

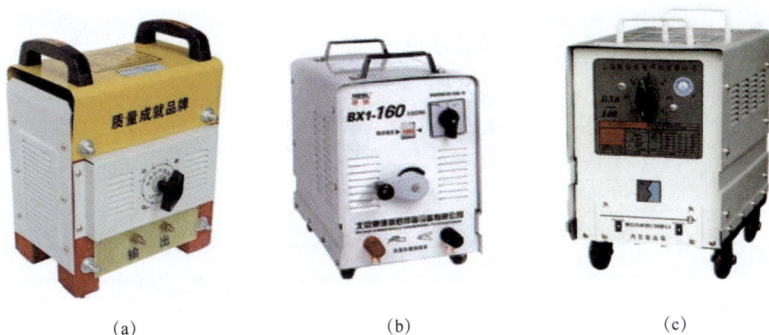

(a)　　　　　　　　　(b)　　　　　　　　　(c)

图2-5 小型电焊机

(a) 简易弧焊变压器；(b) BX1-160型焊机；(c) BX6-140型焊机

交流弧焊机的常见故障和排除方法见表2-1。直流弧焊机的电气和机械旋转部分较为复杂，应根据说明书所列项目经常维护，其常见故障和排除方法见表2-2。逆变弧焊机的常见故障与排除方法见表2-3。

表2-1　　　　　　　　　交流弧焊机常见故障及排除方法

故障特征	产生原因	排除方法
变压器过热	1.过载	1.减小使用电流
	2.绕组短路	2.消除短路处
	3.铁芯螺杆绝缘损坏	3.修复绝缘
焊接电流不稳定	1.焊接电缆接头与焊件等接触不良	1.使接触可靠
	2.可动铁芯随震动而移动	2.修复移动机构
可动铁芯强烈震响	1.可动铁芯制动螺纹或弹簧太松	1.旋紧螺纹调紧弹簧
	2.可动铁芯移动机构损坏	2.修复移动机构
变压器外壳带电	1.一次或二次绕组碰壳	消除碰壳
	2.电源线碰壳	
	3.焊接电缆碰壳	
	4.接地线脱落或接地不良	接妥地线
焊接电流过小	1.焊接电缆太长，电阻大	1.减小长度或加粗截面
	2.焊接电缆线成盘形，电感大	2.放开焊接电缆
	3.焊接电缆接头与焊件接触不良	3.使接头处接触良好

表2-2　　　　　　　　　直流弧焊机常见故障及排除方法

故障特征	产生原因	排除方法
电动机反转	三相电动机与电源网路接线错误	三相中任意两相调换
起动后转速很低有嗡嗡声	1. 三相中有一相断开	1. 接通三相
	2. 电动机定子绕组断开	2. 修复
电刷冒火花	1. 电刷与整流子接触不良	1. 清洁接触表面
	2. 电刷卡住或松动	2. 调整电刷与电刷架间隙
	3. 换向片间云母凸出	3. 拉深云母槽，使低于整流子1mm
电流不稳定	1. 焊接电缆与焊件接触不良	1. 使焊接电缆与焊件接触良好
	2. 电流调节器随震动而滑动	2. 防止移动
焊机过热	1. 过载	1. 减小电流
	2. 电枢绕组短路	2. 修复
	3. 整流子短路或不清洁	3. 修复或清理

表2-3　　　　　　　　　逆变弧焊机的常见故障与排除

故障特征	排除方法	备注
表头无显示、风机不旋转、无焊接输出	1. 确认空气开关闭合 2. 输入电缆接的电源是否有电 3. 热敏电阻损坏 4. 硅桥断路，硅桥接插件接触不良 5. 电源板有烧焦、烧坏的地方 　检查低压断路器到电源板的接插线，电源板到逆变板的接插线 6. 控制板上的辅助电源部分出故障	适用ZX7-250、ZX7-300、ZX7-315、ZX7-400型逆变弧焊机
表头显示正常、风机旋转正常、无焊接输出	1. 检查机内各种接插线是否接触不良 2. 输出端连接处有断路或接触不良 3. 逆变电路故障 4. 反馈电路故障（异常指示灯亮）	
电源指示灯不亮、风机不转、无焊接输出	1. 确认电源开关闭合 2. 确认输入电缆所接的电源有电	适用ZX7-140、ZX7-160、ZX7-200型逆变弧焊机
电源指示灯亮、风机不转、无焊接输出	1. 确认输入电源是否与电焊机要求相符 2. 电源输入不稳，重新开机即可正常 3. 短时间内连续开闭电源开关造成过电压保护电路起动，关机5～10min后重新开机 4. 电源开关到电源板间的导线松脱，重新紧固	
风机转，焊接输出电流不稳或不受电位器控制	1. 电位器质量有问题，应更换 2. 各种连接处接触不良，尤其接插件等，需仔细检查	
风机转，异常指示灯不亮，无焊接输出	1. 检查机内各种接插线是否接触不良 2. 输出端连接处有断路或接触不良现象 3. 控制电路有问题	
风机转，异常指示灯亮，无焊接输出	1. 可能是过流保护，关掉机器待异常指示灯不亮，再重新开机即可恢复 2. 可能是过热保护，等待5～10min,机器可自行恢复 3. 可能是逆变电路故障 4. 可能是反馈电路故障	

二、辅助工具

为了保证焊接过程的顺利进行和保障焊工安全，焊条电弧焊时，应备有下列各种材料和辅助工具：焊条、电焊钳、电焊面罩、电焊手套和脚套、焊条保温筒、清渣锤、角向磨光机等。

1. 电焊钳

电焊钳作用是夹住焊条和传导电流。它主要由上下钳口、弯臂、弹簧、直柄、胶布手柄及固定销等组成，如图2-6所示。

2. 焊接电缆

焊接电缆的作用是：①传导焊接电流，

图2-6　电焊钳

一般要求用多股紫铜软线制成，要具有足够的导电截面积；②容易弯曲，柔软性要好，这既便于操作，又减轻焊工劳动强度；③绝缘性良好，以免发生短路损坏电焊机。

焊接电缆的长度应根据工作时的具体情况而定，不要过长。焊接电缆截面积大小应根据焊接电流大小决定。焊接电缆截面积和允许的焊接电流，见表2-4。

表2-4　　　　　　　　焊接电缆截面积和允许焊接电流

允许焊接电流（A）	200	300	450	600
焊接电缆截面积（mm²）	25	50	70	95

3. 面罩及护目玻璃

面罩（见图2-7），即焊接防护帽或焊帽，其作用是保护焊工的面部，免受强烈的电弧光和金属飞溅的灼伤。面罩有手持式和头戴式两种，可根据不同的工作情况进行选用。

（a）　　　　　　　　　　　（b）

图2-7　焊接面罩
(a) 手持式；(b) 头戴式

护目玻璃又称黑玻璃，用作减弱电弧光的强度，过滤红外线和紫外线。焊接时，焊工通过护目玻璃观察熔池情况，以便掌握和控制焊接过程，并使眼睛免受弧光灼伤。

国产护目玻璃片的色号及适用电流范围见表2-5。

表2-5　　　　　　　护目玻璃片的色号及适用电流范围

护目玻璃色号	5、6	7、8	9、10、11	12、13	14
使用电流范围（A）	≤30	30~75	75~200	200~400	≥400

4.其他工具

　　焊工常用的其他工具有焊条保温筒（见图2-8）、清渣锤、钢丝刷及凿子等。为了防止焊工被弧光和飞溅金属损伤及防止触电，焊接时必须戴好皮革手套、工作帽和穿白帆布工作服、脚盖、绝缘鞋等。焊工在敲渣时，应戴平光眼镜。

　　电焊条保温筒用于已烘干的焊条，在工地上保温，使焊条药皮中的含水量不超过0.4%。其加热方法是利用电焊机的二次电源来加热，需加热时把电线插头一端插入保温筒插座内，另一端的鳄鱼夹夹住电焊机二次（工件和电焊钳即可），如图2-9所示。保温筒容量2.5～5.0kg，在保温筒中取用焊条时，只要按前方按钮或压下上面手柄，前盖即能自动打开，焊条"夹持端"露出筒外30mm，即取即用。

图2-8　焊条保温筒　　　　　　　　图2-9　焊条保温筒的加热

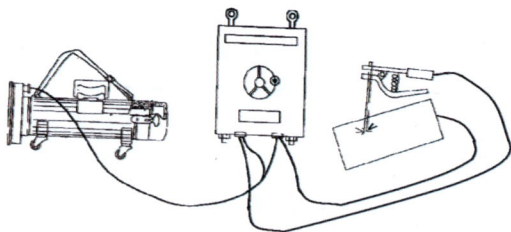

　　角向磨光机（见图2-10）用于修磨焊接坡口以及焊缝中较浅的缺陷，如气孔、夹渣、焊缝呈球状等，修磨金属表面的焊疤及焊缝两侧飞溅等缺陷。清渣锤、钢丝刷是清除焊渣的工具，焊工可根据实际情况自制清渣锤，一般清渣锤采用一头尖、一头扁的形式，如图2-11所示。

图2-10　角向磨光机　　　　　　　　图2-11　清渣锤

第二节　焊条与工艺参数选用

一、焊条

1. 焊条的组成与分类

焊条是涂有药皮的供焊条电弧焊用的熔化电极，它由药皮和焊芯两部分组成，药皮是涂在焊芯表面上的涂料层，焊芯是焊条中被药皮包覆的金属芯。焊条前端的药皮有45°左右的倒角，便于引弧；尾部有一段裸焊芯，约占焊条总长的1/16，一般长约15～25mm，便于焊钳夹持和导电。焊条直径实际上是指焊芯直径，通常分为1.6、2.0、2.5、3.2、4.0、5.0、6.0mm等几种，其长度一般在200～450mm之间，如图2-12所示。

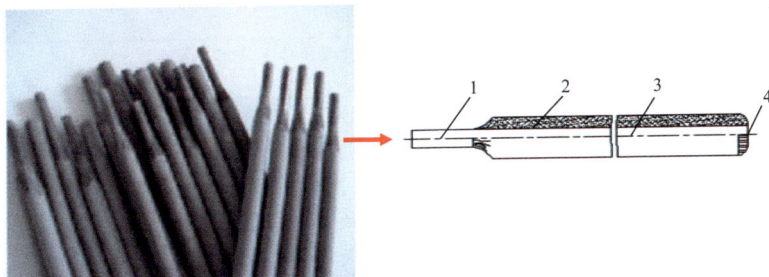

图2-12　焊条的组成
1—夹持端；2—药皮；3—焊芯；4—引弧端

焊芯用钢和普通钢材在化学成分上有很大的区别，主要是含碳量少，含硫、磷量很低。一般焊芯的含碳量ω_c被限制在0.2%以下，常用的低碳钢焊芯含碳量ω_c小于0.1%。

焊芯表面的涂药称为药皮，焊条药皮起到稳定电弧、脱氧与渗合金的作用，在焊接过程中焊条药皮的某些组成物，在电弧高温作用下产生大量的气体，起到气体保护的作用。同时，熔渣覆盖着熔滴和熔池金属，起到熔渣保护的作用。

焊条药皮是由多种原材料组成的，按其所起的作用主要有稳弧剂、造渣剂、造气剂、脱氧剂、合金剂、粘结剂、成形剂。

根据焊条药皮组成的不同，可分为氧化钛型、氧化钛钙型、钛铁矿型、氧化铁型、纤维素型、低氢型、石墨型、盐基型等八种类型。

根据不同的使用用途，焊条主要分为以下几种，见表2-6。

表2-6　　　　　　　　　　焊条按用途的分类

序　号	名　　称	用　　　途	举　例
1	结构钢焊条	主要用于焊接碳钢和低合金高强钢	J507
2	钼和铬钼耐热钢焊条	主要用于焊接珠光体耐热钢和马氏体耐热钢	R507

序 号	名 称	用 途	举 例
3	不锈钢焊条	主要用于焊接不锈钢和热强钢，可分为铬不锈钢焊条和铬镍不锈钢焊条两类	A102
4	堆焊焊条	主要用于堆焊，以获得具有热硬性、耐磨性及耐蚀性的堆焊层	D127
5	低温钢焊条	主要用于焊接在低温下工作的结构，其熔敷金属具有不同的低温工作性能	W707
6	铸铁焊条	主要用于焊补铸铁构件	Z408
7	镍及镍合金焊条	主要用于焊接镍及高镍合金，也可用于异种金属的焊接及堆焊	Ni112
8	铜及铜合金焊条	主要用于焊接铜及铜合金，其中包括纯铜焊条和青铜焊条	T227
9	铝及铝合金焊条	主要用于焊接铝及铝合金	L209
10	特殊用途焊条	各种特殊场合、恶劣条件下的焊接，如水下焊接等	TS202

此外，根据焊接熔渣的碱度，焊条分为酸性焊条（如J422）和碱性焊条（如J507）。酸性焊条可交、直流电两用。碱性焊条适用于较重要的焊接结构，一般采用直流反接。对钢焊条来说，药皮类型为氧化钛型、氧化钛钙型、钛铁矿型、氧化铁型及纤维素型的焊条均属酸性焊条。而药皮类型为低氢钠型或低氢钾型的焊条均属碱性焊条，由于这类焊条的药皮在焊接时产生的保护气体中含氢很少，所以又称为低氢型焊条。

2. 焊条型号与牌号

（1）焊条型号。以常见的结构钢和不锈钢焊条的型号和牌号为例，结构钢规定的焊条型号编制方法是：①字母"E"表示焊条；②第一、二位数字表示熔敷金属抗拉强度的最小值，单位为kgf/mm²；③第三位数字表示焊条的焊接位置，其中："0"和"1"表示焊条适用于全位置焊接（平、横、立、仰），"2"表示焊条适用于平焊及横角焊，"4"表示焊条适用于向下立焊；④第三位和第四位数字组合时表示焊接电流种类和药皮类型。例如焊条型号E4315的意义如图2-13所示。

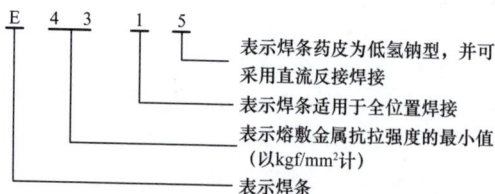

图2-13 结构钢焊条型号示例

不锈钢焊条型号的编制方法是：字母"E"表示焊条，"E"后面的数字表示熔敷金属化学成分分类代号，如有特殊要求的化学成份，用元素符号表示并放在数字的后面；短横线后面的数字表示药皮类型、焊接位置及焊接电流类型，见表2-7。

表2-7　　　　　不锈钢焊条型号中短横线后数字含义举例

数　字	焊接电流	焊接位置
15	直流反接	全位置
25		平焊、横焊
16	交流或直流反接	全位置
17		
26		平焊、横焊

其型号举例如图2-14所示。

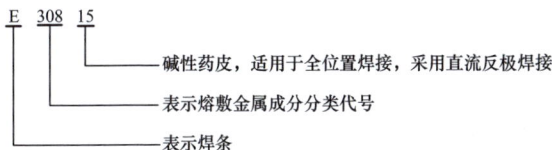

图2-14　不锈钢型号示例

（2）焊条牌号。常见的结构钢和不锈钢焊条牌号的编制方法见表2-8，其中第三位数字表示各种牌号焊条的药皮类型及焊接电源，具体见表2-9。

表2-8　　　　　　　　　焊条牌号的编制方法

焊条类别	代表字母	第一位数字	第二位数字	举　例
结构钢焊条	J	表示焊缝金属的抗拉强度等级，其系列为： 42—420MPa；50—490MPa； 55—540MPa；60—590MPa； 70—690MPa；75—740MPa； 80—780MPa；85—830MPa； 10—980MPa		J507 低氢钠型药皮，直流 焊缝金属抗拉强度不低于490MPa 结构钢焊条
不锈钢焊条	G	表示焊缝金属主要化学成分等级： 2—含 $W_{cr} \approx 13\%$； 3—含 $W_{cr} \approx 17\%$	表示同一焊缝金属主要化学成分等级中的不同牌号，对于同一药皮类型焊条，可有十个牌号，由0、1、2…9顺序排列	G202 钛钙型焊条，交直流两用 牌号编号为0 焊缝金属主要化学成分组成等级为含 $W_{cr} \approx 13\%$ 铬不锈钢焊条
	A	0—$W_c \leq 0.04\%$（超低碳）； 1—含 $W_{cr} \approx 18\%$，$W_{Ni} \approx 8\%$； 2—含 $W_{cr} \approx 18\%$，$W_{Ni} \approx 12\%$； 3—含 $W_{cr} \approx 25\%$，$W_{Ni} \approx 13\%$； 4—含 $W_{cr} \approx 25\%$，$W_{Ni} \approx 20\%$； 5—含 $W_{cr} \approx 16\%$，$W_{Ni} \approx 25\%$； 6—含 $W_{cr} \approx 15\%$，$W_{Ni} \approx 35\%$； 7—Cr-Mn-N不锈钢； 8—含 $W_{cr} \approx 18\%$，$W_{Ni} \approx 18\%$		A022 钛钙型焊条，交、直流两用 牌号编号为2 焊缝金属主要化学成分组成等级为含 $W_c \approx 0.04\%$ 奥氏体不锈钢焊条

表2-9　　　　　　　　　　焊条牌号中第三位数字的含义

数　字	药皮类型	焊接电源种类	数　字	药皮类型	焊接电源种类
0	不属已规定的类型	不规定	5	纤维素型	直流或交流
1	氧化钛型	直流或交流	6	低氢钾型	直流或交流
2	氧化钛钙型	直流或交流	7	低氢钠型	直流
3	钛铁矿型	直流或交流	8	石墨型	直流或交流
4	氧化铁型	直流或交流	9	盐基型	直流

　　焊条使用前，需经严格烘干才能发给焊工。焊条烘干（见图2-15）应注意按照说明书或技术文件进行。通常，酸性焊条要根据具体情况在70～130℃烘干1h。碱性焊条在使用前必须烘干，烘焙温度一般为350～400℃，烘干1～1.5h。操作时，不可将焊条往高温炉突然放入或突然冷却，以免药皮开裂，应徐徐加热，保温，缓慢冷却。对含氢量有特殊要求的，烘干温度可提高到450℃。经烘干的碱性低氢焊条最好放入温度控制在80～100℃的低温烘箱中，并随取随用。

　　在烘干焊条时，要经常打开通风孔并开动风扇，驱除潮气。焊条放进或取出时，烘干箱内的温度不得超过200℃。焊条烘干之后，存放于保温箱内，要尽快使用完，保温箱温度始终保持在100～150°C，特殊情况下(停电、故障检修等)不得低于50°C，否则，要根据放置时间重新干燥。焊条再干燥的温度和时间由焊接工程师决定。

　　露天操作时，烘干好的焊条应放入焊条保温筒中（见图2-16），不得露天放置。当夏季阴雨潮湿时，要控制焊条在1～2h内用完；烘干后的低氢焊条、酸性焊条在外放置时间不得超过4h。

图2-15　焊条使用前烘干

图2-16　烘干好的焊条放在焊条保温筒内

二、焊接参数的选用

　　焊条电弧焊的焊接参数通常包括焊条牌号、焊条直径、弧焊电源种类与极性、焊接电流、电弧电压、焊接速度和焊接层数等。选择合适的焊接规范是生产中一个重要问题，它会直接影响到焊缝成形和产品质量。

1. 焊条牌号的选择

低碳钢、中碳钢和低合金结构钢的焊接，可按其强度等级来选用相应的焊条，唯在焊接结构刚性大、受力情况复杂时应选用比钢材强度低一级的焊条。在焊条的强度确定后再决定选用酸性还是碱性焊条时，一般来说，对于塑性、冲击韧性和抗裂性能要求较高的焊缝应选用碱性焊条。低碳钢与低合金高强钢的异种钢焊接，一般应选用与强度等级较低钢材相匹配的焊条。薄板焊接或定位焊应采用J××1或J××2焊条。此类焊条易引弧又不易烧穿焊件。此外，在满足焊件使用性能和操作性能的前提下，应选用规格大、效率高的焊条。在使用性能基本相同时，应尽量选择价格较低的焊条。焊工实际施工时，均应严格按照工艺文件要求使用焊条进行操作，不得擅自更换焊条牌号。

2. 焊条直径的选择

厚度较大的焊件应选用直径较大的焊条，反之，薄件应选用小直径的焊条。平焊缝用的焊条直径应比其他位置大一些，立焊时焊条直径最大不应超过5mm，仰焊、横焊时焊条最大直径不应超过4mm，这样可减少熔化金属的下淌。

3. 焊接层数

在多层焊时，为了防止根部焊不透，对多层焊的第一层焊道，应采用直径较小的焊条进行焊接，以后各层可根据焊件厚度，选用较大直径的焊条。

4. 极性的选择

通常，酸性焊条可采用交、直流两种电源，一般优先选用交流弧焊电源。碱性焊条必须使用直流弧焊电源。由于阴极的发热量远小于阳极，采用直流正接时，工件接正极，温度较高。因此，焊接厚板时用直流正接，而焊接薄板、铸铁、有色金属时应用直流反接。

5. 焊接电流的选择

焊接电流一般按下列经验公式计算：

$$I = Kd$$

式中：I为焊接电流，A；d为焊条直径，mm；K为经验系数。

焊条直径与经验系数K的关系，见表2-10。

表2-10　　　　　　　　　焊条直径与经验系数的关系

焊条直径d（mm）	1～2	2～4	4～6
经验系数K	25～30	30～40	40～60

根据以上公式求得的焊接电流只是一个大概数值，实际生产中还要考虑下列因素的影响。当焊件导热快时，焊接电流可以小些，而回路电阻高，焊接电流就要大些；如果焊条直径不变，焊接厚板的电流要比焊接薄板的电流要大。使用碱性焊条时，焊接电流一般要比酸性焊条小一些。焊接平焊缝时，由于运条和控制熔池中的熔化金属比较容易，因此可选用较大的电流进行焊接。立焊与仰焊用焊接电流要比平焊小15%～20%，而角焊电流比平焊电流要大。快速

焊接电流要大于一般焊速的电流。

施焊前根据上述公式考虑到各种因素粗略地选好电流后，可在废钢板上引弧进行试焊，然后根据熔池大小、熔化深度、焊条的熔化情况鉴别焊接电流是否适当。焊接电流过大，会使焊条芯过热，药皮脱落，又会造成焊缝咬边、烧穿、焊瘤等缺陷，同时金属组织也会因过热而发生变化；若电流过小，则容易造成未焊透、夹渣等缺陷。

6. 电弧电压的选择

电弧电压是由电弧长度决定的，施焊时应该采用短弧，才能保证焊缝质量。一般弧长按下述经验公式确定

$$L=（0.5\sim1）d$$

式中：L 为电弧长度，mm；d 为焊条直径，mm。

7. 焊接速度的选择

焊接速度就是焊条沿焊接方向移动的速度。应该在保证焊缝质量的前提下，采用较大直径的焊条和焊接电流，并按具体条件，适当加大焊接速度，以提高生产率。

第三节　焊条电弧焊的基本操作

一、引弧

引弧，即是在焊接时引燃电弧并使其稳定燃烧的方法，焊条电弧焊时的电弧引燃有划擦法和敲击法两种方法（见图2-17）。

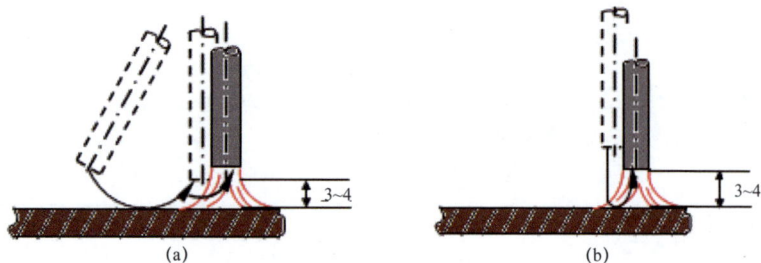

图2-17　电弧引燃方法
(a) 划擦法；　(b) 敲击法

划擦法引弧时，先将焊条瞄准引弧位置，然后用焊帽遮住面部，将焊条端部对准引弧处，然后稍微扭动腕部，使焊条在焊件上划动一下（划擦长度约20mm），焊条与工件接触短路后，稍稍提起焊条就可引燃电弧[见图2-18（a）]。

(a) (b)

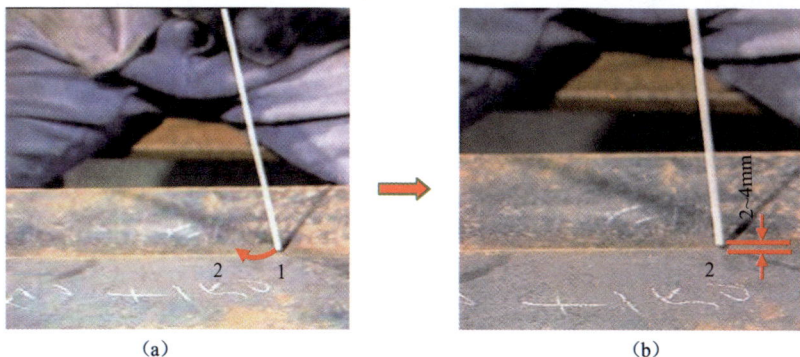

图2-18 划擦法引弧操作

(a) 划擦;(b) 保持稳定燃烧

当电弧引燃后,立即将手腕挺平,使焊条末端与焊件表面的距离保持在2~4mm,以后使弧长保持在与所用焊条直径相适应的范围内就能保持电弧稳定燃烧[见图2-18(b)]。

引弧要做到一"引"便"着",一"落"便"准"。由于电缆及焊钳对手腕存在一个重力矩,焊工手持焊钳不易稳定,因此引弧时焊工要蹲稳,手臂要用力持钳,手腕微微用力做点划动作。另外,焊工心情要放松,紧张则僵硬,僵硬则动作机械而抖动大。练习时,从划擦法开始,逐渐缩短划擦距离及焊条头与工作面的距离。轻落轻起,克服惯性,快慢适中,使焊钳运动轨迹逐渐达到近似垂直的效果。

敲击法必须熟练地掌握好焊条离开焊件的速度和距离。敲击法是将焊条末端与焊件表面轻轻碰触一下[见图2-19(a)],形成短路后迅速把焊条提起2~4mm[见图2-19(b)],产生电弧后,使弧长保持在稳定燃烧范围内。

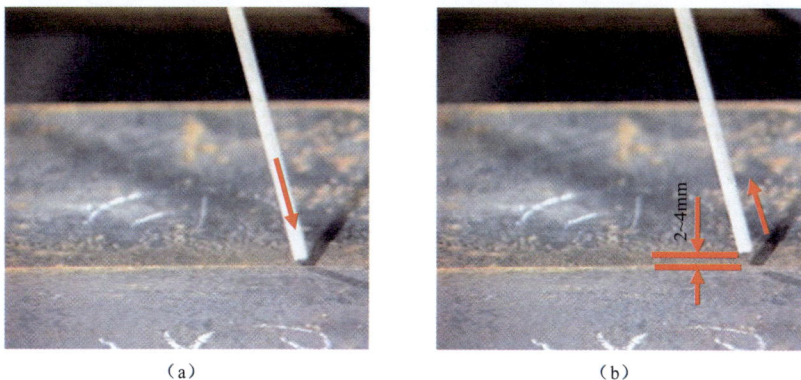

(a) (b)

图2-19 敲击法引弧操作

(a) 碰触;(b) 迅速提起

对于初学者来说，不要用手臂力量来控制焊条动作，而是通过手腕的运动来控制引弧动作。手腕的力量不要僵硬，动作要灵活准确，可在不接通焊接电源的情况下，反复练习体会这两种动作，待熟练掌握后再进行实际引弧操作。

无论采用何种方式引弧时，在引弧前都要注意检查焊条引弧端部的焊芯是否裸露，引弧处是否有油污、铁锈，否则不易引燃电弧，造成慌乱，影响正确操作。

引弧的关键之一是在引燃电弧后，使电弧保持稳定的燃烧，这就需要控制好提起焊条的速度和高度。如果焊条提起的速度过快、过高，易造成电弧熄灭（即"拉熄"现象），如图2-20（a）所示；而提起焊条过慢过低，则会发生焊条粘住焊件的现象（即"粘条"现象），如图2-20（b）所示，这时不要慌张，只要将焊条左右摆动几下，就可以脱离焊件。如果焊条还不能脱离焊件，就应立即使焊钳脱离焊条，以免短路时间过长，损坏焊机。待焊条冷却后，用手将焊条扳掉。

(a)　　　　　　　　　　　　　　　　(b)

图2-20　提起焊条的速度和高度对引弧的影响

(a) 过快过高；(b) 过慢过低

需要注意的是：采用何种引弧方式，可根据个人的熟练程度与习惯进行选择，但当位置狭窄或焊件表面不允许损伤时，要采用敲击法。另外使用碱性焊条时，一般使用划擦法，而且引弧点应选在离焊缝起点8～10mm的焊缝上，待电弧引燃后，再引向焊缝起点进行施焊。用划擦法由于再次熔化引弧点，可将已产生的气孔消除，如果用敲击法引弧则容易产生气孔。

初学者可采用酸性焊条（如E4303）和碱性焊条（E5015）分别进行引弧操作，会发现碱性焊条比酸性焊条的引弧要困难些。采用碱性焊条引弧时，焊条"粘条"的现象要比采用酸性焊条引弧时要多，这是使用碱性焊条时的普遍现象。

另外，酸性焊条可以采用交流或直流弧焊机进行引弧，而碱性焊条由于焊条药皮中含有萤石，恶化了电弧燃烧的稳定性，因此采用交流弧焊机时电弧无法引燃，也就是说碱性焊条一定要采用直流弧焊机进行焊接且一般采用直流反接。采用直流反接时，电弧燃烧稳定，飞溅很小，而且声音平静均匀，焊道成形良好；而采用直流正接时，电弧燃烧不稳定，飞溅大且电弧有爆破声音。

二、运条

1. 焊条的运动

为使焊缝成形良好电弧引燃后，焊条要有三个方向的运动，即朝熔池方向逐渐送进，沿焊接方向逐渐移动，作横向摆动，如图2-21所示。

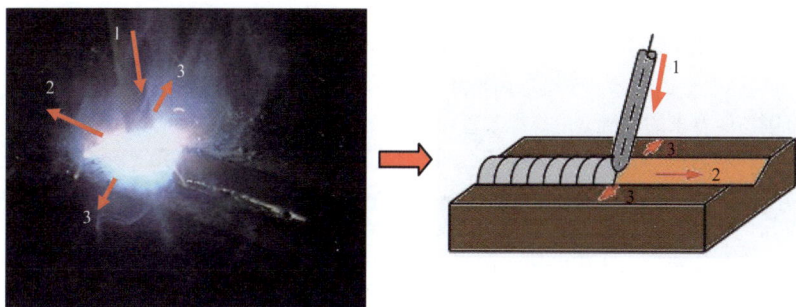

图2-21 焊条的三个运动方向
1— 朝熔池方向逐渐送进；2— 沿焊接方向逐渐移动；3— 作横向摆动

（1）熔池方向送进。焊条朝熔池方向逐渐送进，主要是为了维持所要求的电弧长度。焊接时，电弧由焊条的端头到熔池上面之间的距离称为电弧的长度，简称弧长。一般来说，电弧的长度与焊条直径相等的叫做正常弧，弧长超过焊条直径的叫做长弧，弧长小于焊条直径的叫短弧。

焊条的送进速度应该与焊条熔化速度相适应。如果焊条送进速度比焊条熔化速度慢，则电弧长度逐渐增加，很容易造成断弧现象；如果焊条送进速度太快，则电弧长度迅速缩短，使焊条与焊件接触，造成短路。

弧长究竟多长为适当，与焊接环境、空间位置、焊接方向、焊条类别，操作手法等都有关系。碱性焊条要比酸性焊条的电弧短些，一般酸性焊条的弧长以焊条直径的70%～100%为适宜（平焊缝），碱性焊条以焊条直径的50%左右为最好。

（2）焊接方向送进。焊条沿焊接方向移动，主要是使熔池金属形成焊缝。焊条的移动速度（即焊接速度）对焊缝质量影响很大。若移动速度太慢[见图2-22（a）]，则熔化金属堆积过多，加大了焊缝的断面，并且使焊件加热温度过高，使焊缝组织发生变化，薄件则容易烧穿；移动速度太快[见图2-22（b）]，则电弧来不及熔化足够的焊条和基本金属，造成焊缝断面太小以及形成未焊透等缺陷。

 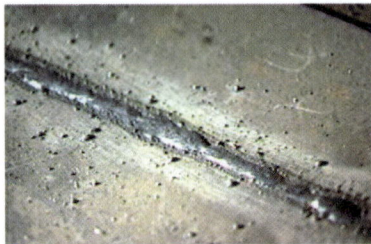

(a)　　　　　　　　　　　　　　　(b)

图2-22　焊接速度对焊缝形状的影响

(a) 速度太慢；(b) 速度太快

（3）横向摆动。焊条横向摆动，主要是为了获得一定宽度的焊缝，其摆动范围与所要求的焊缝宽度、焊条直径有关。摆动范围越大，所得焊缝越宽。

初学者要深刻认识到焊条在空间三个方面均有运动，向熔池方向递进要与熔化速度相一致，以保持弧长不变。快了弧长缩短，甚至"粘住"；慢了弧长拉长，增加飞溅，降低保护作用，影响熔滴过渡。横向运动的目的在于搅拌熔池，以增加熔宽，应中间快、两端慢。它与向前运动紧密相连，变化很多，应视熔池的形状及熔敷金属量来决定。只有三个方向上的运动有机的结合，才能确保焊缝的一定高度和宽度，确保高质量的焊缝质量。

2. 运条方法

实际生产中，较常用的运条方法有直线形运条法、锯齿形运条法、月牙形运条法。

（1）直线形运条法（见图2-23）。采用直线形运条法方法焊接时要保持一定弧长，并沿焊接方向作不摆动的直线前进，如图2-24所示。

 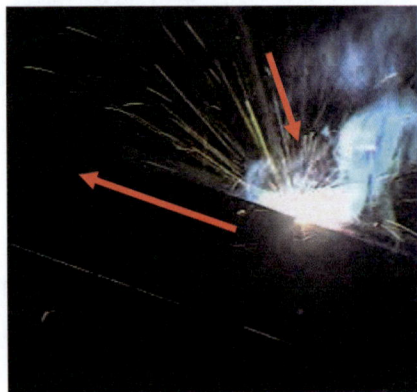

图2-23　直线形运条法　　　　　**图2-24　直线形运条实际操作**

直线法运条时，由于焊条不作横向摆动，电弧较稳定，所以能获得较大的熔深，但焊缝的宽度较窄，一般不超过焊条直径的1.5倍。因此仅在板厚

3～5mm的不开坡口的对接平焊，多层焊的第一层焊道或多层多道焊时使用。

焊接时，保证电弧长度在2～4mm范围内，焊条以一定的角度朝熔池方向逐渐送进，同时焊条沿焊接方向移动，移动速度应根据电流大小、焊条直径、焊件厚度、装配间隙及坡口形式等来选取。

此外，应使熔渣盖住熔池大约2/3，同时使熔渣前沿与熔池交接点的距离不小于所要求的宽度，并使熔池前部中央时刻处于接缝的中间位置，这样才能焊出外观美观且不偏斜的焊缝。

熔池中的液体是由液体金属和熔渣所组成的混合物。为了保证焊缝的质量，必须识别并掌握这两种液体的动态和性质。

分清熔渣和铁液，是提高操作技能的一个关键。一般铁液超前，熔渣滞后，电弧下的铁液温度高，油光发亮处于下层。而熔渣温度低，较暗，在铁液上游动。分不清熔渣和铁液，就不能看清焊缝边缘及熔合情况，焊接盲目性很大。

识别的方法主要是通过护目玻璃观察其颜色，来分清液体金属和熔渣。一般的经验是：**通过绿光玻璃去看熔渣是黑色，液体金属是白色或淡黄色；通过黄光玻璃去看熔渣是深黄色，液体金属是黄白色；通过红光玻璃去看熔渣是红黑色，液体金属是深黄色。如果红光玻璃颜色浅，则铁水是浅黄色，熔池中心是紫红色，熔渣比铁水色深，越扩散越深。**

焊条熔化后熔滴进入熔池，在电弧吹力作用下，两种液体组成波浪式的焊缝。由于熔渣比液体金属轻，所以浮在液体金属上面，又被电弧吹向熔池的后方，并均匀地覆盖在焊缝表面上，起着保护焊缝的作用。如果熔渣流动性大，焊接时操作不适当，则会出现熔渣浮到液体金属前面的现象，造成夹渣，给连续焊接带来困难。当电流小，焊条角度不对时（如平焊时焊条前进方向与焊缝夹角大于90°），电弧不能把熔渣吹到后面去，而是围着弧柱周围转。这时，可增大电流和减小焊条与焊缝的夹角，或者垫高焊缝末端，使熔渣流向熔池后方。

也可改变摆动焊条的方法或把电弧拉长，利用电弧的吹力和用焊条端部向后推送熔渣，解决熔渣超前的问题。但要注意，**焊条要浮在液体金属上面向后推，即只推熔渣不能带液体金属。如果熔渣浮不出来，造成夹渣，夹渣处冷却慢，呈红色，这时要立即断弧，清除熔渣后再继续焊接。**

（2）锯齿形运条法（见图2-25）。采用锯齿形运条法焊接时，焊条末端作锯齿形连续摆动及向前移动，并在两边稍停片刻，如图2-26所示。摆动的目的是为了控制熔化金属的流动和得到必要的焊缝宽度，以获得较好的焊缝成形。

图2-25 锯齿形运条法

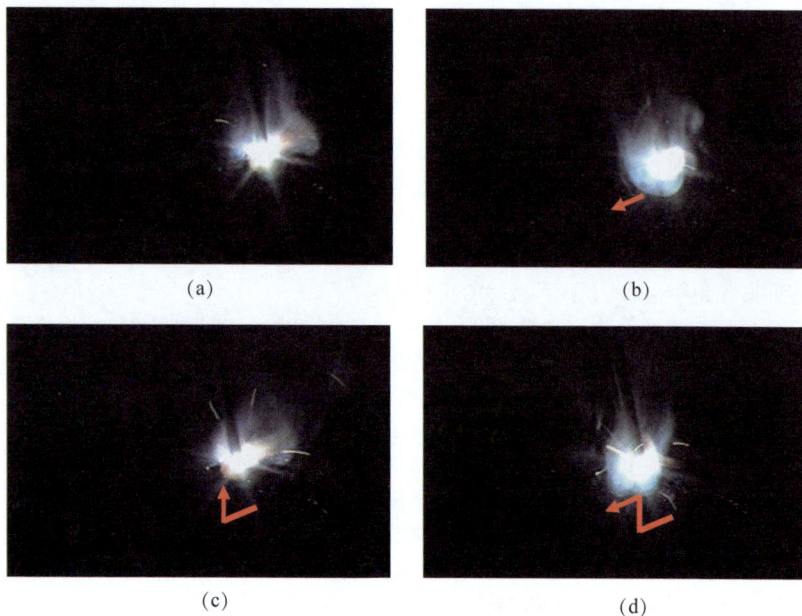

(a)

(b)

(c)

(d)

图2-26　锯齿形运条法实际操作

(a) 引弧；　(b) ～ (d) 锯齿形运条

　　锯齿形运条法操作容易，所以在生产中应用较广，大多数用于较厚钢板的焊接。其适用范围有：平焊、仰焊、立焊的对接接头和立焊的角接接头。

　　（3）月牙形运条法（见图2-27）。采用月牙形运条法焊接时，使焊条末端沿着焊接方向作月牙形的左右摆动，如图2-28所示。

图2-27　月牙形运条法

　　焊条摆动时，要注意在两边作片刻的停留，这时为了使焊缝边缘有足够的熔深，并防止产生咬边现象。摆动速度要根据焊缝的位置、接头形式、焊缝宽度和电流强度来决定。这种方法的应用范围和锯齿形运条法基本相同，但用它焊出来的焊缝加强高较高。这种运条方法的优点是：金属熔化良好，有较长的保温时间，易使气体析出和熔渣浮到焊缝表面上来，对提高焊缝质量有好处。这种运条形式适用于平焊、立焊和焊缝的盖面焊。

　　运条是焊工技术的具体表现，焊缝质量好坏和外形的优劣主要由运条方法来决定，焊工应掌握多种运条方法，并应懂得各种运条方法的特点与区别，多掌握几种，才能得心应手、运用自如。

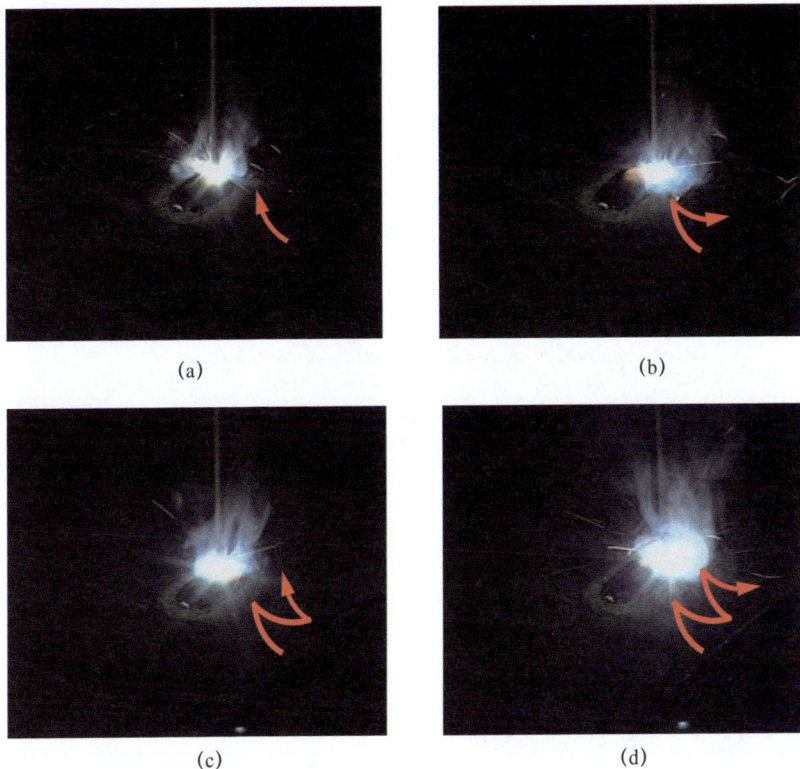

(a)　　　　　　　　　　　　　　　　(b)

(c)　　　　　　　　　　　　　　　　(d)

图2-28　月牙形运条法实际操作

(a)、(b) 月牙形运条分解操作；(c)、(d) 连续月牙形运条

　　在熟练掌握上述三种运条方法后，根据不同的焊接位置及焊缝要求等条件，可尝试采用三角形运条法、圆圈运条法和"8"字形运条法进行操作。

　　（4）三角形运条法（见图2-29）。三角形运条法焊接时，焊条末端作连续的三角形运动，并不断向前移动。三角形运条法只适于开坡口的对接接头和T字接头焊缝的立焊。它的特点是一次能焊出较厚的焊缝断面，焊缝不易产生夹渣等缺陷，有利于提高生产率。

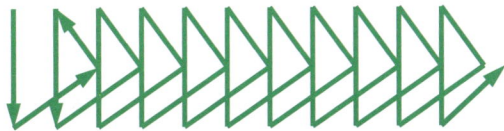

图2-29　三角形运条法

　　在实际应用中，应根据焊缝的具体情况而定。不过立焊时在三角形折角处要稍作停留，三角形转角部分的运条速度要慢些，如果这些动作能掌握得协调

一致，就可以得到成形良好的焊缝。

（5）圆圈形运条法（见图2-30）。最常用的是正圆圈运条法[见图2-30（a）]和斜圆圈运条法[见图2-30（b）]。

采用圆圈形运条法焊接时，焊条末端连续作圆圈形运动，并不断前移正圆圈形运条法，只适用于焊接较厚焊件的平焊缝。它的优点是熔池存在时间长、熔池金属温度高，有利于溶解在熔池中的氧、氮等气体析出和便于熔渣上浮。

斜圆圈形运条法适用于平、仰位置的T字接头焊缝和对接接头的横焊缝。它的优点是有利于控制熔化金属不受重力的影响而产生下淌现象，有助于焊缝成形。

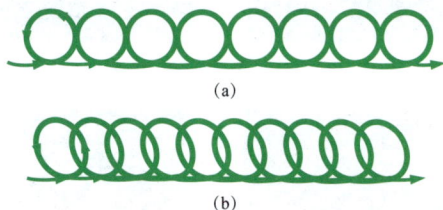

(a)

(b)

图2-30　圆圈形运条法

(a) 正圆圈形运条法；(b) 斜圆圈形运条法；

（6）"8"字形运条法。采用"8"字形运条法焊接时，焊条末端连续作"8"字形运动，并不断前移，如图2-31所示。其特点是能保证焊缝边缘得到充分加热，使之熔化均匀，保证焊透，它适用于厚板有坡口的对接焊缝。如焊两个厚度不同的焊件时，焊条应在厚度大的一侧多停留一会，以保证加热均匀，并充分熔化，使焊缝成形良好。

图2-31　"8"字形运条法

三、焊缝的起头、接头及收尾

1.起头操作

焊缝的起头就是指刚开始焊接的部分。

当采用交流焊接电源时，首先在焊缝起点后面10mm处引燃电弧[见图2-32（a）]，引燃电弧后拉长电弧，迅速移动到焊缝起点处预热[见图2-32（b）]，预热后再将电弧压低[见图2-32（c）]，使其约等于焊条直径，并进行正式焊接[见图2-32（d）]。

在一般情况下，由于焊件在未焊之前温度较低，而引弧后又不能迅速使这部分温度升高，所以起点部分的熔深较浅，使焊缝的强度减弱。因此，应该在引弧后先将电弧稍拉长，对焊缝端头进行必要的预热，然后适当缩短电弧长度进行正常焊接。

而当采用直流焊接电源时，其操作同样是在焊缝起点后面10mm处引燃电弧，引燃电弧后拉长电弧，迅速移动到焊缝起点处预热，预热后再将电弧压低，但要使其约等于焊条直径的一半后（见图2-33），再进行正式焊接。这两种情况唯一不同的是在正式焊接前，电弧的长度控制不同。

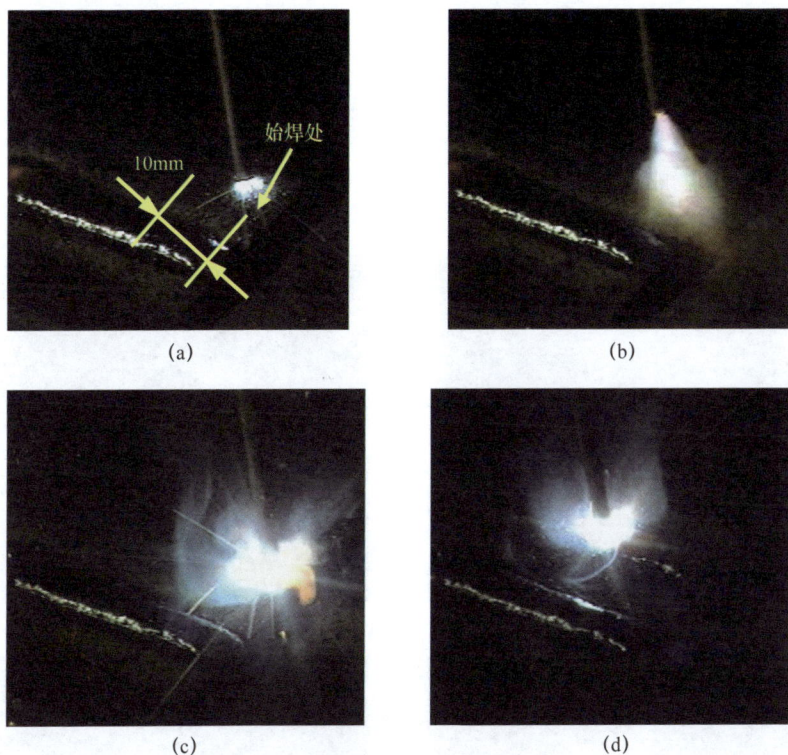

(a)　　　　　　　　　　　　　　(b)

(c)　　　　　　　　　　　　　　(d)

图2-32　采用交流焊接电源的焊缝起头操作
(a) 引燃电弧；　(b) 拉长电弧预热起头处；　(c) 压低电弧；　(d) 焊接

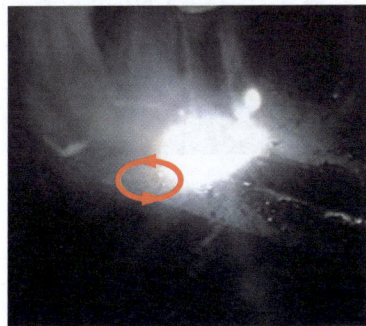

图2-33　采用直流焊接电源时的电弧长度控制　　　　图2-34　划圈收尾法

2. 收尾操作

焊缝的收尾是指一条焊缝焊完时，应把收尾处的弧坑填满。如果收尾时立即拉断电弧，则会形成低于焊件表面的弧坑。过深的弧坑使焊缝收尾处强度减弱，容易造成应力集中而导致产生裂纹。因此，在焊缝收尾时不允许有较深的弧坑存在。

一般收尾方法有以下三种。

（1）划圈收尾法（见图2-34），即焊条移至焊缝终点时，反复作圆圈运动，直到填满弧坑再拉断电弧。此法适用于厚板收尾。

（2）反复断弧收尾法（见图2-35），即焊条移到焊缝终点时，在弧坑处反复熄弧、引弧数次，直到填满弧坑为止。此法一般适用于薄板和大电流焊接。但碱性焊条不宜采用此法，否则容易产生气孔。

（a）

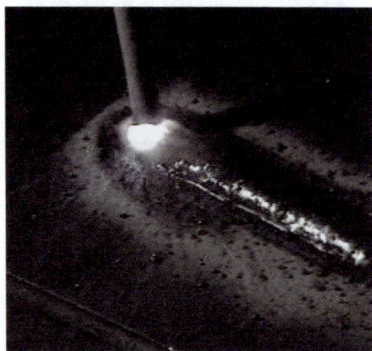

（b）

（c）

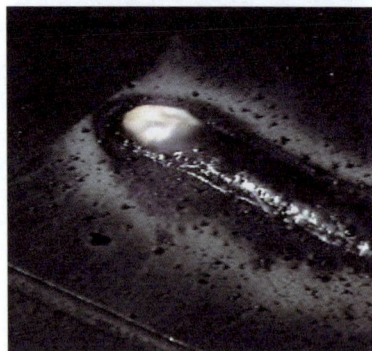

（d）

图2-35　反复断弧收尾法

（a）准备收尾；（b）熄弧；（c）引弧；（d）填满弧坑后熄弧

（3）回焊收尾法（见图2-36），即焊条移至焊缝收尾处立即停住，并且改变焊条角度回焊一小段，等填满弧坑后，再稍稍向前移一下位置，慢慢拉断电弧。此法适用于碱性焊条。

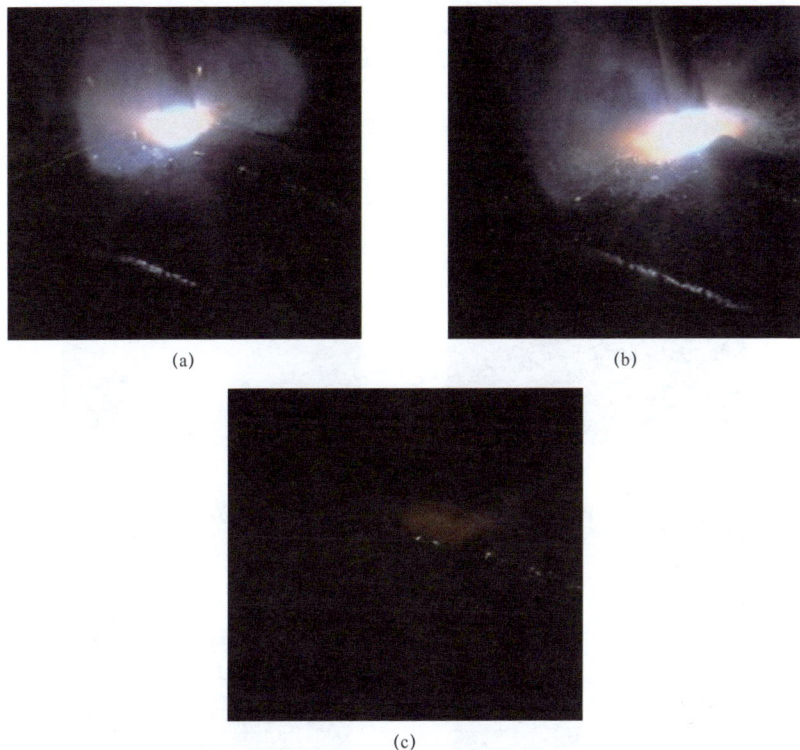

(a)

(b)

(c)

图2-36 回焊收尾法

(a) 停住；(b) 回焊一段；(c) 灭弧

3.接头操作

实际生产中，通常一条焊缝需要焊接多根焊条才能完成，这样就会出现焊缝的连接问题，由于焊缝接头处温度不同和几何形状的变化，使接头处最容易出现未焊透、焊瘤和密集气孔等缺陷。当接头处外形出现高低不平时，将引起应力集中，故接头技术是焊接操作技术中的重要环节。

如何使焊缝接头均匀连接，避免产生过高、脱节、宽窄不一致的缺陷，这就要求焊工在焊缝接头时选用恰当的方式。

焊缝接头方式可分中间接头、相背接头、相向接头和分段退焊接头四种。

（1）中间接头（见图2-37）。中间接头是后焊焊缝（Ⅱ）的起头与先焊焊缝（Ⅰ）的收尾两者之间的连接。这种接头方式是使用最多的一种。

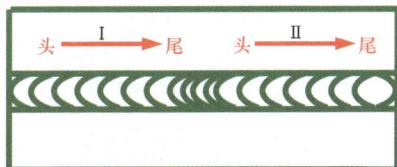

图2-37 中间接头示意图

进行中间接头操作时，在弧坑前约10mm处引弧[见图2-38（a）]，电弧可比正常焊接时略长些（低氢型焊条电弧不可拉长，否则容易产生气孔），然后将电弧后移到原弧坑的2/3处[见图2-38（b）]，填满弧坑后[见图2-38（c）]即向前进入正常焊接[见图2-38（d）]，焊接完成后，敲去焊渣，清理焊缝。

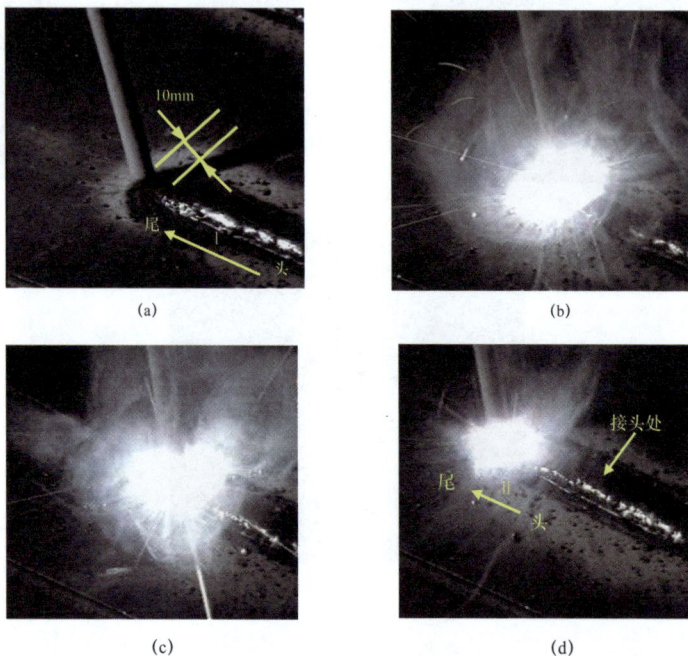

图2-38 中间接头实际操作
Ⅰ—先焊焊缝；Ⅱ—后焊焊缝
（a）引弧；（b）移到原弧坑2/3处；（c）填满弧坑；（d）开始焊接

中间接头的焊缝如图2-39所示。

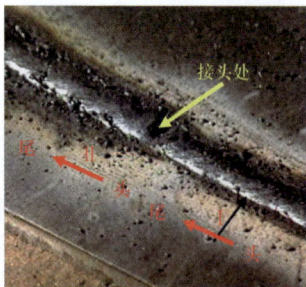

图2-39 中间接头的焊缝

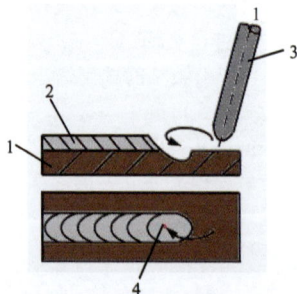

图2-40 中间接头时的移弧位置
1—工件；2—先焊焊缝；3—焊条；4—弧坑的2/3处

采用这种接头法必须注意电弧的后移量，保证将电弧后移到原弧坑的约2/3处，如图2-40所示。若电弧后移太多，则可能造成接头过高；若电弧后移太少，会造成接头脱节、弧坑未填满。此接头法适用于单层焊及多层焊的表层接头。

而在进行多层焊的根部焊接接头时，为了保证根部接头处能焊透，常采用如下的接头方法。当电弧引燃后将电弧移到图2-41中1的位置，这样电弧一半的热量将一部分弧坑重新熔化，电弧另一半热量将弧坑前方的坡口熔化，从而形成一个新的熔池，此法有利于根部接头处的焊透。

当弧坑存在缺陷时，在电弧引燃后应将电弧移至图2-41中2的位置进行接头。这样，由于整个弧坑重新熔化，有利于消除弧坑中存在的缺陷。用此法接头时，焊缝虽然较高些，但对保证质量有利。在接头时，更换焊条越快越好。因为在熔池尚未冷却时进行接头，不仅能保证接头质量，而且可使焊缝外表美观。

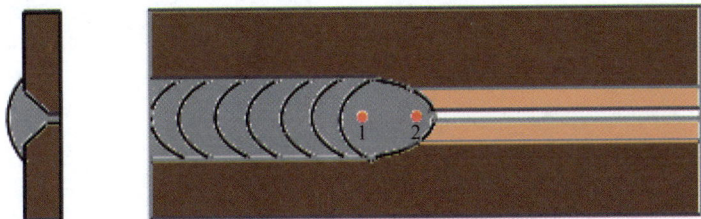

图2-41 多层焊的根部接头操作

（2）相背接头（见图2-42）。相背接头是两条方向不同的焊缝，在起焊处相连接的接头，即后焊焊缝（Ⅱ）的起头与先焊焊缝（Ⅰ）的起头两者之间的连接。这种接头要求先焊的焊缝起头处略低些[见图2-43（a）]。

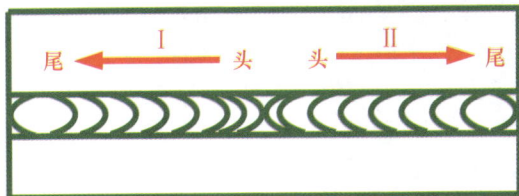

图2-42 相背接头示意图

因此在焊接先焊焊缝的起头处时，焊条的移动速度要快些（也可用角向磨光机削成缓坡，清理干净后，再在斜坡上引弧）。

焊接后焊焊缝时，在先焊焊缝的前端引弧[见图2-43（b）]，然后将电弧移到先焊焊缝的起头处，待起头处焊缝焊平后[见图2-43（c）]，再沿焊接方向移动，进行后焊焊缝的焊接。焊接完成后的相背接头如图2-44所示。

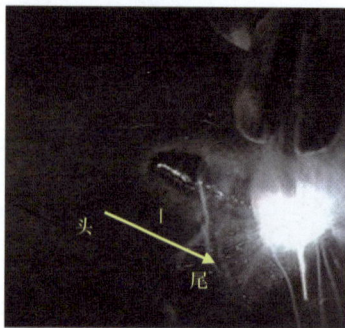

(a)

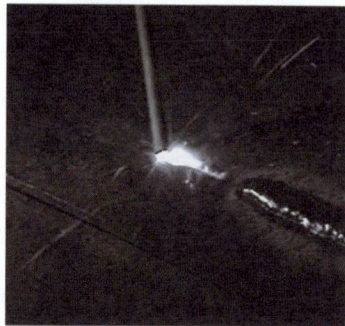

(b)

(c)

(d)

图2-43　相背接头的实际操作

Ⅰ—先焊焊缝；Ⅱ—后焊焊缝
(a) 先焊焊缝的焊接；(b) 后焊焊缝的引弧；(c) 接头处焊平；(d) 焊接后焊焊缝

图2-44　焊接完成后的相背接头

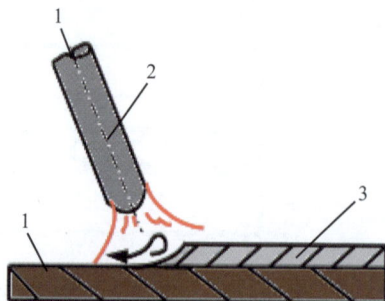

图2-45　相背接头时后焊焊缝的起焊接头方法

1—工件；2—焊条；3—先焊焊缝

　　在进行后焊焊缝的焊接操作时，引弧要先稍微拉长电弧（但碱性焊条不允许拉长电弧）预热，形成熔池后，压低电弧，在交界处稍顶一下，将电弧引向起头处，并覆盖前焊缝的端头处可上铁水（见图2-45），待起头处焊缝焊平后，再沿焊接方向移动。若温度不够高就上铁水，会形成未焊透和气孔缺陷；上铁水后，停步不前，则会出现塌腰、焊瘤以及熔滴下淌等。

（3）相向接头（见图2-46）。相向接头是两条焊缝在结尾处相连接的接头，即先焊焊缝（Ⅰ）的收尾与后焊焊缝（Ⅱ）的收尾两者之间的连接。其接头方式要求后焊焊缝焊到先焊焊缝的收尾处时，焊接速度应比正常焊接[见图2-47（a）]时略慢些，以便填满前焊的弧坑[见图2-47（b）]，然后以较快的焊接速度再略向前焊一些熄弧[见图2-47（c）]，完成焊接后的相向接头如图2-47（d）所示。

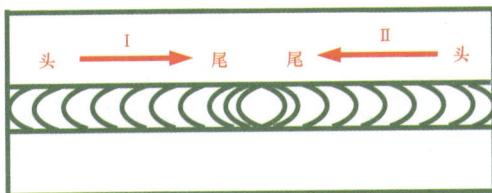

图2-46　相向接头示意图

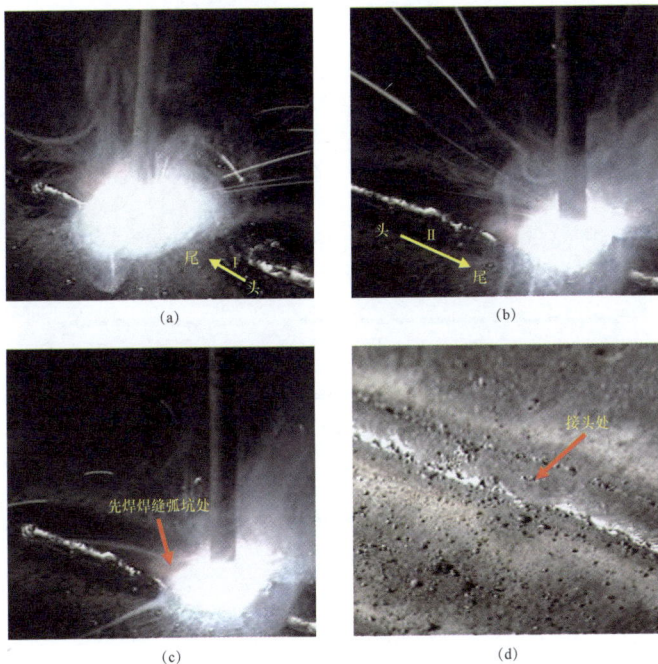

图2-47　相向接头的实际操作
Ⅰ—先焊焊缝；Ⅱ—后焊焊缝
（a）后焊焊缝的焊接（正常速度）；　（b）降低速度，填满弧坑；
（c）加快速度前焊并熄弧；　（d）完成焊接后的相向接头

由于先焊焊缝处于平焊，焊波较低，一般不再加工，关键在于后焊焊缝靠近平焊时的运条方法。当间隙正常时，采用连弧操作，大电流（强规范），使先焊焊缝尾部温度急升，此时，对准尾部压低电弧，听见"噗"的一声，即可向前移动焊条，距离约为10～20mm，并用反复断弧收尾法收弧（见图2-48）。

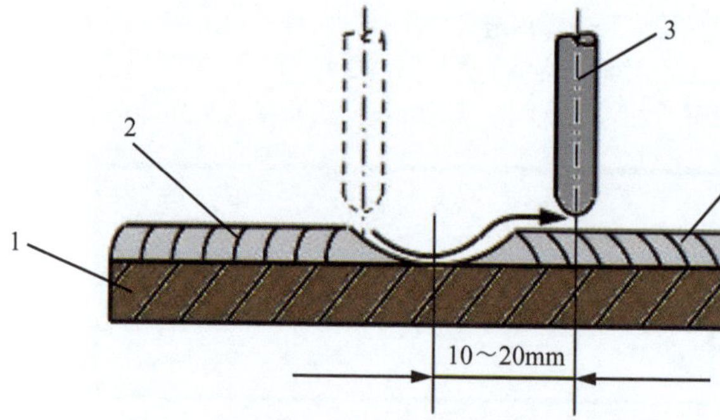

图2-48　焊缝接头处的熄弧方法

1—工件；2—后焊焊缝；3—焊条；4—先焊焊缝

（4）分段退焊接头（见图2-49）。分段退焊接头即后焊焊缝（Ⅱ）的收尾与先焊焊缝（Ⅰ）的起头两者之间的连接，其特点是焊波方向相同，头尾温差较大。其接头方式与相向接头方式基本相同，只是先焊焊缝的起头处应略低些[见图2-50（a）]。然后焊接后焊焊缝[见图2-50（b）]。当后焊焊缝焊到先焊焊缝的起头处时，焊接速度要稍慢[见图2-50（c）]，然后以较快的速度向前焊接一段[见图2-50（d）]，长度约为10~20mm，使接头处的焊缝高低、宽度均匀一致，如图2-51所示。

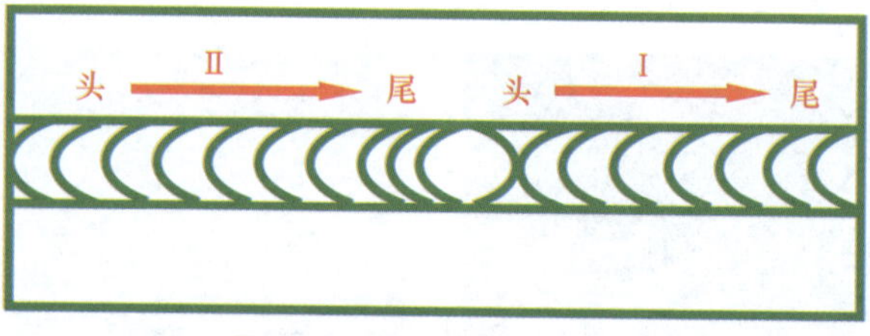

图2-49　分段退焊接头示意图

当后焊焊缝靠近先焊焊缝起头处时，也可改变焊条角度，使焊条指向先焊焊缝的起头处，拉长电弧，待形成熔池后，再压低电弧，往回移动，最后返回原来熔池处收弧。

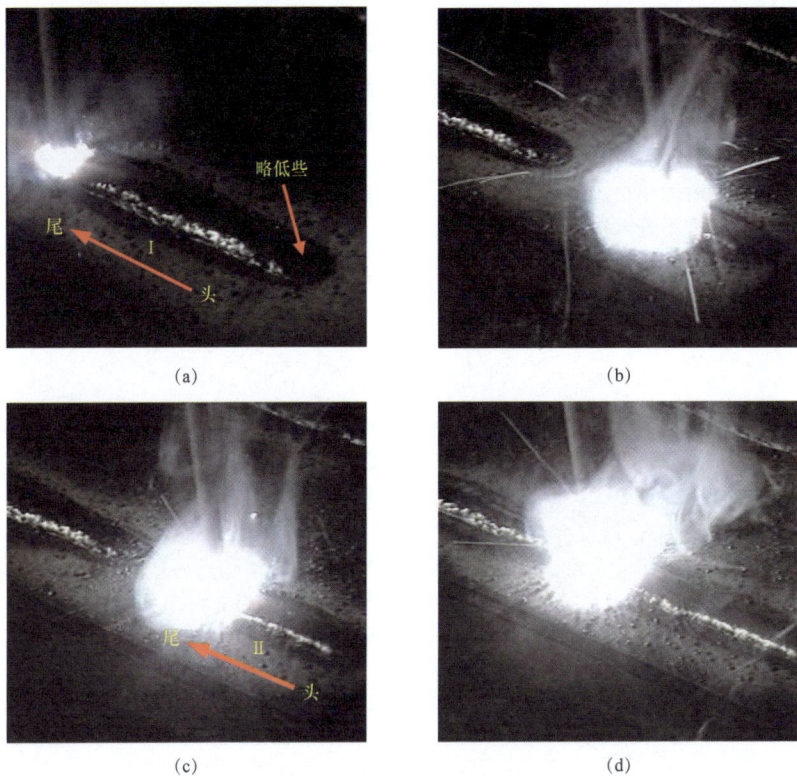

(a)

(b)

(c)

(d)

图2-50　分段退焊接头的实际操作

Ⅰ—先焊焊缝；Ⅱ—后焊焊缝

(a) 焊接先焊焊缝；(b) 焊接后焊焊缝；(c) 降低焊接速度；(d) 快速焊接并熄弧

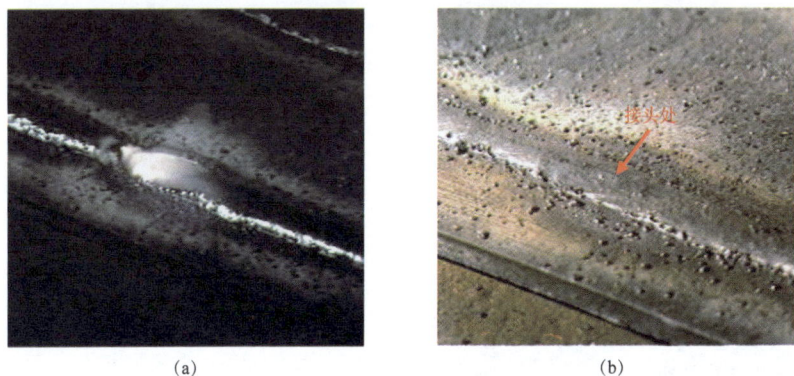

(a)

(b)

图2-51　分段退焊接头

(a) 完成焊接后；(b) 清理后

接头连接的平整与否，不但要看焊工的操作技术，而且还要看接头处温度的高低。温度越高，接得越平整。所以中间接头要求电弧中断时间要短，换焊条动作要快，接头应准，因为它的好坏将直接影响焊缝的质量。快，即在前道焊缝收尾处尚处于红热状态，立即引弧，这样前后焊缝易于熔合，能有效避免气孔和夹渣等缺陷。准，即接头恰到好处，回行距离在10～20mm。如果在弧坑上运行的时间稍快，回行距离过长，不易摸准位置，反而容易重叠和脱离，运弧时间掌握不好，接头就会偏高或偏低。另外，收弧时弧坑应力求圆形，避免尖形，而且焊肉适中，不能太深或太浅，这样才便于接头。

另外，在多层焊时，层间接头要错开，以提高焊缝的致密性。

第四节　对接平焊操作基础技术

一、不开坡口对接双面焊

1. 焊前准备

焊件采用Q235-A低碳钢板，厚度为2~6mm，钢板焊接区域内20mm范围内用角向磨光机打磨至露出金属光泽。选用E4303或E5015型号焊条，直径为$\phi 2.5～\phi 3.2$mm。焊条按规定要求烘干。辅助工具有角向磨光机、焊条保温筒、清渣锤、钢丝刷等。不同厚度的I形坡口对接接头的焊接参数参考见表2-11。

表2-11　　　　　　　　　I形坡口对接接头的焊接参数

焊件厚度 (mm)	正面焊缝		反面焊缝	
	焊条直径（mm）	焊接电流（A）	焊条直径（mm）	焊接电流（A）
3	3.2	90~120	3.2	90~120
4	3.2	100~130	3.2	100~130
	4	140~160	3.2	150~170
5	4	160~180	4	160~190
6	4	180~200	4	200~210

2. 装配及定位焊

图2-52　钢板（5mm）定位焊前的装配

当焊件厚度小于6mm时，一般采用不开坡口对接焊（重要焊件除外），即采用I形坡口。焊件装配时应保证两板对接处齐平，根据板厚不同，可留有一定的间隙，以保证能焊透。间隙要均匀，预留间隙的大小参考表2-12。图2-52是厚度5mm的钢板装配情况。

表2-12	I形坡口对接接头的装配间隙		（mm）
焊件厚度	2~3.5	3~4	3.5~6
装配间隙	0~1	0~2	2~2.5

焊件装配完成后，需进行定位焊，将焊钳与焊件正确连接，若采用直流焊机或E5015型号焊条则采用直流反接，图2-53（a）是厚度5mm钢板装配完成后，在其反面进行定位焊。定位焊选用ϕ3.2mm焊条，焊接电流调至120~150A之间。

图2-53（b）是厚度2mm的钢板定位焊，选用ϕ2.0mm焊条，焊接电流为70~90A之间，定位焊缝应为点状，间距80~100mm，由中间向两边进行。

(a)   (b)

图2-53 不开坡口对接钢板的定位焊

(a) 厚度5mm钢板；(b) 厚度2mm钢板
1~4—定位焊点的焊接顺序

定位焊缝也称为点固焊缝，是焊前为装配和固定焊件接头的位置而焊接的短焊缝。定位焊缝的厚度、长度及间距可按表2-13选用。对于焊接结构上某些比较重要的部位或经过强行组装才成形的结构，定位焊的长度与高度应根据具体情况适当增加。

表2-13	定位焊的尺寸		（mm）
焊件厚度	定位焊高度	焊缝长度	间　距
≤4	<4	5~10	50~100
4~12	3~6	10~20	100~200
>12	~6	15~30	100~300

焊好定位焊缝是很重要的。定位焊缝主要作为正式焊缝的一部分而被保留在焊件之中，其质量好坏及位置、长度直接影响正式焊缝的质量和焊件的变形。点固焊缝所用焊条及对焊工技术水平的要求与正式焊缝一样，甚至更高些。焊接定位焊缝时，要注意以下几点：

（1）焊条要采用焊接技术文件中所规定焊接产品用的焊条，甚至使用性能更好的焊条。同时，所用焊接电流要比正式焊缝大10%～15%，这是因为定位焊缝应有较大的熔深，不然正式焊缝覆盖在上面时，定位焊缝下面可能产生未焊透现象。

（2）定位焊缝的余高（俗称"加强高"）不应太大，余高太大容易造成正式焊缝焊接后，余高可能超高，还会造成焊缝两侧达不到与焊件平滑过渡的要求。因此，定位焊缝的余高过大，应用角向磨光机修磨。

（3）定位焊时，若定位焊缝焊后开裂，则必须将开裂的焊缝打磨掉后，重新进行定位焊，不然会由于未点固而使焊缝在收缩变形的影响下，改变装配间隙，影响到焊接质量。

（4）在坡口内的定位焊缝应无缺陷，开头及结尾处要平滑，为以后焊接焊缝打好基础。

（5）对反面须挑焊根或只需单面焊接的焊缝，定位焊应焊在反面。

（6）平板定位焊缝的焊接顺序一般采用先中间、后两端的焊接顺序。

3. 焊接

焊接采用双面焊，焊完正面焊缝后，背面清根并进行封底焊。以5mm厚钢板为例，定位焊好后，清理定位焊缝处的焊渣，然后将焊件翻转过来，准备进行正面的焊接（见图2-54）。

焊接正面焊缝时，同样采用直径ϕ3.2mm的焊条，并将焊接电流调小20A左右，即100~130A之间。焊接时，要采用短弧焊接，焊接速度要慢一些并使熔深达到板厚的2/3，焊缝宽度为5～8mm，余高应小于1.5mm，如图2-55所示。

图2-54　准备正式焊接

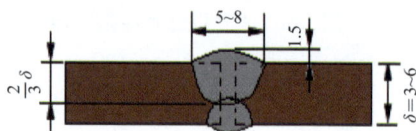

图2-55　不开坡口对接焊缝

焊接时所用的运条方法均为直线形，焊条角度如图2-56所示。在焊接正面焊缝时，运条速度应慢些，以获得较大的熔深和熔宽。运条时，若发现铁水和熔渣混合不清，可把电弧稍微拉长一些，同时将焊条向前倾斜，并作往熔池后面推送熔渣的动作，熔渣就被推送到熔池后面去了。

焊接反面焊缝时，对不重要焊件可不必铲除焊根，但应将正面焊缝下面的熔渣彻底清除干净（见图2-57），然后用ϕ3.2mm的焊条进行焊接，焊条角度、运条形式与正面焊接相同。焊反面封底焊缝时，焊接电流可以比正面焊缝时的焊接电流稍大些，同时运条速度要稍快些，以获得较小的焊缝宽度（见图2-58）。

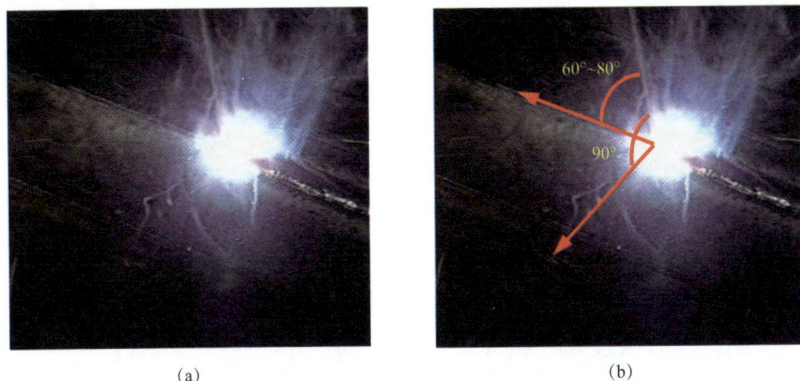

(a)　　　　　　　　　　　　　　　　　　(b)

图2-56　不开坡口对接焊时正面焊缝的焊接

(a) 正面焊接；　(b) 焊条角度

图2-57　反面清根

图2-58　反面封底焊接

　　薄板是指厚度在3mm以下的板材。焊接薄板的主要困难是容易烧穿，焊接变形大。薄板的焊条电弧焊一般应用在对焊缝成形要求不高的场合，当对焊缝成形要求特别高时，就要采用钨极氩弧焊或等离子弧焊等进行焊接。对于3mm以下的薄钢板，其操作步骤同上，但需要注意的是：焊接时要采用短弧，快速直线焊接，以减小钢板的变形。

　　若采用焊条电弧焊焊接薄板，两块板装配时，对口处的上下错边不得超过板厚的1/3；要求较高的焊件，其错边不得大于0.3mm。装配间隙越小越好，最大不得超过0.5mm。焊接区域要清理干净。

　　薄板的定位焊与正式焊接必须用小直径焊条（ϕ2.0mm或ϕ2.5mm）进行。定位焊缝要短，间距要小。在间隙比较大的部位，间距应更小些，一般每隔50~100mm定位焊一点。铁板越薄，定位点应越密。

焊接时，最好用直流反接，不留间隙。先用2~3mm焊条短弧、快速直线焊接，焊条沿焊缝作直线运动，焊条不作横向摆动。如果焊缝较长，可固定在模具上焊接，以防变形。此外，焊接电流要小，焊接速度要高些，以获得小熔池。

在运条方式上，可采用断续灭弧焊接法（见图2-59）。灭弧法就是当熔滴从焊条末端过渡到熔池后[见图2-59（a）]，立即将电弧熄灭[见图2-59（b）]，使熔化金属有瞬时凝固的机会，随后重新在弧坑引燃电弧[见图2-59（c）]，待熔滴从焊条末端过渡到熔池后再灭弧[见图2-59（d）]，这样交错地进行。灭弧的时间在开始焊时可以短些，随着焊接时间的增长，灭弧时间也要稍有增加，以避免产生烧穿及焊瘤。

焊接时，当电弧引燃后，应将电弧稍微拉长，以对焊缝端头进行预热，随后再压低电弧进行焊接。焊接过程中要注意熔池形状，如发现椭圆形熔池的下部边缘由比较平直的轮廓逐渐鼓肚变圆时，表示温度已稍高或过高，应立即灭弧，让熔池降温，避免产生焊瘤现象。待熔池瞬时冷却后，再引弧继续施焊。

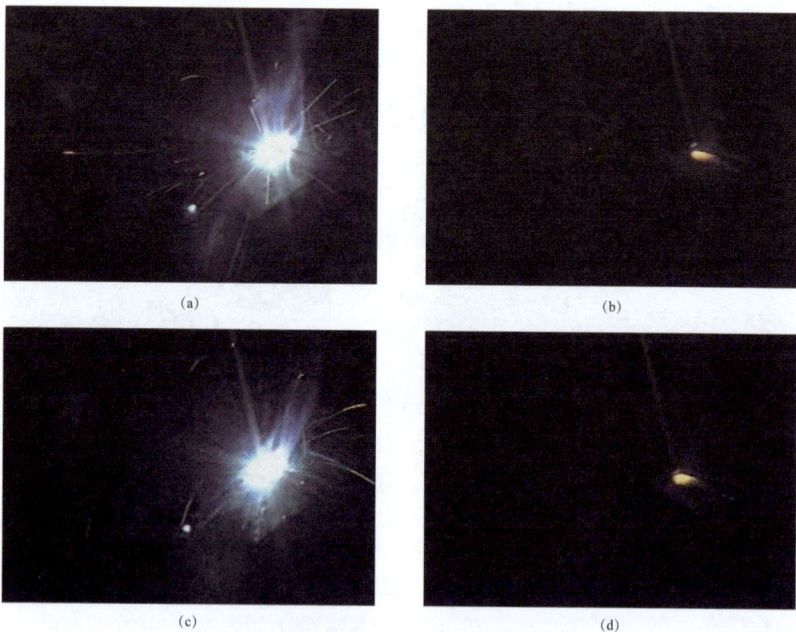

(a)

(b)

(c)

(d)

图2-59　断续灭弧法焊接薄板

(a) 熔滴过渡到熔池；(b) 灭弧；(c) 引弧；(d) 灭弧

此外，采用焊条电弧焊焊接薄板时，如果焊件可以移动，最好使焊件呈15°～20°倾斜，进行下坡焊，如图2-60所示，同时提高焊速，减小熔深，防止烧穿，也能减小焊接变形。但焊接时要防止熔渣流到熔池的前方，造成夹渣及气孔等缺陷。

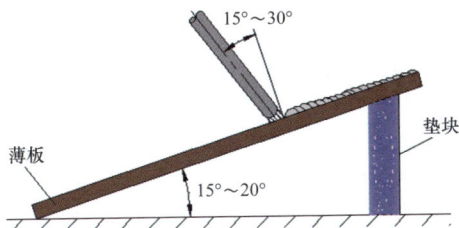

图2-60 薄板垫高焊接

二、开坡口对接双面焊

当焊件厚度不小于6mm时，因电弧热量很难使焊缝的根部焊透，所以应开坡口。开坡口的对接接头可用多层焊法（见图2-61）或多层多道焊法（见图2-62）。

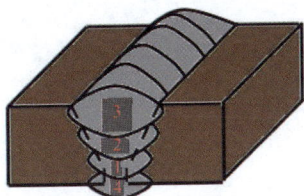

图2-61 对接多层焊

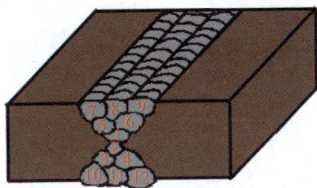

图2-62 对接多层多道焊

1. 焊前准备

采用Q235-A或Q345（16Mn）钢板，厚度为12~16mm，分别加工成V形、X形和带钝边的U形坡口，钢板焊接区域内20mm范围内用角向磨光机打磨至露出金属光泽，焊条选用E4303或E5015型号焊条，直径为$\phi 3.2 \sim \phi 4$mm。焊条按规定要求烘干。辅助工具有角向磨光机、焊条保温筒、清渣锤、钢丝刷等。

2. 对接多层焊

（1）V形坡口的对接多层焊（双面焊）。将焊钳与焊件正确连接，若采用E5015型号焊条则必须采用直流反接，选用合适的钢板并装配成V形坡口，然后在坡口内侧进行定位焊（见图2-63）。定位焊焊条直径$\phi 3.2$mm，焊接电流为120~150A之间。

图2-63 对接多层焊的装配与定位焊

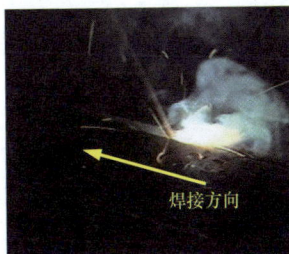

图2-64 第一层焊缝焊接

　　定位焊完成后，清除焊渣并检查焊接质量，如果没有发现缺陷，即可进行正面焊缝第一层的焊接即根部焊接（见图2-64）。多层焊时，对第一层的打底焊道应选用直径较小的焊条，即选用φ3.2mm的焊条，焊接电流为100~130A。

　　运条方法应以间隙大小而定。当间隙小时可用直线形，间隙较大时则采用直线往返形（见图2-65），以免烧穿。直线往返形运条法即焊条末端沿焊缝的纵向作来回直线形摆动，其实际操作如图2-66所示。焊接过程中，向前时电弧稍长些，使焊接处温度不致太高。直线往返形运条同样可用于薄板的焊接。

图2-65　直线往返形运条法

(a)

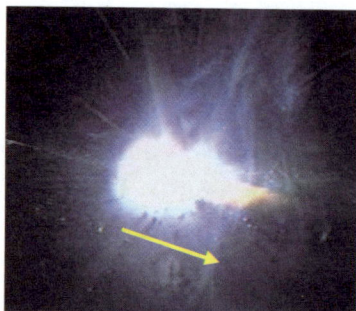

(b)

(c)

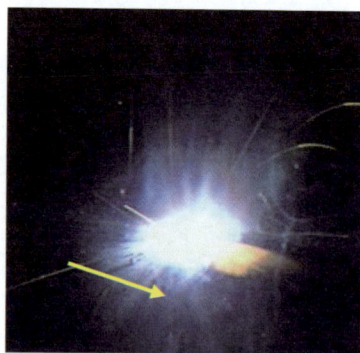

(d)

图2-66　直线往返形运条的实际操作
(a) 向前；(b) 后退；(c) 向前；(d) 后退

　　多层焊的第一层焊接时，当遇到间隙很大又无法一次焊成时，可采用三点焊法（见图2-67）。先将坡口两侧各焊上一道焊缝，使间隙变小，然后再焊第三道焊缝，这样焊缝1、2、3共同构成封底焊缝，但一般情况不应采用三点焊法。

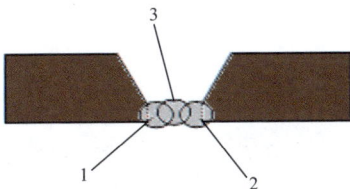

图2-67　三点焊法的施焊次序

　　焊第二层时，先将第一层熔渣除净（见图2-68），然后用直径较大的焊条和较大的焊接电流进行焊接，即采用 ϕ4mm的焊条，焊接电流为160~210A。可用直线形、幅度较小的月牙形或锯齿形运条法，并采用短弧焊接（见图2-69）。

图2-68　第一层焊缝焊后除渣

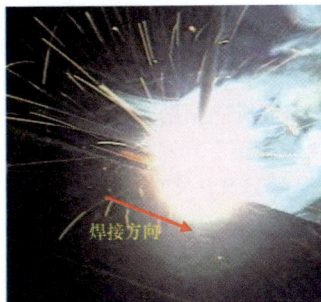

焊接方向

图2-69　第二层焊缝的焊接

　　焊以后各层（焊接顺序见图2-72），均采用 ϕ4mm的焊条，160~210A的焊接电流，采用月牙形或锯齿形运条法，其摆动幅度应随焊接层数的增加而逐渐加宽，但必须在坡口两边稍作停留。每层焊完后，均需进行清渣后，才能进行下一层的焊接。为了保证质量和防止变形，应使层与层之间的焊接方向相反，焊缝接头也应相互错开20mm以上。

　　正面焊缝焊接完成后，将焊件翻转过来，清理焊根（见图2-70），然后进行封底焊接（见图2-71）。反面封底焊缝的焊接操作、要求与不开坡口对接焊的反面封底焊接操作一致。

反面

图2-70　翻转焊件并清根

图2-71　反面封底焊缝的焊接

（2） X形坡口的对接多层焊（双面焊）。X形坡口的对接多层焊的焊接方法同V形坡口的对接多层焊，但其焊接顺序如图2-72所示。

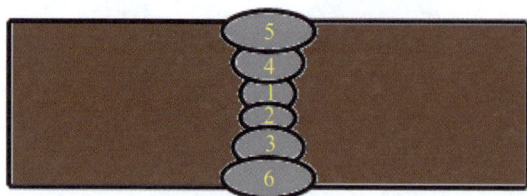

图2-72 X形坡口的对接多层焊焊接顺序

装配合格后进行定位焊[见图2-73（a）]，焊条直径$\phi 3.2mm$，焊接电流为120~150A。

定位焊完成后，清除焊渣并检查焊接质量，如果没有发现缺陷，采用$\phi 3.2mm$的焊条，焊接电流为100~130A，进行正面焊缝第一层的焊接[见图2-73（b）]，焊接时采用直线形运条法。

正面第一层焊完后，清除焊缝的渣壳，翻转焊件并清理焊根[见图2-73（c）]，然后进行反面第一层焊缝的焊接[见图2-73（d）]。

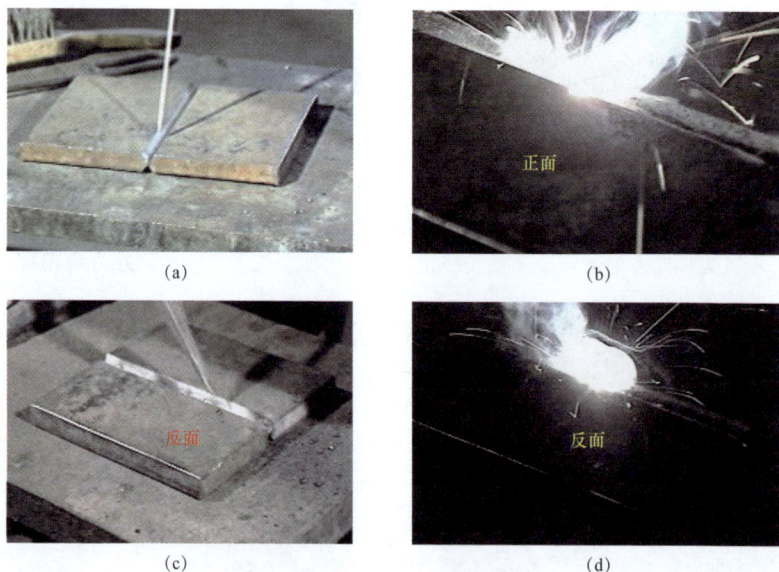

图2-73 X形坡口的多层焊

（a）装配定位； （b）正面第一层焊接； （c）翻转焊件并清根； （d）反面第一层焊接

X形坡口多层焊在焊接反面第一层焊缝时，要采用对称焊法，反面第一层的起头位置、焊接方向与正面第一层的起头位置和焊接方向一致。

焊以后各层（填充层），均采用φ4mm的焊条，160~210A的焊接电流，采用月牙形或锯齿形运条法，每层焊完后，均需进行清渣后，才能进行下一层的焊接。其操作要点可参考V形坡口多层焊。焊条除了向前移动外，还要横向摆动。在摆动过程中，焊道中央移弧要快，即滑弧过程，电弧在两侧时要稍作停留，使熔池左、右侧温度均衡，两侧圆滑过渡。在焊接第一层填充层时，应注意焊接电流的选择，过大的焊接电流会使第一层金属组织过烧，使焊缝根部的塑性、韧性降低。除了焊缝熔合不良，有气孔、夹渣、裂纹、未焊透等缺陷外，大部分是由于第一层填充层焊接电流过大，造成金属组织过烧，晶粒粗大，塑性、韧性降低所致。因此，填充层焊接也要限制焊接电流。

焊条摆动到坡口两侧处要稍作停顿，使熔池和坡口两侧的温度均衡，防止填充金属与母材交界处形成死角，因清渣不彻底而造成焊缝夹渣。最后一层填充层应比母材表面低0.5~1.5mm，并且焊缝中心要凹，而两边与母材交界处要高，以便盖面焊时能够看清坡口，保证盖面焊缝边缘平直。

焊接最后一层（盖面层）时引弧前，应仔细清除最后一层填充层与坡口两侧母材夹角处及填充层焊道间的焊渣以及表面污垢，在距焊缝始端10~15mm处引弧，然后将电弧拉回到始焊端施焊。

焊接采用月牙形运条或横向锯齿形运条，焊接电流要适当小些，焊条摆动到坡口边缘时，要稳住电弧并稍作停留，注意控制坡口边缘，使之熔化1~2mm即可。焊接过程中要控制弧长及摆动幅度，防止焊缝产生咬边缺陷，焊接速度要均匀一致，使焊缝表面高低符合要求。

接头的位置很重要，如果接头部位离弧坑较远偏后，盖面层接头的焊缝就偏高；如果接头部位离弧坑较近而偏前时，在盖面层焊缝接头部位会造成焊缝脱节。

3. 多层多道焊

焊接方法基本上与多层焊相似，所不同的是每一层由有数条窄焊道并列组成。数条焊道依次焊接，并列组成一条完整的焊缝，如图2-62所示。焊接时宜采用直线形运条法，短弧焊接，操作技术不难掌握。每完成一条焊道，必须清渣一次。

（1）V形坡口的对接多层多道焊（双面焊）。V形坡口的对接多层多道焊的焊接顺序如图2-74所示。

图2-74　V形坡口的对接多层多道焊的焊接顺序

装配合格后，采用直径φ3.2mm焊条，焊接电流为120~150A之间进行定位焊操作。首先在正面坡口内侧进行定位焊[见图2-75（a）]，清理正面定位焊缝的渣壳后，翻转焊件[见图2-75（b）]，进行反面定位焊[见图2-75（c）]。

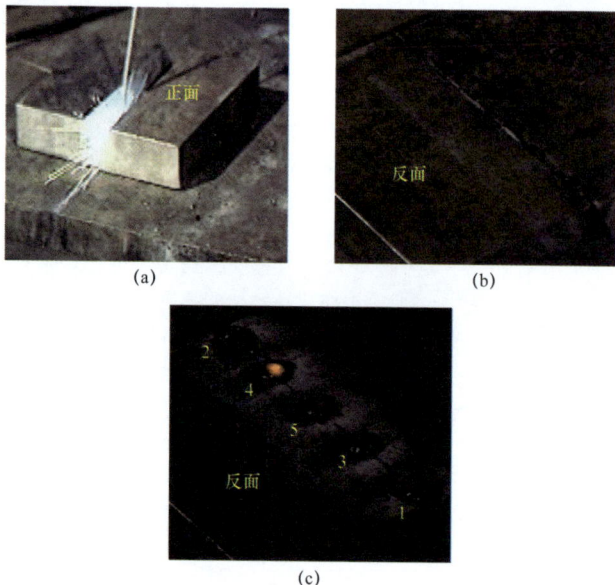

(a)　　　　　　　　　　　　(b)

(c)

图2-75　V形坡口的对接多层多道焊的定位焊

(a) 正面定位焊；　(b) 翻转焊件并清根；　(c) 反面定位焊

　　反面定位焊完成后，翻转焊件，清理正面焊缝坡口处的焊渣[见图2-76（a）]，然后进行正面第一层焊缝的焊接[见图2-76（b）]，采用ϕ3.2mm的焊条，焊接电流为100~130A，焊接时采用直线形运条法，短弧操作。

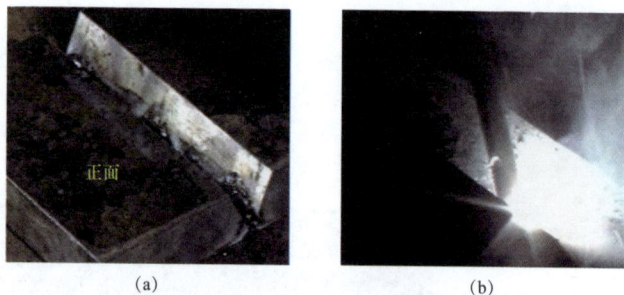

(a)　　　　　　　　　　　　(b)

图2-76　正面第一层焊缝的焊接

(a) 清理焊根；　(b) 焊接

　　正面第一层焊缝焊完后，清除焊缝的渣壳，进行正面第二层第1道焊缝的焊接[见图2-77（a）]，采用ϕ4mm的焊条，160~210A的焊接电流，短弧、直线运条进行焊接。正面第二层第1道焊缝焊完后，清理渣壳，同样采用ϕ4mm的焊条，短弧、直线运条进行正面第二层第2道焊缝的焊接[见图2-77（b）]，焊道与焊道之间要有一定的重叠。以后各层各道焊缝均采用该操作进行，正面各层各道焊缝焊完后除渣[见图2-77（c）]，清理渣壳后的焊道如图2-77（d）所示。

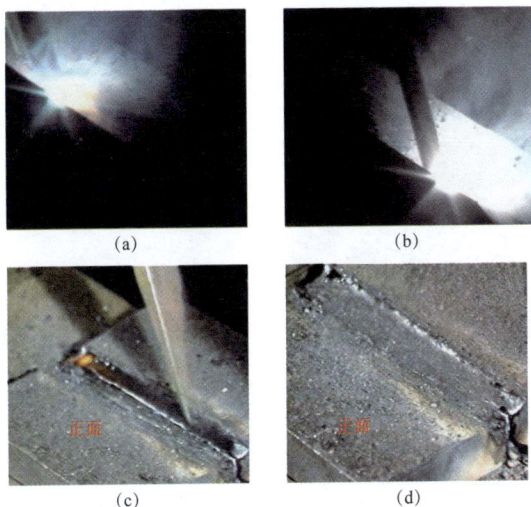

图2-77　正面各层各道焊缝的焊接

(a) 焊接正面第二层第1道焊缝； (b) 焊接正面第二层第2道焊缝； (c) 焊后除渣； (d) 焊道外观

接着进行反面封底焊道的焊接，翻转焊件，对反面封底焊道处进行清根[见图2-78（a）]，采用不开坡口对接焊的封底焊操作进行焊接[见图2-78（b）]。反面封底焊后焊道如图2-78（c）所示，清除渣壳后的焊道如图2-78（d）所示。

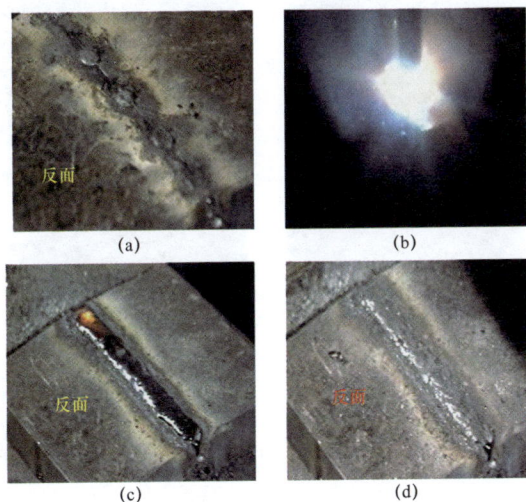

图2-78　V形坡口的对接多层多道焊的封底焊接

(a) 反面清根； (b) 封底焊接； (c) 焊后焊道； (d) 清除渣壳后的焊道

（2）X形坡口的对接多层多道焊（双面焊）。X形坡口的对接多层多道焊的焊接顺序如图2-62所示。装配合格后[见图2-79（a）]，采用直径ϕ3.2mm焊条，焊接电流为120~150A之间进行定位焊操作[见图2-79（b）]。

图2-79 X形坡口的对接多层多道焊的装配与定位焊

(a) 装配；(b) 定位焊

定位焊完成后，采用ϕ3.2mm的焊条进行正面第一层焊缝的焊接[见图2-80（a）]，焊接电流为100~130A，焊接时采用直线形运条法，短弧操作。正面第一层焊完后，清除渣壳[见图2-80（b）]并翻转焊件进行反面清根[见图2-80（c）]，同样采用ϕ3.2mm焊条，100~130A的焊接电流，进行反面第一层焊缝的焊接[见图2-80（d）]。

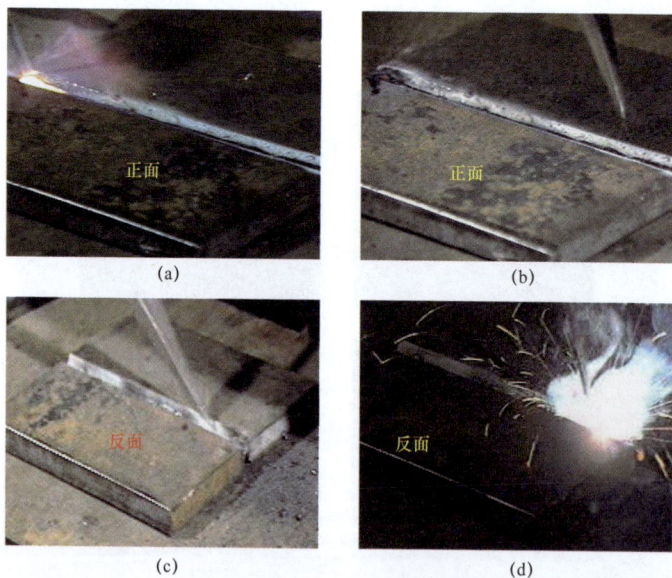

图2-80 正面与反面第一层焊缝的焊接

(a) 正面第一层焊缝焊接；(b) 清除渣壳并翻转；(c) 反面清根；(d) 反面第一层焊缝的焊接

其余各层各道可采用ϕ4mm的焊条，160~210A的焊接电流，短弧、直线运条进行焊接。同正面和反面的第一层焊缝焊接一样，为防止焊接变形，每层焊缝的焊接均要采取对称焊法，焊道与焊道之间同样要有一定的重叠。

X形坡口对接多层多道焊焊接完成后的焊道外观如图2-81所示。

这里需要注意的是：当采用低氢型焊条焊接平面对接焊缝时，焊条除了要按规

图2-81　X形坡口对接多层多道焊焊接完成后的焊道外观

定烘干外，还必须彻底清除焊接处油污、铁锈、水分等杂质，以免产生气孔，并要采用短弧焊和月牙形运条法，以使熔池冷却速度缓慢，有利于焊缝中气体的析出，以提高焊缝质量。

第五节　平角焊操作技术

板材的平角焊是进行T形接头、角接接头和搭接接头平焊位置时角焊缝焊接操作。平角焊时一般要求焊接缺陷在技术条件允许的范围内，还要求角焊缝的焊脚尺寸符合技术要求，以保证接头的强度。

角焊缝应用最多的是截面为直角等腰三角形的角焊缝，如图2-82所示。焊脚尺寸在施工图纸上均有明确规定，焊工在自行练习时可参考表2-14进行焊脚尺寸的选择。

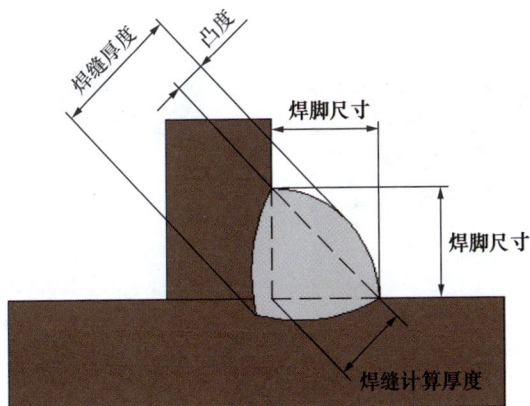

图2-82　直角等腰角焊缝及名称

表2-14　　　　　　　　　　　平角焊的焊脚尺寸选择参考　　　　　　　　　　（mm）

钢板厚度	>8~9	>9~12	>12~16	>16~20	>20~24
最小焊脚尺寸	4	5	6	8	10

T字接头平焊在操作时易产生咬边、未焊透、焊脚下偏（下垂）、夹渣等缺陷，如图2-83所示。

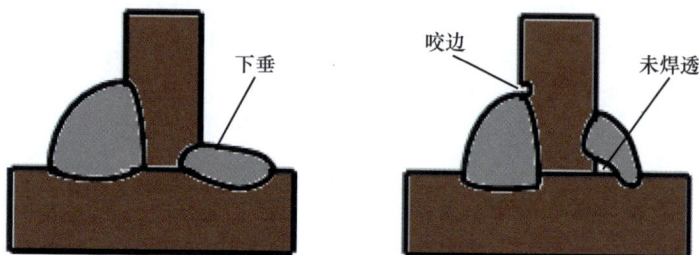

图2-83　T字接头焊缝容易产生的缺陷

一、焊前准备

采用厚度为8~20mm的Q235-A钢板，钢板焊接区域20mm范围内用角向磨光机打磨至露出金属光泽。焊条选用E4303型号焊条，直径为φ3.2~φ4mm。焊条按规定要求烘干。辅助工具有角向磨光机、焊条保温筒、清渣锤、钢丝刷等。

实际生产中，焊件的装配一般都由焊工配合装配钳工进行，焊工在自行练习或操作时可先将平板放置在平台上，然后左手手持立板并固定，右手拿焊钳进行正面的定位焊（见图2-84）。定位焊的位置如图2-85所示。定位焊采用φ3.2mm的E4303型（J422）焊条，焊接电流为120~150A。

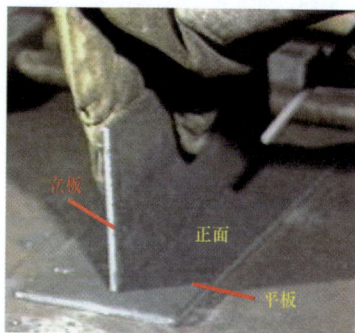

图2-84　平角焊的装配与点固

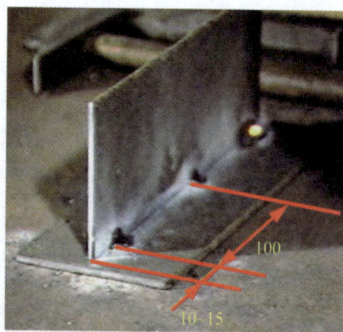

图2-85　平角焊定位焊位置

正面定位焊完成后，清除渣壳，挪转焊件，清除反面焊根（见图2-86），并可用90°角尺测量立板的垂直度，如不合格，应进行矫正，然后进行反面定位焊（见图2-87），操作与正面定位焊一样。

图2-86 反面清根

图2-87 反面定位焊

二、单层焊脚的操作

焊脚尺寸小于8mm的焊缝，通常用单层焊来完成，焊条直径根据钢板厚度不同，在3~5mm范围内选择。焊接参数见表2-15。由于平角焊的焊件结构特点，导致焊接热量往板的三个方向传递，热量散失快，易焊不透，因此使用的焊接电流可比相同板厚的对接平焊大10%左右。

表2-15 单层焊脚的焊接参数

焊脚尺寸（mm）	3	4		5~6		7~8	
焊条直径（mm）	3.2	3.2	4	4	5	4	5
焊接电流（A）	100~120	100~120	160~180	160~180	200~220	180~200	220~240

1. 尺寸小于5mm的焊脚

以采用ϕ4mm的E4303型焊条为例，调整焊接电流为160~200A，在焊件左侧引弧，具体引弧点为距焊件左端10mm左右位置处（见图2-88），在该位置引弧不仅能掩盖引弧点的位置，保证焊道美观，而且对焊道的起头有预热作用。引弧成功后迅速移动电弧至左侧始焊端，然后采用直线形运条法和短弧进行焊接，焊接速度要均匀，焊条与水平板成45°夹角，与焊接方向成65°~80°的夹角（见图2-89）。焊接时要保证焊条角度正确，若焊条角度过小会造成根部熔深不足，角度过大，熔渣容易跑到前面而造成夹渣。

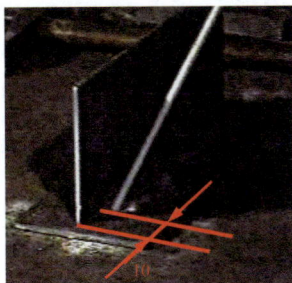

图2-88 平角单层焊引弧

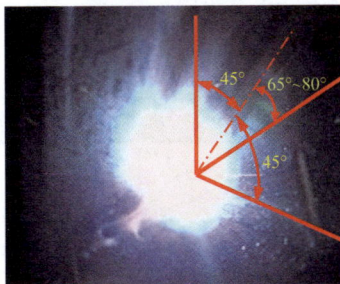

图2-89 平角单层焊的焊条角度

焊接时，电弧要对准T形接头的缝隙所形成的直线上，以较大的焊接电流向右进行焊接，在运条过程中，要始终注视熔池熔化情况。不但要保持熔池在接口处不偏上或偏下，使立板与平板的焊道充分熔合，还要保持熔渣对熔化金属的保护作用，既不超前也不拖后。

在采用直线形运条法焊接焊脚尺寸不大的焊缝时，将焊条端头的套管边缘靠在焊缝上，并轻轻地压住它。当焊条熔化时，套管会逐渐沿着焊接方向移动，这样不仅操作方便，而且熔深较大，焊缝外表美观。

正面焊缝焊完后，去除渣壳，挪转焊件，反面清根后，进行反面焊缝的对称焊接。

2. 尺寸在5～8mm的焊脚

图2-90　斜圆圈法运条焊接平角单层焊

焊接5～8mm尺寸的焊脚，应采用斜圆圈形（见图2-90）或反锯齿形运条法进行焊接。但要注意各点的运条速度不能一样，否则容易产生咬边、夹渣等现象。

T字接头平焊的正确运条方法如图2-91所示。在图中a至b点运条速度要稍慢些，保证熔化金属与水平板很好熔合；b至c的运条速度要稍快些，防止熔化金属下淌，并在c点作稍停留，以保证熔化金属与垂直板很好熔合。从c到d的运条速度又要稍慢些，才能避免产生夹渣现象并保证焊透；b至d的运条速度，要与a至b一样稍慢些；d至e与b至c一样，e点和c点一样要稍作停留。整个运条过程就是不断重复上述过程，同时在整个运条过程中都应采用短弧焊接。反锯齿形运条法的运条速度掌控可参考斜圆圈运条法的速度控制。

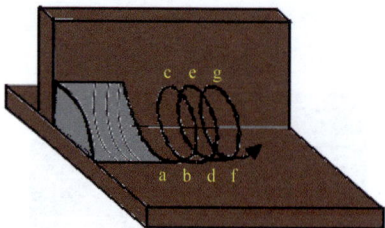

图2-91　T字接头平焊的正确运条方法

图2-92　平角焊采用斜圆圈形运条焊接的焊道

在T字接头平焊的焊接中，往往由于收尾弧坑未填满而产生裂纹。所以在收尾时，一定要保证弧坑填满，其焊后的焊道外观如图2-92所示。

三、多层焊脚的操作

焊接尺寸为8～10mm的焊脚，一般采用多层焊法，可采用两层两道的焊法，即焊接两层，每层各1道焊缝。其装配及定位焊同单层焊脚焊接时一样（见图2-93），为增加熔透深度，可在立板与平板之间预留1~2mm间隙。

图2-93 多层焊脚焊接时的装配与点固

焊正面第一层时（见图2-94），可用直径φ3.2mm焊条，焊接电流稍大些，以获得较大的熔深。采用直线形运条法，收尾时应把弧坑填满或略高些，这样在第二层焊接收尾时，不会因焊缝温度增高而产生弧坑过低的现象。第一层焊后形态如图2-95所示。

图2-94 第一层焊接

图2-95 第一层焊后形态

正面第一层焊完后，挪转焊件，进行反面清根（见图2-96），然后对称焊接反面第一层焊缝（见图2-97），焊条直径与电流同正面第一层的焊接一样。

图2-96 反面清根

图2-97 反面第一层焊接

图2-98 第二层的焊接

焊第二层之前，必须将第一层的熔渣清除干净，发现有夹渣时，应用小直径焊条修补后方可焊第二层，这样才能保证层与层之间紧密地熔合。可采用φ4mm直径的焊条，焊接电流为160~200A，焊接电流不宜过大，电流过大会产生咬边现象。一般采用直线运条法进行短弧操作（见图2-98），若用斜圆圈形和反锯齿形运条法施焊时，运条速度同单层焊。但第一层焊缝咬边处，应适当多停留一些时间，以弥补该处咬边的缺陷。

四、多层多道焊脚的操作

当焊接焊脚大于10mm时，生产中都采用多层多道焊。焊脚在10～12mm时，一般用二层3道来完成（见图2-99），即焊接两层，第一层为1道焊缝，第二层为2道焊缝组成。

采用多层多道焊脚进行焊接操作时，其装配与定位焊同单层焊脚焊接时一样（见图2-100）。

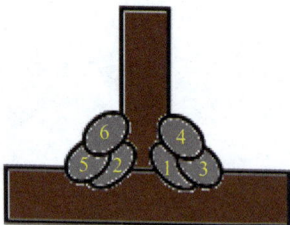

图2-99 焊脚在10～12mm时的焊接顺序

图2-100 平角多层多道焊的装配与定位

焊第一层（第1道）时，采用较小直径的焊条及较大焊接电流，可采用φ3.2mm焊条，130~150A的焊接电流，采用直线形运条法（见图2-101），收尾时同样应把弧坑填满或略高些，以防止第二层焊接收尾时，会因焊缝温度增高而产生弧坑过低的现象。焊完后如图2-102所示，然后将渣壳清除干净。

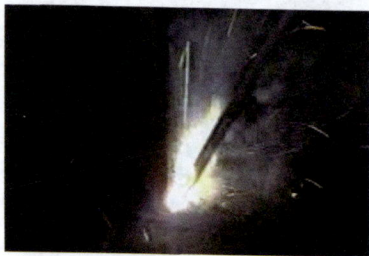

图2-101 第一层（第1道）的焊接

图2-102 第一层（第1道）焊缝的焊后状态

接着挪转焊件，进行反面清根（见图2-103），采用正面第一层（第1道）的方法焊接反面第一层（第1道）焊缝（见图2-104）。

图2-103　反面清根

图2-104　反面第一层（第1道）焊缝的焊接

焊第2道焊缝时，应覆盖第一层焊缝的2/3以上（见图2-105），采用φ4mm焊条，160~200A的焊接电流进行焊接，焊条与水平板的角度要稍大些，一般在45°~55°之间，以使熔化金属与水平板很好地熔合，焊条与焊接方向的夹角仍为65°~80°（见图2-106），用斜圆圈形或锯齿形运条，运条速度稍快些，但要均匀，除了图2-91中的c、e、g点处不需停留之外，其他都一样。

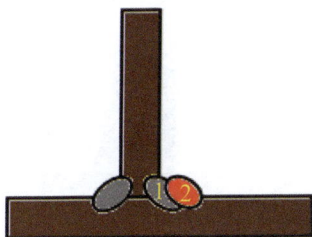

图2-105　多层多道焊时第2道焊缝的位置

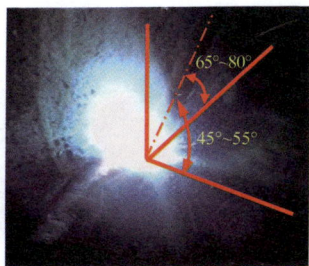

图2-106　第2道焊缝时的焊接

焊第3道焊缝时，仍然采用φ4mm焊条。160~200A的焊接电流、短弧直线运条法进行焊接操作，不同的是焊条与水平板的夹角为40°~45°（见图2-107），焊接速度可稍快，但必须均匀。第3道焊缝应覆盖对第2道焊缝的1/3~1/2（见图2-108）。

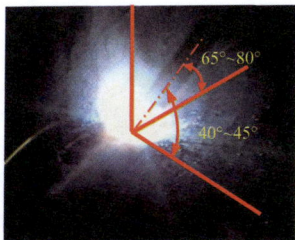

图2-107　第3道焊缝的焊接

图2-108　第3道焊缝的位置

需要注意的是，焊第3道焊缝时，如果出现第2道焊缝覆盖第1道焊缝大于1/2时，应采用直线往返运条法，以免第3道焊缝过高。

如果焊脚大于12mm时，可采用三层6道、四层10道来完成。焊脚尺寸越大，焊接层数、道数就越多，如图2-109所示。

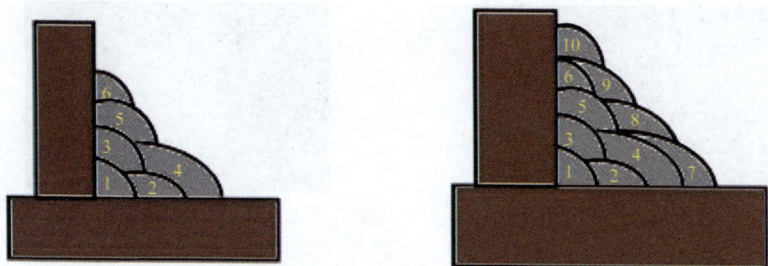

图2-109　多层多道焊的焊道排列

实际生产中，经常会遇到立板和平板厚度不一致的情况，这时，为了防止缺陷产生，操作时除了正确选择焊接规范外，还应根据两板的厚薄适当调节焊条的角度。如果焊接两板厚度不同的焊缝时，电弧就要偏向厚板一边，以使两板的温度均匀。T字接头平焊时常用的焊条角度如图2-110所示。

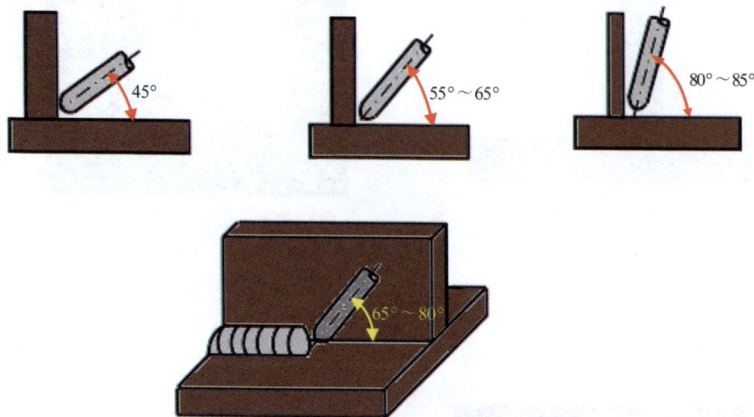

图2-110　T字接头平焊时常用的焊条角度

此外，若焊件能翻动时，应尽可能把焊件放成船形位置进行焊接，如图2-111所示。船形焊可避免一般角焊时液体金属流到水平表面导致焊缝成形不良的缺陷，如避免产生咬边和下垂等缺陷，同时操作方便，焊缝成形美观，又可用大直径焊条、大电流焊接，一次能焊成较大断面的焊缝，大大提高生产率。船形焊时，可采用月牙形或锯齿形运条方法。焊接第一层采用小直径焊条及稍大电流，其余各层与开坡口平对接焊相似。

(a)

45°

(b)

图2-111 船形焊

(a) 船形焊时的位置； (b) 船形焊时的焊条角度

为防止焊缝夹渣，焊接顶角时应用小直径焊条，便于熔透。如果焊件厚度不同，电弧应偏向厚件一边，使两边缘同时熔化。焊接时应用焊条拨动熔渣，或借助电弧的吹击作用，将熔液吹向熔池后方，否则，在熔池中熔渣太多，妨碍液体金属的流动性。也可将焊缝末端垫高10°左右，使溶渣能顺利地浮到焊缝表面，避免流到焊缝的前端，产生夹渣。

在进行船形多层焊时，每层焊道厚度不应超过4mm。焊接第一层时，用小直径焊条作直线运走，不必摆动。以后各层的焊接，焊条应做横向摆动，以便控制两边缘的熔化温度。焊接最后一层时，焊条的摆动应大于角焊缝表面的宽度，防止两边缘结合不良，避免形成小的夹渣。

第六节 横焊操作基础技术

横焊时，由于熔化金属受重力的作用，容易下淌而产生咬边、焊瘤及未焊透等缺陷。因此，应采用短弧、较小直径的焊条以及选用适当的焊接电流和运条方法。

一、焊前准备

焊件采用Q235-A钢板，厚度为4~20mm，钢板焊接区域20mm范围内用角向磨光机打磨至露出金属光泽。选用E4303或E5015型焊条，直径为ϕ3.2~4mm。焊条按规定要求烘干。辅助工具有角向磨光机、焊条保温筒、清渣锤、钢丝刷等。

二、不开坡口的对接横焊（双面焊）

板厚3~5mm时的对接横焊一般不开坡口，将合适钢板装配成横焊位置，装配及定位焊如图2-112所示，采用ϕ3.2mm直径的焊条，焊接电流为120~150A。

不开坡口的对接横焊采取双面焊接，首先进行正面焊缝的焊接（见图

2-113），采用 φ3.2mm 的焊条，90~120A 的焊接电流。焊接时采用直线运条法，将焊条与水平成15°～20°，这样就能利用电弧的吹力托住熔化金属。同时，为防止熔化金属下淌，焊条要与焊接方向成70°～80°的夹角（见图2-113）。焊接速度应稍快并均匀，避免熔滴过多地熔化在某一点上，以防形成焊瘤和造成焊缝上部咬边而影响焊缝成形。

图2-112　不开坡口对接横焊的装配与定位焊

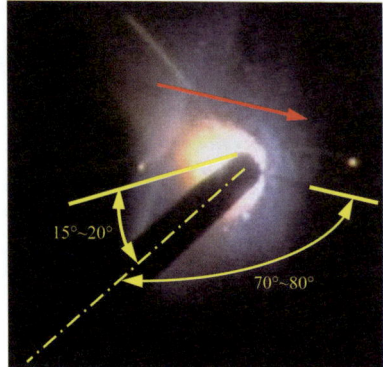

图2-113　不开坡口对接横焊时正面焊缝的焊接

正面焊缝焊接完成后（见图2-114），清除渣壳并进行反面清根，焊接反面焊缝。仍然采用 φ3.2mm 的焊条，焊接电流调整为 100~130A，采用直线运条法，焊条操作角度同正面焊接一样，焊后清除渣壳。

需要说明的是：不开坡口横焊时，运条形式不应拘泥于直线运条法，要根据实际情况灵活选用，当较薄焊件焊接时，可以采用直线往返形运条法焊接，利用焊条向前移动的机会，使熔池得到

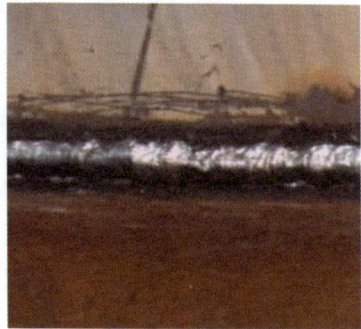

图2-114　不开坡口对接横焊的正面焊缝

冷却，以防止熔滴下淌及产生烧穿等缺陷。对于较厚焊件，可采用直线形或斜圆圈形运条法，以得到适当的熔深，采用直线形运条法，必须保证短弧操作，电弧要尽量短。

三、开坡口的对接横焊（双面焊）

板厚5mm以上的对接横焊一般要开坡口，其坡口一般为V形或K形，坡口的特点是下板不开坡口或坡口角度小于上板，如图2-115所示，这样有利于焊缝成形。

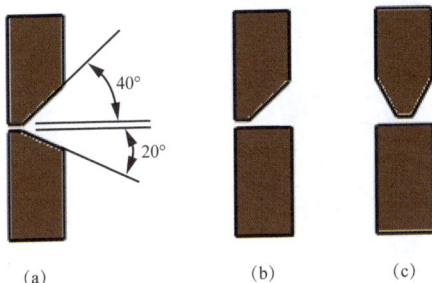

图2-115　对接横焊接头的坡口形式
(a) V形；(b) 单边V形；(c) K形

以8mm厚钢板为例，将钢板组装成横焊形式，坡口形式为V形坡口（见图2-116）。采用多层焊进行焊接，焊接顺序如图2-117所示。

图2-116　开坡口横焊焊件的组装与定位焊

图2-117　开坡口横焊（8mm）的焊接顺序

焊第一层时（见图2-118），采用φ3.2mm的焊条，焊接电流为80~100A，运条法可根据接头间隙大小来选择，但若间隙较小时，可用直线形短弧焊接；间隙较大时，宜用直线往返形运条法焊接。焊条角度与不开坡口对接横焊相同。第一层焊完后（见图2-119）清除渣壳，进行第二层焊缝的焊接。

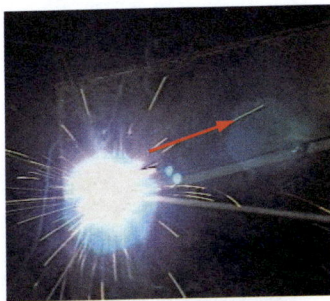

图2-118　开坡口对接横焊时第一层焊缝的焊接

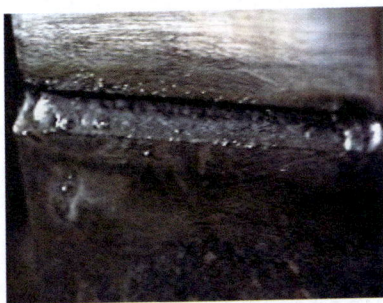

图2-119　第一层焊缝外观

图2-120　第二层焊缝的焊接

第二层焊缝采用 $\phi4.0$mm的焊条，焊接电流为150～180A，焊条角度与第一层一样，但采用斜圆圈形运条法焊接（见图2-120）。

在焊接过程中，应保持较短的电弧长度和均匀的焊接速度。为了更有效地防止焊缝上部边缘产生咬边和下部熔化金属产生下淌现象，每个斜圆圈形与焊缝中心的斜度不大于45°（见图2-121）。当焊条末端运条到斜圆圈形上面时，电弧应更短些（见图2-122），并稍作停留，然后缓慢地将电弧引到熔池下边，即原先电弧停留点的旁边。这样往复循环的运条，才能有效地避免各种缺陷产生，获得成形良好的焊缝。

图2-121　斜圆圈运条时的角度要求

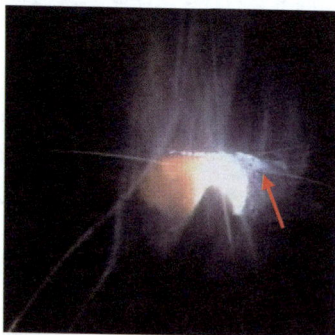

图2-122　运条到斜圆圈形上面时电弧要短

正面第二层焊后如图2-123所示，要清除渣壳，并将反面清根，焊接第3道焊缝，即反面封底焊，焊接时采用 $\phi3.2$mm的焊条，焊接电流150A左右，其焊接要领与不开坡口对接横焊的反面封底焊相同。

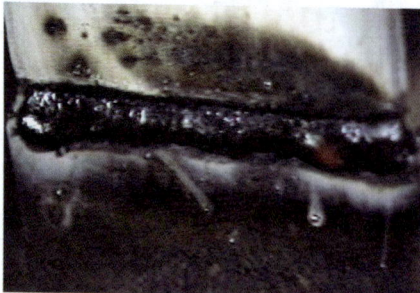

图2-123　开坡口对接横焊正面焊后

图2-124　开坡口对接横焊时的多层多道焊

当焊接板厚超过8mm的横焊缝时，应采用多层多道焊（见图2-124），这样能更好地防止由于熔化金属下淌而造成的焊瘤，保证焊缝成形良好。

焊接时，选用φ3.2mm或φ4.0mm的焊条，采用直线形或小圆圈形运条法，并根据各道的具体情况始终保持短弧和适当的焊接速度。焊条角度也应根据各层、道的位置不同相应地调节。开坡口对接横焊焊缝各层、各道排列顺序如图2-125所示。

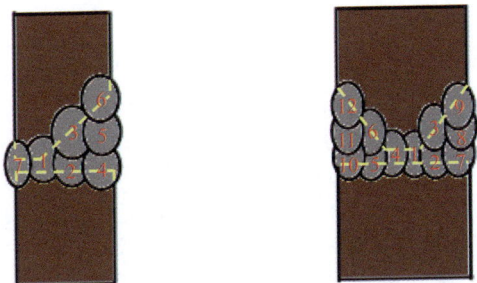

图2-125　开坡口对接横焊焊缝各层、各道的排列顺序

开坡口对接横焊焊缝多层多道焊进行中间各层（填充层）焊接时，焊条与焊接方向夹角为80°~85°，如图2-126（a）所示。为防止横焊填充层焊接操作不正确，使盖面层焊缝产生下坠现象，在焊接填充层时，焊条与上、下板夹角要有区别，焊接下侧焊道时，焊条与下板夹角为85°~95°；而焊接上侧焊道时，焊条与下板夹角为55°~70°，如图2-126（b）、（c）所示。

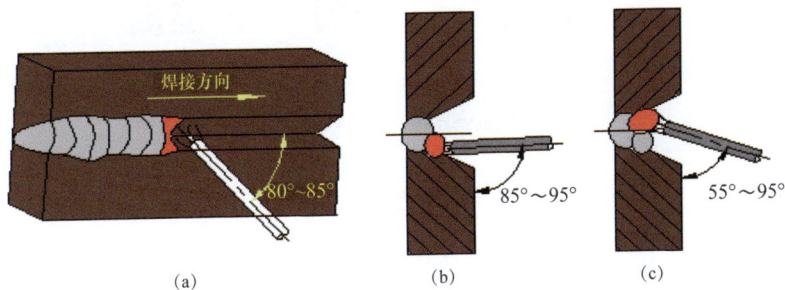

图2-126　板横焊（填充层）的焊条角度

(a) 焊条与焊接方向的角度；　(b) 下侧焊道的焊条与下板角度；　(c) 上侧焊道的焊条与下板角度

焊前应仔细清理前一层焊道之间、焊道与坡口两侧之间的焊渣，避免焊缝夹渣，在距离焊缝始焊端10~15mm处引弧后，将电弧拉回到始焊端开始焊接。

焊接时通常采用直线运条法，焊接过程中不做任何摆动，直至每根焊条焊完为止。焊道之间搭接要适量，以不产生深沟为准。为避免在焊道之间的深沟内产生夹渣缺陷，通常两焊道之间搭接1/3~1/2，最后一层填充焊高度距离母材表面1.5~2mm为宜。

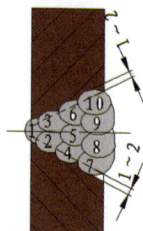

图2-127 板横焊（盖面层）的焊接顺序与要求

进行正面最后一层（盖面焊）的焊接时，焊渣清理同板平焊，在距焊缝始焊端10~15mm处引弧，然后将电弧拉回到始焊端施焊。

焊接采用直线运条法，不做任何摆动，每层焊缝均由下板坡口施焊，直线焊到终点。每层的多条焊道也是采取由下板开始，一道道焊缝叠加，直至熔进上板母材1~2mm，如图2-127所示。

焊接各道焊缝时，应合理选择焊条与下板的夹角。以上图的焊道为例，当焊接第7道焊缝时，焊条与下板夹角为80°~90°，焊道1/3在母材上，熔进1~2mm，其余2/3落在填充层上，如图2-128（a）所示。焊接焊缝中心线附近的焊缝（第8、9道焊缝）时，焊条与下板夹角分别为95°~100°和75°~85°，各与前一道焊缝搭接1/2，如图2-128（b）、（c）所示。焊接与上板相接的盖面层焊道（第10道焊缝）时，焊条与下板夹角为85°~95°，如图2-128（d）所示，与前一道焊缝搭接1/2，熔进母材1~2mm。盖面层的各条焊道应平直，搭接平整，与母材相交应圆滑过渡，无咬边。

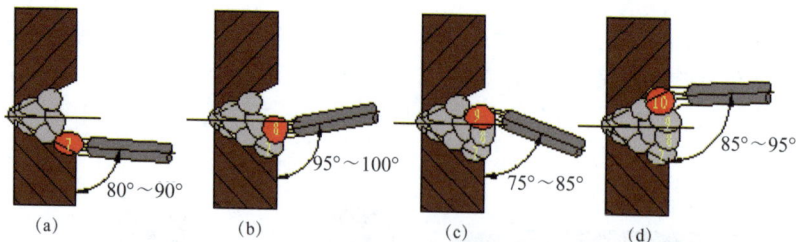

图2-128 板横焊（盖面层）各焊道的焊接角度举例
（a）第7道焊缝；（b）第8道焊缝；（c）第9道焊缝；（d）第10道焊缝

第七节　立焊操作基础技术

立焊有两种方式，一种是向上立焊；另一种是向下立焊。由向下立焊，要求有专用的焊条才能保证成形。目前生产中应用最广的仍是向上立焊法。

一、焊前准备

焊件采用Q235-A钢板，厚度为4~20mm，钢板焊接区域20mm范围内用角向磨光机打磨至露出金属光泽。选用E4303或E5015型号焊条，直径为$\phi3.2~\phi4$mm。焊条按规定要求烘干。辅助工具有角向磨光机、焊条保温筒、清渣锤、钢丝刷等。

二、立焊时的运条操作

立焊由于熔化金属在重力作用下易向下淌，形成焊瘤、咬边、夹渣等缺陷，焊缝成型不良，熔池金属与熔渣容易分离，所以要用较小直径的焊条和较小的焊接电流。电流一般比平焊小12%～15%，以减小熔滴的体积，使之少受重力的影响，以利于熔滴的过渡。

为了便于观察熔池和熔滴过渡情况，操作时可采取手臂有依托和无依托两种姿势。有依托姿势，即手臂轻轻贴在上体的肋部或大腿、膝盖位置，比较平稳、省力。无依托姿势是把胳膊半伸开或全伸开悬空操作，要靠胳膊的伸缩来调节焊条位置，胳膊活动范围大，但操作难度也较大。握焊钳方法可适当调整，实际生产中要根据本人情况灵活使用。

立焊时，常用的运条方法有锯齿形运条、月牙形运条以及挑弧法和灭弧法四种。运条的熟练程度直接影响焊接质量和焊缝外观成形，焊工应熟练掌握立焊时的这四种运条方法，这样才能在实际生产中，根据焊件接头形式的特点和焊接过程中熔池温度的情况，灵活运用适当的运条法。

1. 立焊时锯齿形运条

锯齿形运条时的焊条角度如图2-129（a）所示，焊条与焊件的角度左右方向各为90°，向下与焊缝成60°～80°，这样有利于熔滴过渡，并能托住金属，其实际操作如图2-129所示。

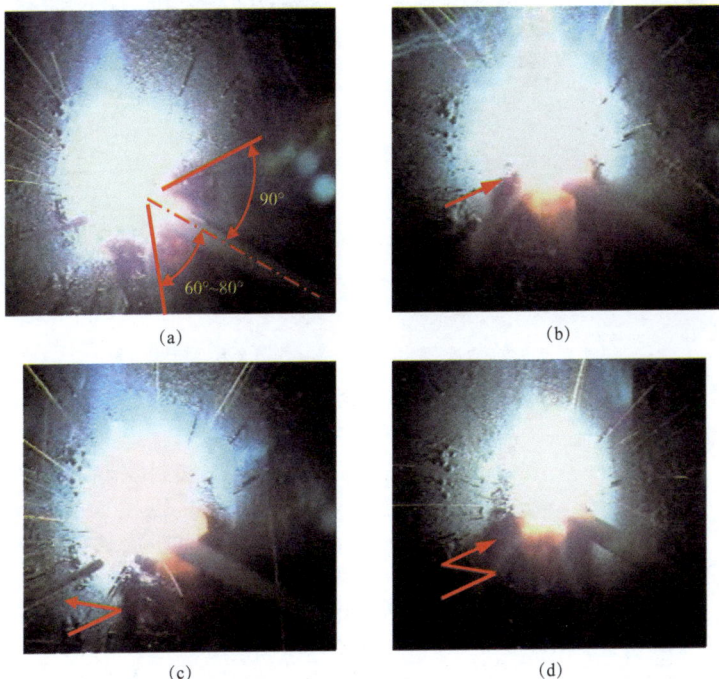

(a)

(b)

(c)

(d)

图2-129　立焊时锯齿形运条操作

(a) 焊条角度；　(b) ～ (d) 月牙形运条动作分解

2. 立焊时月牙形运条

月牙形运条时，其焊条角度同锯齿形运条时一样，焊接操作过程中，运条速度必须保持均匀一致。当运条至焊缝两边时，要将电弧缩短，稍微停一下，以便有利于增加熔滴金属过渡，缩短电弧的加热面积，防止出现咬边。具体操作如图2-130所示。

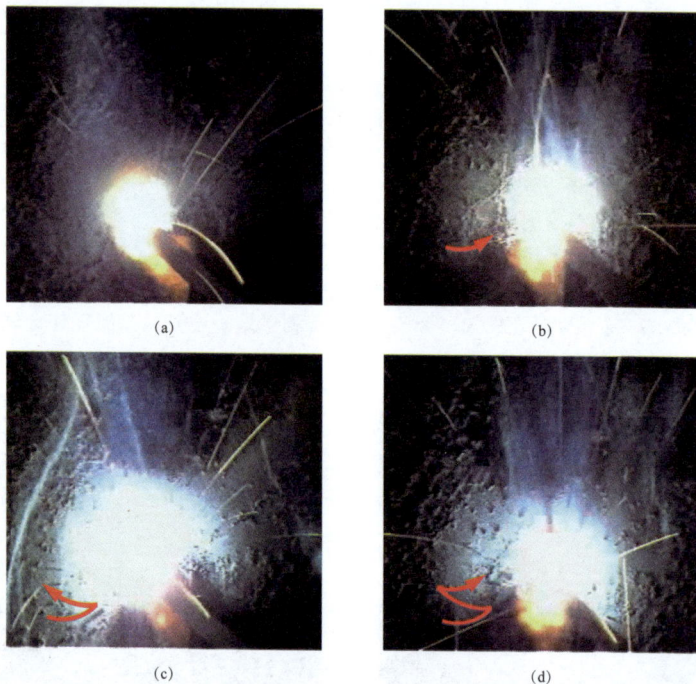

(a)　　　　　　　　　　　(b)

(c)　　　　　　　　　　　(d)

图2-130　立焊时月牙形运条操作

（a）焊缝两端要短弧并稍停；　（b）～（d）月牙形运条动作分解

3. 挑弧法

挑弧法（也称跳弧法）就是当焊件上形成熔池，熔滴脱离焊条末端过渡到熔池后，立即将电弧向焊接方向或两侧提起（见图2-131），使熔化金属有凝固缩小的机会，即通过护目玻璃，可以看到熔池中白亮的熔化金属迅速凝固，白亮部分逐渐缩小。

当观察到熔池缩小到焊条直径的1～1.5倍时，即将电弧拉回熔池凝固所形成的台阶处（原熔池处），形成新的熔池，熔滴过渡到熔池后，再提起电弧，如此反复重复熔化、冷

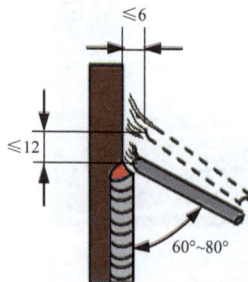

图2-131　挑弧法示意图

却、凝固的过程，从而就可从下往上堆积一条焊缝。但是，为了不使空气侵入熔池，要求电弧移开熔池的距离应尽可能短些，不要超过12mm，并且挑弧时的最大弧长不超过6mm。具体运条法如图2-132所示，采用的是向两侧挑弧的方式。

挑弧法在焊接薄钢板和接头间隙较大的立焊缝以及采用大电流焊接立焊缝时，能避免产生烧穿、焊瘤等缺陷。

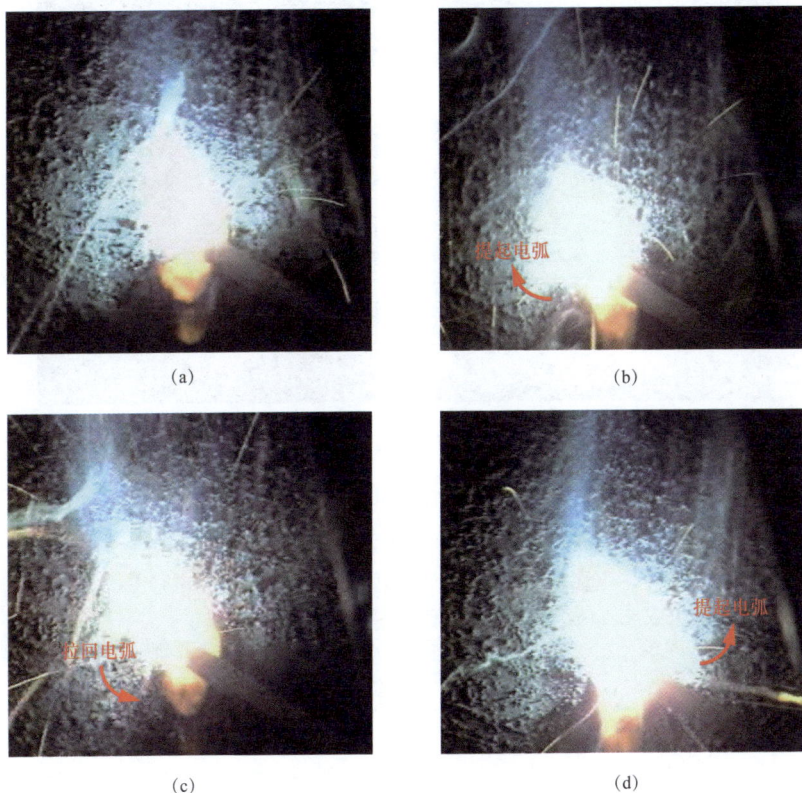

(a)　　　　　　　　　　(b)

(c)　　　　　　　　　　(d)

图2-132　立焊时挑弧法的具体操作
(a) 焊接；(b) 向左提起电弧；(c) 拉回电弧；(d) 向右提起电弧

4. 灭弧法

灭弧法就是当熔滴从焊条末端过渡到熔池后，立即将电弧熄灭，使熔化金属有瞬时凝固的机会，当熔池缩小到焊条直径的1~1.5倍时，重新在弧坑引燃电弧，形成新的熔池，这样交错地进行，就由下向上逐渐堆积成一条焊缝，具体操作如图2-133所示。

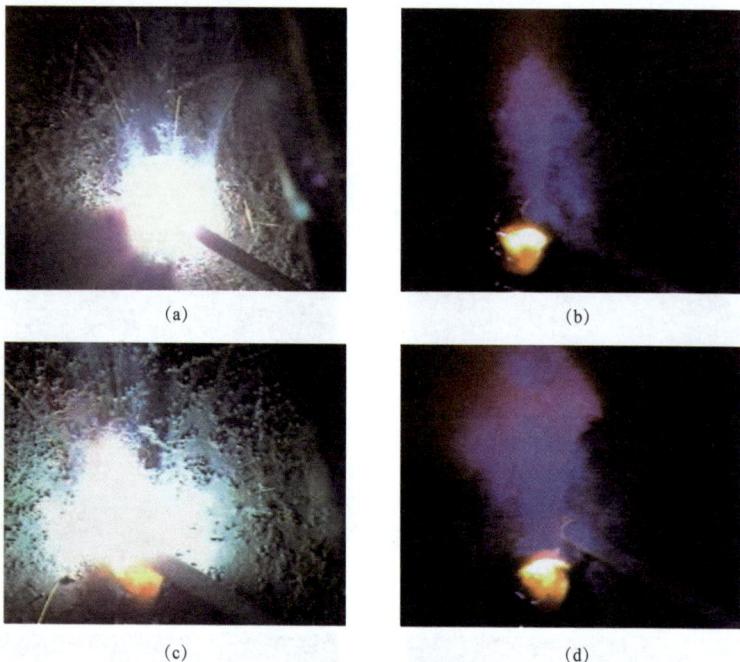

图2-133 立焊时灭弧法操作

(a) 焊接；(b) 熔滴过渡后灭弧；(c) 引弧；(d) 熔滴过渡后灭弧

　　灭弧的时间在开始焊时可以短些，随着焊接时间的增长，灭弧时间也要稍有增加，以避免产生烧穿及焊瘤。一般灭弧法在立焊缝的收尾时用得比较多，这样可以避免收尾时熔池宽度增加和产生烧穿及焊瘤等缺陷。

　　灭弧法同挑弧法一样，在焊接薄钢板和接头间隙较大的立焊缝以及采用大电流焊接立焊缝时，能避免产生烧穿、焊瘤等缺陷。

三、不开坡口的对接立焊

　　板厚小于6mm时的对接接头立焊通常不开坡口，常用于薄件的焊接。焊接时要适当地采取挑弧法、灭弧法以及幅度较小的锯齿形或月牙形运条法。

　　以4mm钢板为例，装配成立焊形式并进行定位焊（见图2-134）。焊接时采用双面焊接的方式。

　　首先进行正面焊缝的焊接，采用ϕ3.2mm的焊条，120~150A的焊接电流。施焊时，当电弧引燃后，应将电弧稍微拉长，以对焊缝端头进行预热，随后再压低电弧进行焊接，采用挑弧法进行施焊（见图2-135）。焊接时，焊条与焊件垂直，与焊缝成60°～80°夹角，挑弧时，电弧移动距离小于12mm，电弧弧长不得大于6mm。采用短弧焊接，缩短熔滴过渡到熔池中去的距离，形成短路过渡。在保证焊透的前提下，尽量缩短电弧在焊件上的加热时间，特别是要避免电弧长时间停留在同一点上。

图2-134　不开坡口立焊时焊件的装配与定位焊

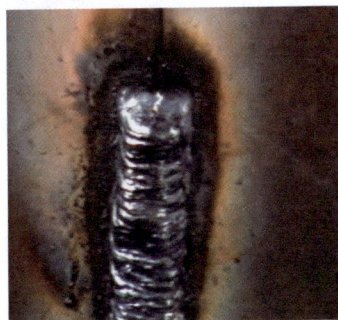

图2-135　不开坡口立焊时正面焊缝的焊接　图2-136　不开坡口立焊时正面焊缝焊后外观

　　焊接速度和运条速度要快，协调一致，用运条速度和弧长调节熔池的热量，而且要保持适量的过渡熔滴金属，防止产生焊接缺陷。

　　焊接过程中要注意熔池形状，如发现椭圆形熔池的下部边缘由比较平直的轮廓逐渐鼓肚变圆时，表示温度已稍高或过高，应立即灭弧，让熔池降温，避免产生焊瘤现象，待熔池瞬时冷却后，再引弧继续施焊。

　　正面焊缝焊完后，清除渣壳（见图2-136），然后进行反面清根，焊接反面封底焊缝。

　　在焊接反面封底焊缝时，仍采用 ϕ3.2mm 的焊条，并适当增大焊接电流，保证获得较大的熔深，其运条可采用月牙形或锯齿形挑弧法，其操作要领与正面焊接一样。

四、开坡口的对接立焊

　　钢板厚度大于6mm时，为了保证熔透，一般都要开坡口。施焊时采用多层焊，其层数多少，可根据焊件厚度来决定。

　　以8mm厚钢板为例，将两块8mm钢板装配成V形坡口的对接立焊形式，并在坡口内侧进行定位焊（见图2-137）。焊接顺序如图2-138所示。

图2-137　开坡口立焊时焊件的装配
与定位焊

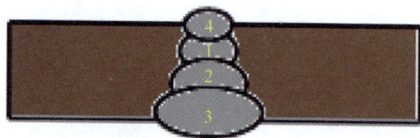

图2-138　开坡口立焊（8mm）时的
焊接顺序

首先进行正面第一层焊缝的焊接
（见图2-139），采用 ϕ 3.2mm的焊条，
焊接电流为120~150A，采用挑弧法或月
牙形运条法进行施焊。第一层的焊接是关
键，要求熔深均匀，没有缺陷。焊接时，
在熔池上端要熔穿一小孔，以保证熔透。
操作要领同不开坡口对接立焊。

这里需要说明，第一层焊缝焊接时
的运条形式要根据板厚灵活掌握，中等厚
度或稍薄的焊件可用小月牙形、锯齿形或
挑弧法。而对厚板焊件可用三角形运条
法，但运条时在每个转角处须作停留（见

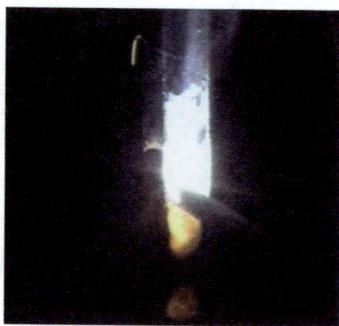

图2-139　开坡口对接立焊时正面第一
层焊缝的焊接

图2-140）。无论采用哪一种运条法，焊接第一层时除了避免产生各种缺陷外，
还要证焊缝表面平整，避免呈凸形。这就要求运条到焊缝中心时，要加快运条
速度，防止熔化金属下淌，形成凸形焊缝（见图2-141），在焊第二层时，容易
产生未焊透和夹渣等缺陷，在每层焊缝的焊接时，均需注意这个问题。

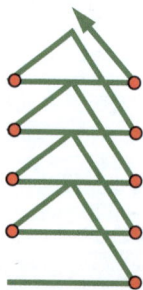

图2-140　开坡口对接接头立焊的三角形运条

(a)

(b)

图2-141　开坡口对接立焊的根部焊缝
(a) 根部焊缝良好；　(b) 根部焊缝不良

正面第一层焊缝焊接完后，进行清根，应将第一层的熔渣清除干净，焊瘤应铲平，特别是焊点叠加处，焊缝与母材交界死角位置更要认真清理。

然后采用ϕ4mm的焊条，160~200A的焊接电流进行正面第二层焊缝的焊接（见图2-142），在距离焊缝始焊端10~15mm处引弧后，将电弧拉回到始焊端施焊（每次接头或其他填充层也都按此方法操作，防止产生焊接缺陷）。采用锯齿形或月牙形运条法施焊，操作要领同不开坡口对接立焊要求一样，焊接过程中，焊条摆动到坡口两侧要稍作停顿，使熔池和坡口两侧的温度均衡，以利于良好的熔合和排渣，防止立焊缝两

图2-142　开坡口对接立焊时正面第二层焊缝的焊接

边产生死角。最后一层填充层应比母材表面低0.5~1.5mm，并且中心要凹，而两边与母材交界处要高，以便盖面焊时能够看清坡口，保证盖面焊缝边缘平直。填充层焊后清除渣壳。

立焊时接头操作是比较困难的，容易产生焊瘤、夹渣等缺陷，因此接头时要求更换焊条要迅速，并采用热接法。先用稍长的电弧预热接头处，预热后将焊条移至弧坑一侧进行接头（此时电弧比正常焊接时稍长一些）。在接头时，往往有铁水拉不开或熔渣、铁水混在一起的现象（见图2-143），这主要是由于接头时，更换焊条时间太长，引弧后预热时间不够以及焊条角度不正确而引起的。因此，当出现这种现象时，必须将电弧稍微拉长一些（见图2-144），并适当延长在接头的停留时间，同时将焊条角度增大（与焊缝成90°），这样熔渣就会自然滚落下去，便于接头。收尾时可采用灭弧法。

图2-143　熔渣与铁水分不清

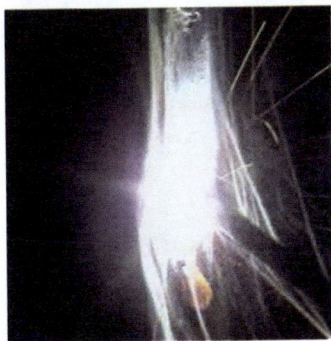
图2-144　适当拉长电弧

正面焊接完成后，清除渣壳，仍然采用ϕ4mm的焊条，160~200A的焊接电流进行正面第三层焊缝的焊接（见图2-145），正面第三层焊缝实际上就是进行表面层焊接，即盖面焊。盖面焊时，应根据焊缝表面的要求，选用适当的运条

法。如要求焊缝表面稍高的可用月牙形，若要求焊缝表面平整的可用锯齿形。操作时要注意焊缝平整美观，保持较薄的焊缝厚度。

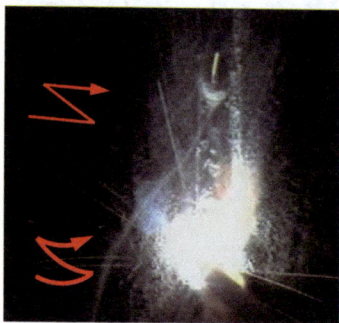

图2-145　开坡口对接立焊的盖面焊

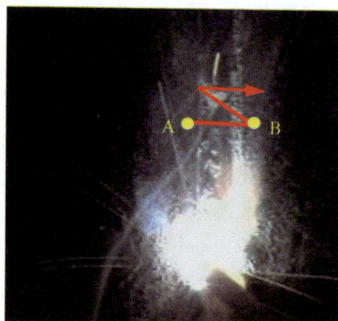

图2-146　开坡口对接立焊的表层运条法

为了获得平整美观的表面焊缝，除了要保持较薄的焊缝厚度外，还应适当减小电流，防止焊瘤或咬边缺陷产生。运条速度应均匀，每个新熔池应覆盖前一个熔池的2/3~3/4。横向摆动时（见图2-146），在A、B两点应将电弧进一步缩短并稍作停留，这样有利于增加熔滴金属的过渡，缩小电弧的辐射加热面积，防止产生咬边缺陷，并注意控制坡口边缘的母材熔化1~2mm。从A摆动至B时应稍快些，以防止产生焊瘤。有时候表层焊缝也采用较大电流的快速摆动法，在运条时采用短弧，使焊条末端紧靠熔池快速摆动，并在坡口边缘稍作停留（应防止咬边）。这样表层焊缝不仅较薄，而且焊波较细，表层焊缝平整美观。

正面第三层焊缝（盖面焊）焊接完成后，清除渣壳，其焊缝外观如图2-147所示，然后对反面进行清根，并进行反面封底焊（见图2-148），其焊条、焊接电流及操作要领与不开坡口的对接立焊反面封底焊相同。

图2-147　开坡口对接立焊的表面焊道外观

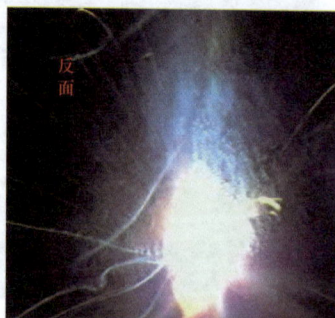

图2-148　开坡口对接立焊的反面封底焊

需要说明，当采用碱性低氢型焊条进行开坡口的对接立焊操作时，与酸性焊条不同。焊第一层的电流要小些，用直径 ϕ 3.2mm的焊条，电弧长度在

1~1.5mm，并紧贴坡口钝边，采用月牙形或锯齿形运条法，运条时不准挑弧。焊条向下倾斜与焊缝成近90º的夹角。接头时，更换焊条速度要快，在熔池还红热时就立即引弧接头。

第一层焊缝表面要平直，其余各层应采用月牙形或锯齿形的运条法。运条时要尽量压低电弧，要注意焊缝两边不可产生过深的咬边，以免焊下一层时，造成夹渣现象。

表层焊接（盖面焊）时，运条要两边稍慢中间快；短弧焊接时，将焊条末端紧靠熔池进行快速摆动焊接。在焊表面一层的前一层时，焊缝断面要平直，不要把坡口边熔掉，应留出2mm以利表层焊接。

五、T字接头的立焊

T字接头立焊容易产生焊缝根部未焊透、焊缝两侧易咬边等缺陷。其操作要点均与开坡口对接接头立焊相似。

以8mm厚钢板的T字接头为例，将钢板装配成T字接头形式，并定位点固（见图2-149），进行多层焊（二层2道）焊接。

图2-149　T字接头立焊时焊件的装配与定位焊

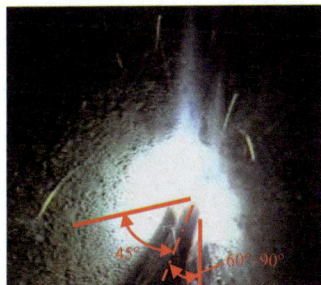

图2-150　T字接头立焊时第一层焊缝的焊接

焊接第一层焊缝时（见图2-150），采用ϕ3.2mm的焊条，120~150A的焊接电流，直线形挑弧法操作。焊条与两焊件夹角相等，左右各成45°，焊条角度向下与焊缝成60°~90°。

第一层焊完后（见图2-151），清除渣壳，然后采用ϕ4mm的焊条，160~200A的焊接电流，焊接第二层焊缝（见图2-152）。采用锯齿形或月牙形运条法操作，焊条角度与第一层焊缝焊接时一样。焊条运动到焊缝两边时，应稍作停留，使熔滴金属充分填满焊缝金属的咬边部分，并且弧长尽量缩短（见图2-153）。运条过程中，焊条末端在熔池中摆动的宽度不要大于所要求的焊缝宽度。

图2-151　T字接头立焊时第一层焊缝外观

图2-152　第二层焊缝的焊接

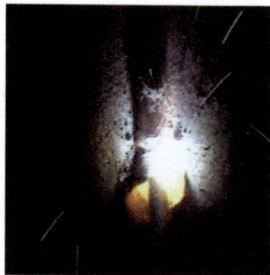

图2-153　压低电弧并稍作停留

第八节　仰焊操作基础技术

　　仰焊是各种位置焊接中最困难的一种焊接方法，由于熔池倒悬在焊件下面，没有固体金属承托，所以使焊缝成形产生困难，同时，在施焊中，还常发生熔渣越前的现象，故控制运条方面要比平焊和立焊更困难些。此外，其熔池金属温度高、熔池尺寸大，焊缝正面容易形成焊瘤，背面则会出现内凹缺陷。流淌的熔化金属易飞溅扩散，如果防护不当，容易造成烫伤事故，而且仰焊比其他空间位置焊接效率低。

　　仰焊时，必须保持最短的电弧长度，以使熔滴在很短的时间内过渡到熔池中去，在表面张力的作用下，很快与熔池的液体金属汇合，促使焊缝成形。图2-154为使用短弧和长弧仰焊时熔滴过渡的情况。为了减小熔池面积，使焊缝容易成形，则焊条直径和焊接电流都要比平焊时小些。若电流和焊条直径太大，促使熔池体积增大，易造成熔化金属向下淌落；如果电流过小，则根部不易焊透，产生夹渣及焊缝成形不良等缺陷。

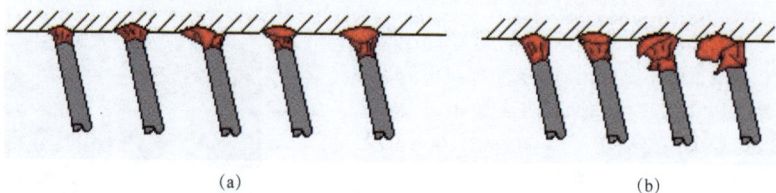

(a)　　　　　　　　　　　　　　　　(b)

图2-154　仰焊时电弧长度的影响

(a) 短弧焊接；　(b) 长弧焊接

　　焊工在仰焊施焊前无论是在蹲、坐和站着操作时，最好把电缆一段（1m左右）搭在肩上，使焊工在焊接操作或更换焊条时都比较轻便，仰焊时，胳臂应离开身体，小臂竖起，大臂自然与小臂形成角支撑，重心在大胳臂的根部关节上或胳臂肘上，焊条的摆动应靠腕部的作用来完成。大臂要随着焊条的熔化向焊缝方向逐渐地上升和向前方移动。焊工要选择最佳的视线位置，眼睛要随着电弧的移动观察仰焊情况，而头部与上身也应随着焊条向前移动而稍为倾斜（见图2-155）。焊条在焊钳上的夹持位置和角度，要根据实际情况来确定，力求方便焊接操作。

图2-155　焊工在仰焊时的操作姿势

一、不开坡口的对接仰焊

当焊件厚度为4mm左右，一般采用不开坡口对接焊。以4mm厚钢板为例，将两块钢板组装并定位焊成对接仰焊形式，然后进行正式焊接。

焊接时，选用φ3.2mm的焊条，焊接电流为120A左右。焊条与焊接方向的角度为70º～80º，左右方向为90º，直线形运条操作（见图2-156）。在施焊时，焊条要保持上述位置且均匀地运条，电弧长度应尽量短，使熔滴能顺利过渡到熔池中去。焊接时要控制熔池不要太大，使熔渣能够浮出。收尾的动作要快（见图2-157），填满弧坑，但要防止漏焊。

图2-156　不开坡口对接仰焊

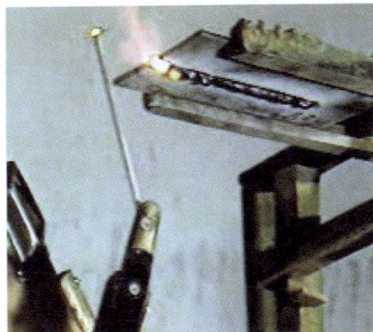

图2-157　不开坡口对接仰焊时的收尾动作要快

实际生产时，运条形式、焊条角度和焊接电流要灵活掌握，当间隙小的接缝可采用直线形运条法，而间隙较大的接缝可用直线往返形运条法。

焊条沿焊接方向的角度应根据需要而定，例如间隙较大，熔深要小些，这时就要将焊条向焊接相反方向倾斜。

焊接电流要合适，灵活调整。虽然仰焊时的焊接电流比平焊要小，但电流过小，会使电弧不稳定，难以掌握，得不到足够的熔深，从而影响熔深和焊缝成形；电流太大，会导致熔化金属淌落和烧穿。当焊工发现实际焊接时，电流过大或过小，都要立即停止焊接，调整电流再进行焊接。

二、开坡口的对接仰焊

为了使焊缝容易焊透，焊件厚度大于5mm的对接仰焊，一般都要开坡口。坡口及接头的形状尺寸对于仰焊缝的质量有很大的影响。为了便于运条，使焊条可以在坡口内自由摆动和变换位置，所以仰焊缝的坡口角度应比平焊缝和立焊缝稍大些。为了便于焊透，解决仰焊时熔深不足的矛盾，应使钝边的厚度小些，接头间隙稍大一些，这样不仅能很好地运条，也可克服仰焊时熔深不足、焊不透的困难，从而得到熔深良好的焊缝。

以8mm厚钢板为例，将两块钢板组装并定位焊成对接仰焊形式，然后进行正式焊接，焊接时采用多层焊或多层多道焊。

采用多层焊时，在焊第一层焊缝时，采用ϕ3.2mm的焊条，120A左右的焊接电流，根据坡口间隙，用直线形或直线往返形运条法，操作姿势同不开坡口仰焊一样。开始焊时，应用长弧预热起焊处（见图2-158），预热时间根据焊件厚度、钝边与间隙大小而定，烤热后迅速压短电弧于坡口根部，稍停2～3s，以便焊透根部，然后将电弧向前移动进行施焊。

图2-158 起焊时长弧预热

在焊第一层焊缝时，焊条沿焊接方向移动的速度，应避免焊缝呈凸形，因凸形的焊缝不仅给焊接下一层焊缝的操作增加困难，而且容易造成焊缝边缘未焊透或夹渣、焊瘤等缺陷。

第一层焊完后，应将第一层的熔渣及飞溅金属清除干净，并将焊瘤铲平才能进行第二层焊缝（填充层）的焊接。

由于仰焊时，焊接电流偏小，电弧吹力很难将熔渣清除，因此，要特别注意清除第一层焊缝（打底层）与坡口两侧之间夹角处的焊渣，以及各填充层与坡口两侧间夹角处的焊渣。在距离焊缝始焊端10～15mm处引弧后，将电弧拉回到始焊端开始焊接，填充层的每次接头引弧也应如此。

在焊第二层时（见图2-159），同样采用ϕ3.2mm的焊条，120A左右的焊接电流，焊条操作应采用月牙形或锯齿形运条方法。焊条在运条摆动时，在坡口两侧要稍作停顿，在坡口中间处运条动作稍快，以滑弧手法运条，这样焊接处温度较均衡，能够形成较薄的焊道，焊接飞溅及熔化金属流淌较少。焊接速度要快些，使熔池形状始终呈椭圆形并保持其大小一致，这样焊缝成形美观，同时，均匀的鱼鳞纹也使清渣容易。无论采用何种运条方式，熔滴金属向熔池过渡都不要过多，要保持少而薄。

第二层以后各层的运条法均可采用月牙形或锯齿形。

当进行最后一层焊缝（盖面焊）焊接时，焊条摆动到坡口边缘时，要稳住电弧并稍作停留，将坡口两侧边缘熔化并深入每侧母材1~2mm。注意控制弧长和摆动幅度，防止焊缝发生咬边及背面焊缝下凹过大等缺陷。焊接速度要均匀一致，焊点与焊点搭接要均匀，焊缝余高符合要求。仰焊焊缝如图2-160所示。

图2-159　开坡口对接仰焊第二层焊缝的焊接

图2-160　仰焊焊缝

当开坡口对接仰焊采用多层多道焊时，其操作比多层焊容易掌握，一般采用直线形运条法。各层焊缝的排列顺序与其他位置的焊缝一样[见图2-161（a）]，但焊条角度应根据每道焊缝的位置作相应的调整[见图2-161（b）、（c）]，以利于熔滴的过渡，从而能获得较好的焊缝成形。采用多道焊时，由起点焊至终点，其后各道焊缝也是由起点焊至终点，但是，后一道焊缝要熔合1/3的前一道焊缝，长焊缝可以采用分段焊法或退步焊法。两道焊缝相搭接1/3，每道焊缝焊接前，要仔细清除焊道上的焊渣。

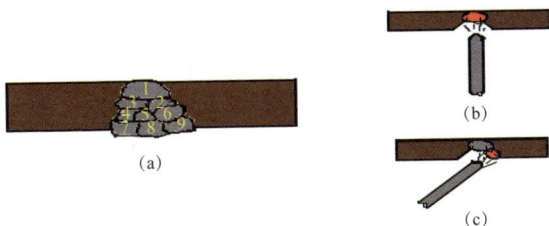

(a)

(b)

(c)

图2-161　开坡口对接仰焊的多层多道焊

(a) 对接多层多道仰焊时的焊接顺序；　(b) 焊第1道时的焊条角度；　(c) 焊接第2道时的焊条角度

三、T字接头的仰焊

T字接头的仰焊比对接仰焊容易掌握。焊脚尺寸小于6mm，宜采用单层焊；大于6mm，可采用多层焊或多层多道焊。

　　以8mm厚钢板为例，将其组装成T字接头的仰焊形式，进行多层焊。定位焊完成后，清除定位焊焊缝渣壳，进行第一层焊缝的焊接（见图2-162）。

　　多层焊时，第一层焊缝采用 φ3.2mm的焊条，120A左右的焊接电流，直线形运条法，操作要领同对接仰焊时一样。焊接电流可稍大些，焊缝断面应避免凸形，以利于第二层的焊接。

　　第二层可采用斜圆圈形或斜三角形运条法，焊条与焊接方向成70°～80°，如图2-163所示，应采用短弧焊接，以避免咬边及熔化金属下淌。多层多道焊在操作时，应注意的事项与开坡口对接仰焊相同。

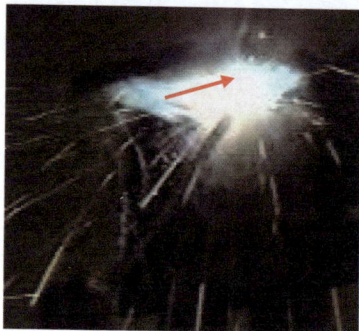

图2-162　T字接头仰焊时第一层焊缝的焊接

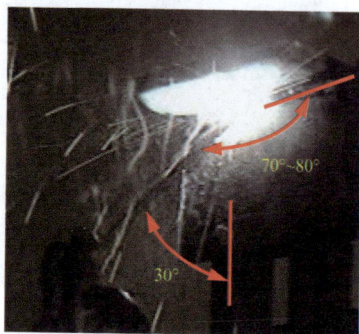

图2-163　T字接头仰焊时第二层焊缝的焊接

第三章　单面焊双面成形技术

第一节　单面焊双面成形的基本操作

单面焊双面成形技术，是锅炉、压力容器焊工应熟练掌握的操作技能，也是某些重要焊接结构制造过程中，既要求焊透而又无法在背面进行清根和重新焊接所必须采用的焊接技术。在单面焊双面成形操作过程中，不需要采取任何辅助措施，只是坡口根部在进行组装定位焊时，应按焊接时不同操作方法留出不同的间隙，当在坡口的正面用普通焊条进行焊接时，就会在坡口的正、背两面都能得到均匀整齐、成形良好且符合质量要求的焊缝，这种特殊的焊接操作被称为单面焊双面成形。

单面焊双面成形的主要要求是焊件背面能焊出质量符合要求的焊缝，因此，其关键操作是打底层的焊接，打底层的焊接按焊接工艺方法可分为连续电弧焊（连弧焊）和间断灭弧焊（灭弧焊），按电弧熔化坡口根部的机理可分为击穿焊法和不击穿焊法（渗透焊法）。不击穿焊法是指坡口间隙小、钝边大的情况下，焊接时电弧没有穿透坡口根部，通过熔化的铁水渗透到背面。它容易使接头在半熔化状态下连接在一起，甚至形成"冷接"，产生根部未熔合缺陷等。因此这种焊接方法在实际工程上基本不用。

目前，工程焊接中广泛采用灭弧焊击穿焊法和连弧焊击穿焊法，它依靠电弧的穿透能力直接熔透坡口根部，焊条熔化的熔滴金属与焊口根部熔化金属共同组成熔池，最后结晶形成焊缝。

一、灭弧焊基本操作

灭弧焊是通过调节电弧的燃烧和熄灭时间以及运条动作，来控制熔池形状、熔池温度，实现单面焊双面成形，具有对焊接工艺参数要求较低，焊接电流变化对接头质量影响不敏感；容易控制熔池状态，接头质量可靠；装配质量要求低，生产中适用性大等优点，但其缺点是熔池气体保护性差，易产生气孔，生产效率低。

灭弧焊是先在焊件始焊端前方10~15mm处的坡口面上引燃电弧，然后将电弧移至始焊处，并稍加横向摆动对焊件预热1~2s，当坡口根部两侧钝边产生"汗珠"时，立即压低电弧，1~2s后，可听到电弧穿透坡口发出的"噗噗"声响，此时已打开熔孔，快速灭弧，如图3-1所示。

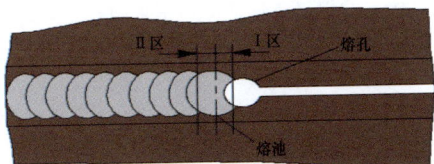

图3-1　灭弧焊

当熔池金属尚未完全凝固处于半熔化状态时，再次将焊条对准熔池Ⅱ区，使之自然引弧。电弧引燃后，对熔池Ⅰ区和熔池前沿根部预热1~2s，压低电弧，击穿焊件根部，当听到"噗喇"声响后，应快速使电弧带着熔滴透过熔孔，此时快速抬起灭弧，稍有迟缓，可能造成烧穿缺陷。依上述方法连续施焊，即可实现单面焊双面成形焊接。

灭弧焊过程中，灭弧位置不能在熔池前方，而应将电弧抬起回焊10~15mm熄弧，动作要干净利索，每次熔池形状保持一致，从而保证打底焊道背面宽度和高度一致。

灭弧焊的频率应根据坡口的钝边、间隙来确定，一般为45~55次/min。灭弧焊单面焊双面成形的运条方法有一点击穿法、二点击穿法和三点击穿法。

1. 一点击穿法

一点击穿法如图3-2所示，当焊条直径大于坡口间隙且钝边高度在0～0.5mm的焊接条件下，通常都采用一点击穿法进行运条焊接。一点击穿法的电弧同时在坡口两侧燃烧，两侧钝边同时熔化，然后迅速熄弧，在熔池将要凝固时，又在灭弧处引燃电弧，击穿、停顿，周而复始的重复进行。其优点是熔池始终是一个一个叠加的集合。熔池在液态存在时间较长，冶金反应较充分，不易出现夹渣、气孔等缺陷。缺点是熔池温度不易控制，如果温度低，容易出现未焊透缺陷，而温度高时则容易出现背面余高过大，甚至出现焊瘤。

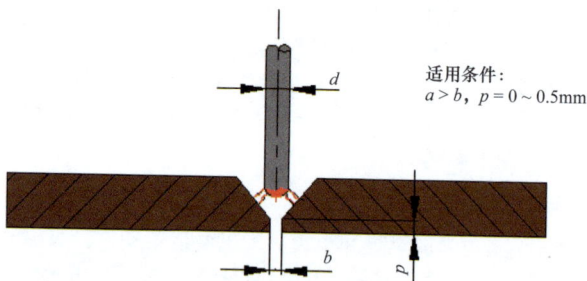

适用条件：
$a > b$，$p = 0 \sim 0.5mm$

图3-2 一点击穿法

2. 二点击穿法

二点击穿法如图3-3所示，当焊条直径小等于坡口间隙且钝边高度在0～1mm的焊接条件下，通常采用二点击穿法。二点击穿法的电弧分别在坡口两侧交替引燃，左侧钝边给一滴熔化金属，右侧钝边也给一滴熔化金属，一次循环。这种方法比较容易掌握，熔池温度也容易控制，钝边熔合良好，但是，由于焊道是两个熔池叠加形成，熔池反应时间不太充分，使气泡及熔渣上浮受到一定限制，容易出现夹渣、气孔等缺陷，如果熔池的温度控制在前一个熔池尚未凝固，对称侧的熔池就已经形成，两个熔池能充分叠加在一起共同结晶，就能避免产生气孔和夹渣。

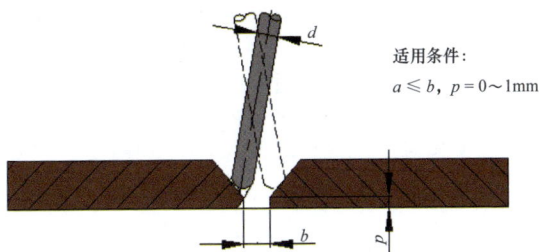

适用条件：

$a \leqslant b$, $p = 0 \sim 1mm$

图3-3　二点击穿法

3. 三点击穿法

当坡口间隙大于焊条直径且钝边高度在0.5～1.5mm的焊接条件下，通常采用三点击穿法，如图3-48所示。这种方法是在电弧引燃后，左侧钝边给一滴熔化金属[见图3-4（a）]，然后右侧钝边再给一滴熔化金属[见图3-4（b）]，接着中间间隙给一滴熔化金属[见图3-4（c）]，这样依次循环进行。这种方法适合根部间隙较大的情况，因为两焊点中间熔化金属较少，第三滴熔化金属补在中央是非常必要的。否则，在熔池凝固前析出气泡时，由于没有较多的熔化金属愈合孔穴，在背面容易出现冷缩孔缺陷。

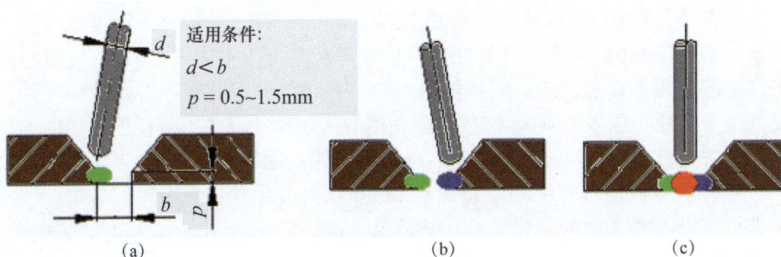

适用条件：

$d < b$

$p = 0.5 \sim 1.5mm$

图3-4　三点击穿法

(a) 第一点；(b) 第二点；(c) 第三点

二、连弧焊基本操作

连弧焊是通过连续短弧焊接实现单面焊双面成形，其焊缝背面成形美观，不易产生气孔、夹渣缺陷。而且由于采用较小的焊接电流，焊缝金属加热和冷却缓慢，能获得良好的机械性能的焊缝组织，特别适于淬硬倾向大的高强钢、热强钢。其缺点是装配质量要求高，焊接电流波动变化影响大，要预设电流遥控调节器或专人配合调节电流。

连弧焊操作时，是先在焊件始焊端前方10～15mm处的坡口面上引燃电弧，然后拉回到始焊处，压低电弧，做小幅横向摆动对焊件进行加热；当坡口根部产生"汗珠"时，向根部送入焊条；当听到"噗喇"声响，迅速将电弧拉到任一坡口面，在两坡口面间做小幅横向摆动1~2s，熔化两侧坡口根部金属

1~1.5mm；然后提起焊条1~2mm，以小幅横向摆动，边熔化熔孔前沿，边向前运条施焊。依上述方法连续施焊即可实现连弧焊单面焊双面成形操作。施焊过程中，要保证熔孔尺寸均匀。熔孔直径过大，易产生背面焊道过高、焊瘤缺陷；熔孔直径过小，易产生未焊透、未熔合缺陷。

连弧焊时，焊工可利用遥控器调节电流。一手焊接操作，一手调整电流，根据熔池的大小和钝边的熔化情况，可随时调节焊接电流。

第二节　平焊单面焊双面成形

单面焊双面成形是焊条电弧焊中难度较大的一种操作技能。平板对接平焊位置的单面焊双面成形操作，是板材各种位置以及管材单面焊双面成形操作的基础。

一、焊前准备

单面焊双面成形操作的焊前准备工作，较其他焊接方法复杂，要求更严格，因为它对保证焊后焊缝的质量有重大影响。

焊件采用Q345（16Mn）钢板，厚度为8~16mm，用剪床或气割下料，然后用刨床加工成V形坡口。若用气割下料，坡口边缘的热影响区应刨去。

焊条采用E5015碱性焊条，直径为3.2、4mm两种。焊接时采用直流反接。焊条焊前应经400℃烘干，保温2h。入炉或出炉温度应不大于100℃，使用时需将焊条放在焊条保温筒内，随用随取。焊条在炉外停留时间不得超过4h，并且反复烘干次数不能多于3次，药皮开裂和偏心度超标的焊条不得使用。辅助工具有角向磨光机、焊条保温桶、錾子、敲渣锤、钢丝刷等。

将每块钢板的坡口面及坡口边缘20mm以内处用角向磨光机打磨，将表面的铁锈、油污等清除干净，露出金属光泽，钝边尺寸为0.5~1mm。将两块钢板装配成V形坡口的对接接头，具体装配尺寸如图3-5所示。

为了克服钢板在焊接过程中横向收缩，终焊处会由于焊缝的横向收缩使装配间隙减少，影响反面焊缝质量，所以装配间隙起焊处为3.2 mm，终焊处为4 mm，简单实用的方法是在各端的定位焊前，分别用直径为3.2 mm和4 mm的焊条芯夹在两头进行测试尺寸是否合格，分别采用该方法将钢板在坡口两侧距端头20mm以内处进行定位焊。定位焊

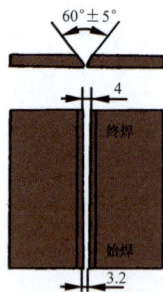

图3-5　装配尺寸

的焊接位置为坡口背面，即钢板的反面，具体操作如图3-6所示，定位焊用直径为3.2mm的E5015（J507）焊条，定位焊缝长10~15mm。

钢板焊后，由于焊缝在厚度方向上的横向收缩不均匀，两侧钢板会离开原来位置向上翘起，产生角变形缺陷，应采用反变形法来进行预防，不然焊后的角变形值肯定要超差。对于厚度为8~16mm的钢板，变形角应控制在3°以内，

定位完成后，要在焊前将钢板两侧向下折弯，产生一个与焊后角变形相反方向的变形。方法是用两手拿住其中一块钢板的两端，反面向上（即进行定位焊一面）轻轻磕打另一块（见图3-7），使两板之间呈一夹角，作为焊接反变形量，反变形角度为4°~5°。

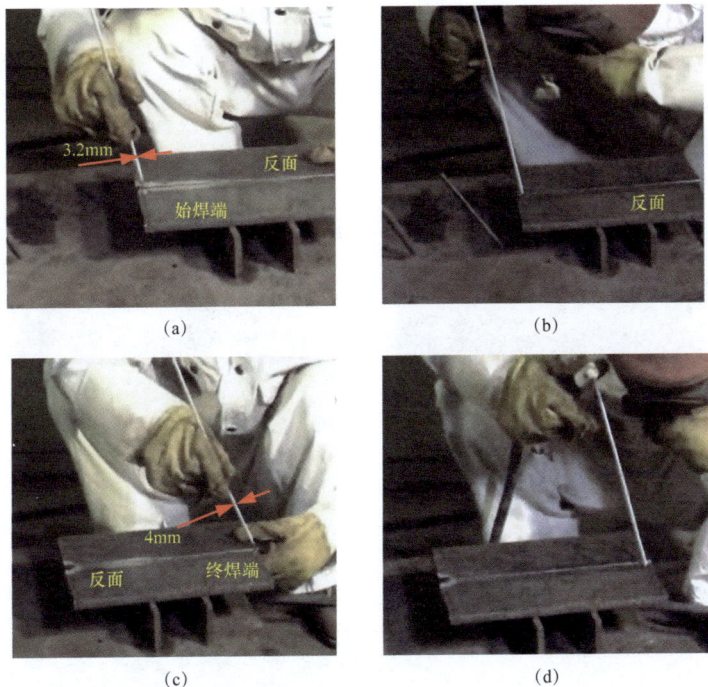

(a)　　　　　　　　　　　　　　　(b)

(c)　　　　　　　　　　　　　　　(d)

图3-6　平焊单面焊双面成形的装配间隙控制与定位焊

(a) 始焊端间隙控制；(b) 始焊端定位焊；(c) 终焊端间隙控制；(d) 终焊端定位焊

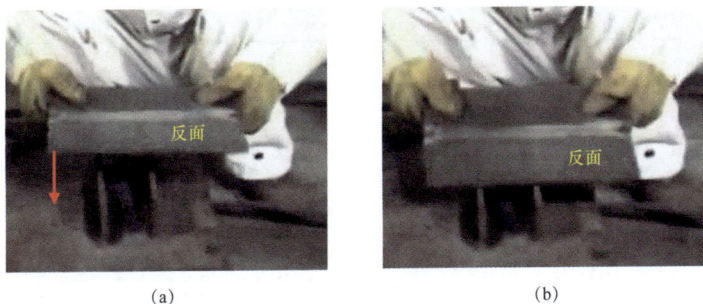

(a)　　　　　　　　　　　　　　　(b)

图3-7　钢板的反变形方法

(a) 举起钢板；(b) 轻轻磕打

实际生产中，通常钢板面积和尺寸比较大，一般会采用在两钢板间放置一定高度的垫铁来实现反变形，或者采用刚性固定法控制变形。

变形角度的正确与否可通过简单的方法来检验，即将水平尺或焊条搁于钢板两侧，中间如正好让一根φ4mm直径的焊条通过，则反变形角合乎要求，如图3-8所示。

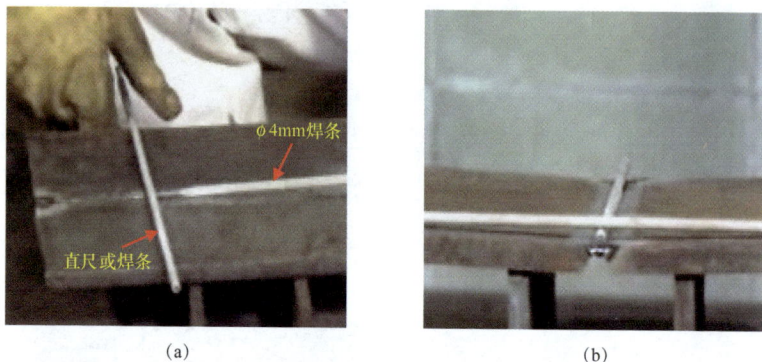

(a)　　　　　　　　　　　(b)

图3-8　反变形角度的简单检验

(a) 检验；(b) 合格状态

二、焊接操作

焊接参数见表3-1。

表3-1　　　　平焊单面焊双面成形的焊接参数选用

焊接参数\焊接层次	钢板厚度（mm）	操作方法	焊条型号	焊条直径（mm）	焊接电流（A）
打底层	8~16	灭弧焊	E5015	3.2	95~105
		连弧焊	E5015	3.2	75~85
填充层	8~16	—	E5015	4	150~170
盖面层	8~16	—	E5015	4	140~160

1. 打底层焊接

（1）灭弧焊操作。如前所述，灭弧焊的操作手法有一点法、两点法和三点法三种，一点法适用于薄板、小直径管(直径小于60mm)及小间隙(1.5~2.5mm)条件下的焊接；两点法和三点法适用于中、厚板，大直径管等在大间隙条件下的焊接。目前生产中采用较多的为两点法和一点法。

1）两点法操作。先在焊件始焊端前方10~15mm处的坡口面上引燃电弧（见图3-9），然后将电弧拉回至始焊处稍加摆动，对焊件进行1~2s预热（见图3-10）。当坡口根部产生"汗珠"时，立即将电弧压低（见图3-11），经1~1.5s后，可听到电弧穿透坡口而发出的"噗噗"声，看到定位焊缝以及相接的坡口两侧金属开始熔化，并形成第一个熔池时立即快速灭弧，由于此处所形成的熔池是整条焊道的起点，所以常称为熔池座（见图3-12）。

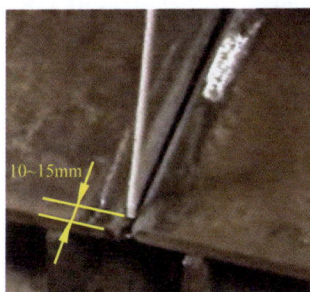

图3-9　引弧位置

图3-10　引弧预热

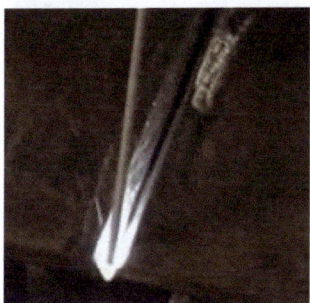

图3-11　压低电弧

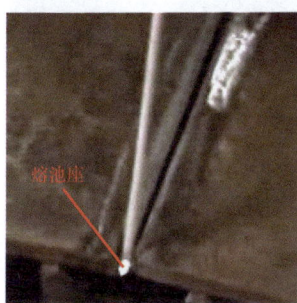

图3-12　形成熔池

　　熔池座建立后即转入正式焊接。焊接时采用短弧焊，焊条与焊件之间的夹角为30°～50°（见图3-13），正式焊接重新引燃电弧的时间应控制在熔池座金属未完全凝固，熔池中心半熔化，在护目玻璃下观察该部分呈黄亮色的状态，可重新引燃电弧。重新引燃电弧的位置在该熔池左前方，接近钝边的坡口面上（见图3-14中的①点处），并且压住熔池座金属约2/3的地方，以一定的焊条倾角击穿焊件根部。

图3-13　击穿根部

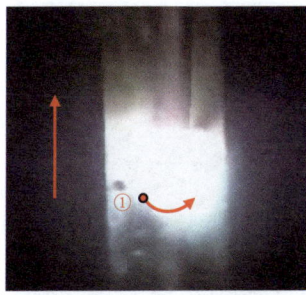

图3-14　重新引燃电弧

91

击穿时先以短弧对焊件根部加热1～1.5s，然后再迅速将焊条向坡口的另一侧运条（见图3-14），在另一侧稍作停顿之后（见图3-15中②的位置），当听到焊件被击穿的"噗"声时(说明已形成第一个熔孔)，应快速使一定长的弧柱带着熔滴透过熔孔，使其与背、正面的熔化金属分别形成背面与正面焊道熔池，迅速向斜后方提起焊条（见图3-16中箭头③所示），熄灭电弧，熄弧动作如稍有迟缓，可能会造成烧穿缺陷，这样便完成了第一个焊点的焊接。

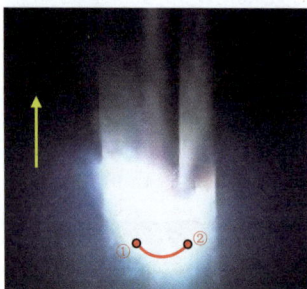

图3-15 另一侧稍作停留

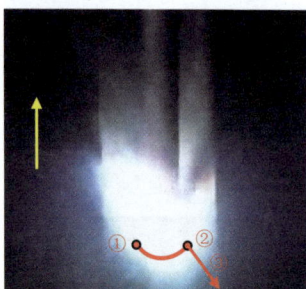

图3-16 熄弧操作

经1s后，即当上述熔池尚未完全凝固，尚有比所用焊条直径稍大的黄亮光点时（见图3-17），应快速引燃电弧并在第一个熔池右前方进行击穿焊（见图3-18中的④点位置），同样，再迅速将焊条向坡口的另一侧运条（见图3-18），在另一侧稍作停顿之后（见图3-19中⑤的位置），当听到焊件被击穿的"噗"声时，即熔孔已经形成，迅速向斜后方提起焊条（见图3-20中箭头⑥所示），熄灭电弧，完成第二个焊点的焊接。继续依上述方法施焊，便可完成两点法单面焊双面成形第一层焊缝的焊接。

可以看出，采用上面这种操作时，每次的引弧位置为两侧坡口交替进行。实际上，根据焊工个人操作习惯，也可采取引弧位置在坡口同一侧的方法。具体操作与上面介绍的操作要领相同，只不过引弧位置均在坡口的同一侧，向斜后方提起焊条的方向均在另一侧坡口，这样，不断重复前一个焊点的电弧移动轨迹，如图3-21所示。

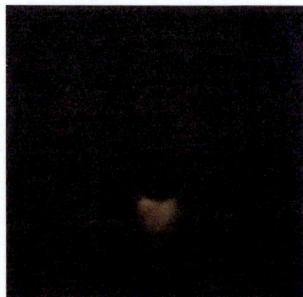

图3-17 重新引燃电弧时的熔池状态

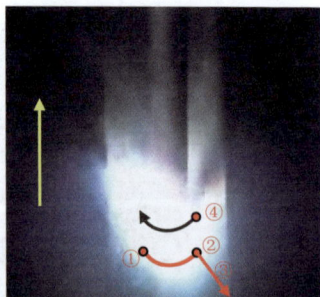

图3-18 重新引燃电弧

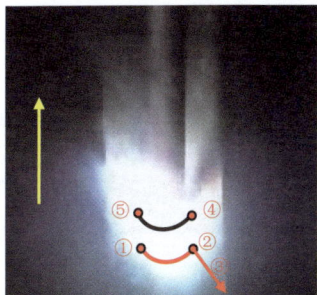

图3-19　另一侧稍作停留

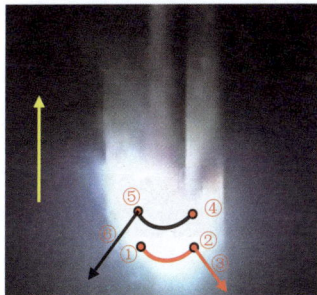

图3-20　第二个焊点完成后的熄弧操作

断弧法每引燃、熄灭电弧一次，完成一个焊点的焊接，其节奏应控制在每分钟灭弧45~55次。由于每个焊点都与前一焊点重叠2/3之多，所以每个焊点只使焊道前进1~1.5mm。打底层焊道正、反两面的高度应控制在2mm左右。

当运条至定位焊缝时，为保证与定位焊缝的良好连接，必须用电弧熔穿定位焊缝前端的坡口根部，使其充分熔合（见图3-22）。当焊条运至定位焊缝的末端时，应稍停顿一下，并使焊条倾角做相应变化，以保证定位焊缝末端处的坡口根部也能充分熔合。

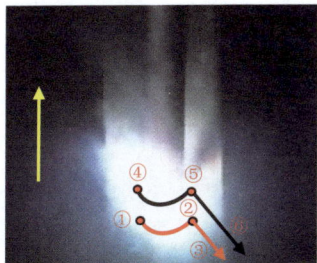

图3-21　灭弧焊在坡口一侧引弧时的运条

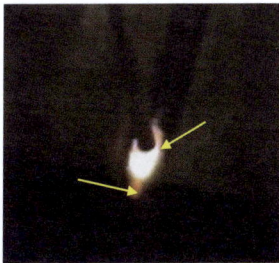

图3-22　定位焊缝两端的坡口根部要充分熔合

灭弧焊法焊接操作时，要重视收弧和换焊条的操作。当焊条长度只剩下约50mm时，此时应迅速压低电弧向熔池边缘连续过渡几个熔滴，以便使背面熔池饱满，防止形成冷缩孔。然后迅速更换焊条，换焊条时动作要快，更换焊条后，先在距焊道接头端10~15mm处的焊道上引弧（见图3-23），电弧引燃后以普通焊速沿焊道将电弧移到搭接末尾焊点2/3处的②位置，在该处以长弧摆动两个来回。待该处金属有了"出汗"现象之后，在⑦位置压低电弧并停留1~2s，待末尾焊点重熔并听到"噗噗"声时，迅速将电弧沿坡口侧后方拉长并熄灭，而后便转入正常操作，如图3-24所示。这种操作手法如掌握不好，易造成正面焊道超高。

另一种换焊条的操作方法是迅速更换焊条后，先在距焊道接头端10~15mm处的任一侧坡口面上引弧，在将电弧回拉的过程中，使电弧从坡口面侧绕至接头端加热，将电弧送入根部，使其形成更换焊条后的第一个熔池，而后便转入正常操作。

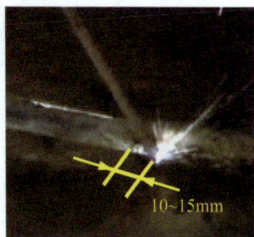

图3-23　换焊条后的引弧位置

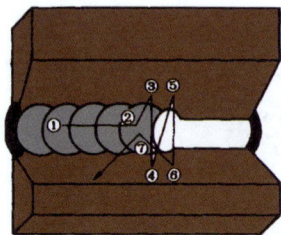

图3-24　更换焊条时的运条操作

收弧要求焊缝饱满，无裂纹、气孔及夹渣等缺陷，弧坑深、焊肉薄、应力集中，极易产生裂纹。采用反复断弧收尾法（又叫点弧法），可克服收尾温度高、难以填满的困难，但易产生气孔，尤其是碱性焊条更甚。因此使用酸性焊条时，可用划圈收尾法和点弧法；而使用碱性焊条可用划圈收尾法和回焊收尾法，回焊的距离视结尾处温度高低而定，一般以2～3mm为宜。

需要说明，一个焊点的焊接，从引弧到熄弧大概只用1~1.5s. 焊接节奏较快，因此坡口根部熔化的缺口不太明显，不仔细观察可能看不到。如果节奏太慢，燃弧时间过长，则熔池温度过高，熔化缺口太大，这样，坡口背面可能形成焊瘤，甚至出现焊穿现象。若灭弧时间过长，则熔池温度偏低，坡口根部可能未被熔透或产生内凹现象，所以灭弧时间应控制到熔池金属尚有1/3未凝固就重新引弧。

灭弧焊法焊接操作时，要注意电弧从开始引燃以及整个加热过程，其2/3是用来加热坡口的正面和熔池座边缘的金属，使在熔池座的前沿形成一个大于间隙的熔孔；另外1/3的电弧穿过熔孔加热坡口背面的金属，同时将部分熔滴过渡到坡口的背面。这样贯穿坡口正、反两面的熔滴，就与坡口根部及熔池座金属形成一个穿透坡口的熔池，如图3-25所示。

此外，灭弧瞬间熔池金属凝固，即形成一个穿透坡口的焊点。熔孔的轮廓是由熔池边缘和坡口两侧被熔化的缺口构成（见图3-26）。坡口根部被熔化的缺口，只有当电弧移到坡口另一侧时，在坡口的这一侧方可看到，因为电弧所在一侧的熔孔被熔渣盖住了。单面焊双面成形焊道的质量，主要取决于熔孔的大小和熔孔的间距，因此，每次引弧的间距和电弧燃、灭的节奏要保持均匀和平稳，以保证坡口根部熔化深度一致，熔透焊道宽窄、高低均匀。平板对接平焊位置时的熔化缺口以0.5mm为宜，如图3-26所示。

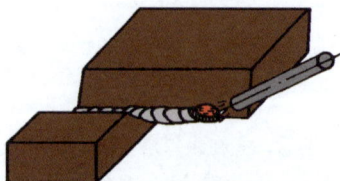

图3-25　单面焊双面成形的熔池

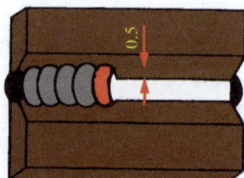

图3-26　熔孔的轮廓

2）一点法操作。一点法建立第一个熔池的方法与两点法相同。操作时应使电弧同时熔化两侧钝边[见图3-27（a）]，听到"噗"声后，果断灭弧[见图3-27（b）]。为防止一点击穿法焊接过程中产生缩孔，应使灭弧频率保持在每分钟5~20次，焊条倾角与熔孔向坡口根部熔入深度均与两点法相同。

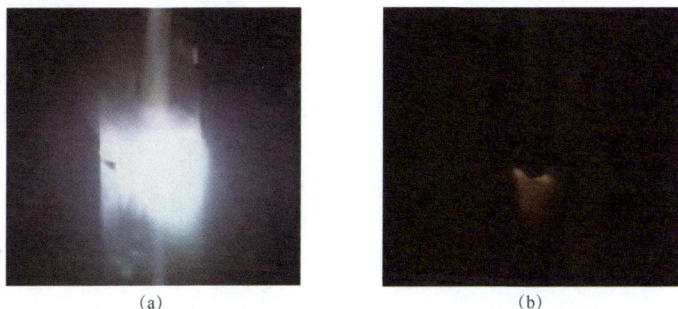

(a)　　　　　　　　　　　　(b)

图3-27　灭弧焊（一点法）时的操作
(a) 同时熔化两侧钝边；　(b) 形成熔池后熄弧

（2）连弧焊操作。操作时，从定位焊缝上引弧后，先将电弧压到最低程度（见图3-28），并在始焊处以小齿距的锯齿形运条法作横向摆动，对焊件进行加热（见图3-29）。

图3-28　压低电弧

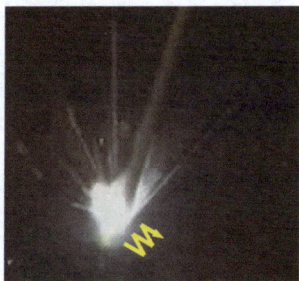

图3-29　小锯齿形摆动加热

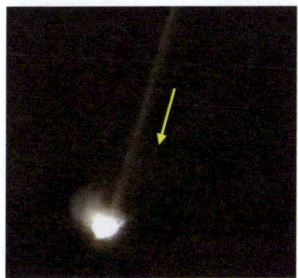

图3-30　击穿动作

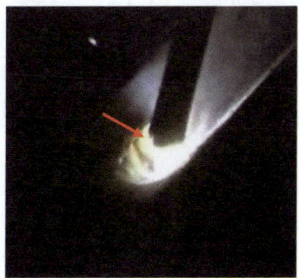

图3-31　迅速移动电弧到坡口面上

当坡口根部产生"出汗"现象时，再做一个击穿动作，即用力将焊条往坡口根部送下（见图3-30），待听到"噗"的一声，即熔孔形成，然后迅速将电弧移到任一坡口面上（见图3-31），随后在两坡口面间以60°~70°的焊条倾角，做似停非停的微小摆动，以使电弧将坡口根部两侧各熔化1.5mm左右（见图3-32），然后将焊条提起1~2mm作U形运动，如图3-33所示。

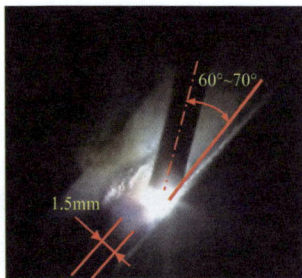

图3-32　焊条倾角与两侧坡口熔化程度

电弧从坡口的一侧移至另一侧作一次U形运动之后，即完成一个焊点的焊接。每分钟约完成若干个焊点，逐个焊点重叠2/3，一个焊点可使焊道沿焊接方向增长约1.5mm。焊接过程中的熔孔明显可见，坡口根部熔化缺口为1mm左右。电弧穿透坡口的"噗噗"声非常清楚，一根焊条可焊长约80mm的焊缝。

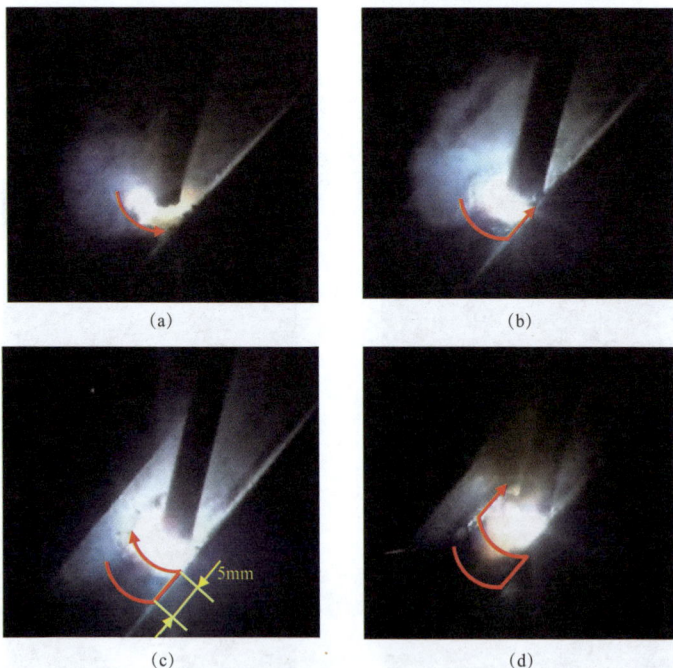

(a)

(b)

(c)

(d)

图3-33　连弧焊时电弧的U形运动操作

(a) 电弧运动到另一侧；　(b) 沿焊接方向推进；　(c) 电弧运动到原侧；　(d) 在原侧沿焊接方向推进

收弧时，要缓慢地把焊条向熔池后方的左侧或右侧带一下，随后将焊条提起、收弧。更换焊条的动作要快，接头时先在距弧坑10~15mm处引弧（见图

3-34）。以正常的运条速度回运至弧坑的l／2处，将焊条往下压（见图3-35），待听到"噗"的一声之后，就做l~2s似停非停的微小摆动；然后再将焊条提起l~2mm，使其在熔化熔孔前沿的同时，向前运条施焊（见图3-36）。焊接时，一定要用短弧焊接，电弧长度要小于焊条直径。焊接时的焊肉要薄，运条速度要均匀，必须将熔池控制在始终如一的形状和大小。收尾时，采用回焊收尾法填满弧坑。

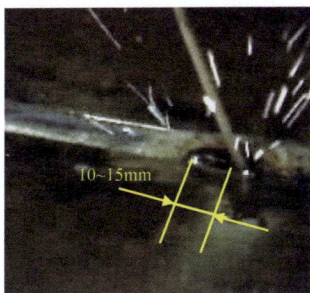

图3-34　换焊条后引弧

图3-35　电弧下压

　　采用连弧焊施焊时，其定位焊缝的接头方法同灭弧焊。打底层焊接完成后，同样要清理渣壳，特别是边角处的熔渣，必须清理干净，准备填充层的焊接。
　　连弧焊法的施焊过程中，由于采用了较小的根部间隙与焊接参数，并在短弧条件下有规则地进行焊条摆动，因而可造成熔滴向熔池均匀过渡的良好条件，使焊道始终处于缓慢加热和冷却的状态，这样不但能获得温度均匀分布的焊缝和热影响区，而且还能得到成形整齐、表面细密的背面焊道，因此连弧焊法是一种能保证焊缝具有良好力学性能和内在质量的单面焊双面成形操作技术。
　　打底层焊后的反面焊道如图3-37所示。

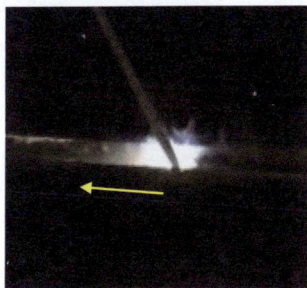

图3-36　熔化熔孔前沿后正常焊接

图3-37　打底层焊后的背面焊道

　　单面焊双面成形焊接时，无论采用灭弧焊还是连弧焊，作为焊工，都要注意以下几个方面。
　　首先，在焊接过程中，焊工的眼睛要时刻注意观察焊接熔池的变化，注意"熔孔"尺寸，每个焊点与前一个焊点重合面积的大小，熔池中液态金属与熔渣的分离，熔池是明亮而清晰的，熔渣在熔池内是黑色的，熔孔的大小以电弧能将两侧钝边完全熔化并深入每侧母材0.5～1mm为宜。熔孔过大，背面焊缝余高大，甚至形成焊瘤或烧穿；熔孔过小时，坡口两侧根部容易造成未焊透。

其次，眼睛看到哪里，焊条就应该按选用的运条方法、合适的弧长，准确无误地送到哪里。保证正、背两面焊缝表面成形良好。要有热量的概念，要善于观察温度变化，做到有效地控制熔池的形状及其相对位置。温度对焊接的影响很大，温度低、熔池小、铁液暗、流动性差且易产生夹渣和虚焊；温度高，则熔池大、铁液亮、流动性好，易于熔合；但过高易下淌，成形难控制且接头塑性下降。温度与电流大小及运条方式（如圆圈形的运条温度高于月牙形，月牙形运条温度又高于锯齿形运条）、电焊条夹角大小及停留电弧时间长短等均有密切关系。

再次是要求焊工在焊接过程中，专心焊接、别无他想，任何与焊接无关的私心杂念都会使焊工分心，在运条、断弧频率、焊接速度等方面出现差错，从而导致焊缝产生各种焊接缺陷。在焊接时，应认真听电弧击穿试件坡口根部发出的"噗噗"声音。电弧击穿试件坡口根部时会发出"噗噗"的声音，表明焊缝熔透良好。如果没有这种声音出现时，表明坡口根部没有被电弧击穿，继续向前焊接，会造成未焊透等缺陷。要准确掌握好熔孔形成的尺寸，每一个新焊点应与前一个焊点搭接2/3，保持电弧的1/3部分在试件的背面燃烧，以加热和击穿坡口根部钝边。当听到电弧击穿坡口根部发出的"噗噗"声时，迅速向熔池后方灭弧，灭弧的瞬间熔池金属凝固，形成一个熔透坡口的焊点。保持灭弧与重新引燃电弧之间的时间间隔要短也很关键。间隔时间过长，熔池温度过低，熔池存在的时间较短，冶金反应不充分，容易造成气孔、夹渣等缺陷。间隔时间如果过短，熔池温度过高，会使背面焊缝余高过大，甚至出现焊瘤或烧穿等缺陷。

最后要求焊工在焊接过程中，无论是站位焊接、蹲位焊接还是躺位焊接，焊工要能保持呼吸平稳均匀，既不要大憋气，以免焊工因缺氧而烦躁，影响发挥焊接技能；也不要大喘气，焊接过程中，这种呼吸方法会使焊工身体上下浮动而影响手稳。

2. 填充层和盖面层的焊接

具体焊接操作参考平焊（双面焊）部分相关内容，其正面焊道焊后如图3-38所示。

图3-38　平焊单面焊双面成形焊后的正面焊道

第三节　横焊单面焊双面成形

一、焊前准备

焊前准备相关内容可参考平焊单面焊双面成形部分。

钢板装配总的原则是末端间隙应略大于始端间隙，并留适当的反变形。板厚8~12mm的钢板装配尺寸如图3-39所示。横焊时焊接层数较立焊多，易产生较大的角变形，所以钢板应预留10°左右的反变形角。钢板板面应垂直固定，保证焊缝呈水平位置。

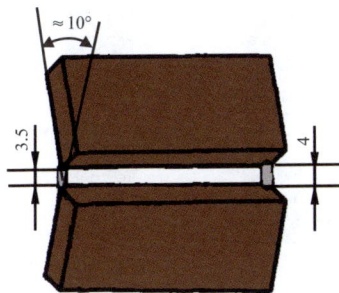

图3-39　横焊单面焊双面成形时的装配尺寸

二、焊接操作

横焊单面焊双面成形的焊接参数见表3-2。准确的调节电流，尤其是立、横、仰位置焊接，对于获得良好的焊接内在质量和美观的焊缝成形是至关重要的。调电流要一听、二看、三比较，即听电弧声音，看电弧燃烧状况，比较熔池形状及焊缝成形情况。

表3-2　　　　　　　　横焊单面焊双面成形的焊接参数

焊接层次 ＼ 焊接参数		钢板厚度（mm）	操作方法	焊条型号	焊条直径（mm）	焊接电流（A）
打底层		8~16	灭弧焊	E5015	3.2	80~95
			连弧焊	E5015	3.2	75~85
填充层	第一层	8~16	—	E5015	3.2	100~110
	其余各层		—	E5015	4	160~180
盖面层		8~16	—	E5015	4	160~180

1.打底层的焊接操作

横焊打底层的操作可以分别采用灭弧焊或连弧焊。

（1）打底层的灭弧焊操作。焊接打底层时，由于过渡熔滴受重力影响，容易偏离焊条轴线，向下倾斜。因此，在短弧施焊的基础上，除保持一定的下倾角80°~90°外，还需与焊件的水平轴线倾斜70°~80°，如图3-40所示。

焊接时的焊接方向应根据个人习惯，可以从左向右，也可以从右向左进行施焊。

起焊时，首先在定位焊缝前10~15mm处的坡口面上划擦引弧，然后将电弧迅速回拉到定位焊缝中心部位处加热坡口，当见到坡口两侧金属即将熔化时，将熔滴金属送至坡口根部，并压一下电弧使熔滴与熔化的定位焊缝和母材金属熔合成第一个熔池。当听到背面电弧的穿透声时，表明已形成了明显可见的熔孔。

这时，应在原焊条角度基础上，灵活地使焊条与焊件保持成一定的倾角（见图3-41），分别在下坡口面和上坡口面上接近钝边处击穿施焊。

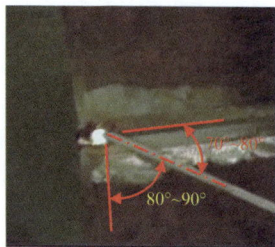
图3-40　横焊打底层灭弧焊时的焊条角度

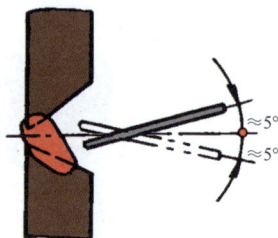
图3-41　击穿焊时的焊条角度

击穿焊接时，由于焊条的倾斜以及上、下坡口面角度的影响，使电弧对上、下坡口面的加热不均，上坡口面受热较好，下坡口面受热较差。同时，熔池金属因受重力作用下坠。极易造成下坡口面熔合不良，甚至冷接。为此，应先击穿下坡口面（见图3-42中的①点和③点），后击穿上坡口面（见图3-42中的②点和④点），并将击穿位置相互错开一定距离，使下坡口面击穿熔孔在前、上坡口面击穿熔孔在后。

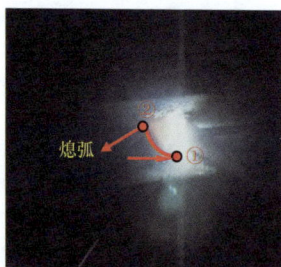
(a)

(b)

(c)

(d)

图3-42　横焊时灭弧焊的操作

(a) 击穿焊接；(b) 灭弧；(c) 下一个焊点的击穿焊接；(d) 再次灭弧

施焊时，电弧不要抬得过高，保持短弧焊接。

横焊采用灭弧焊施焊时，焊件背面弧长应保持约1／2弧柱长度（见图3-43）。当电弧穿透坡口根部时，应使每侧坡口面熔化1~1.5mm且下坡口面的熔孔要始终比上坡口面的熔孔超前（指焊接前进方向）0.5~1个的熔孔直径，这样有利于减小上部熔池金属下坠倾向，防止熔合不良或冷接。

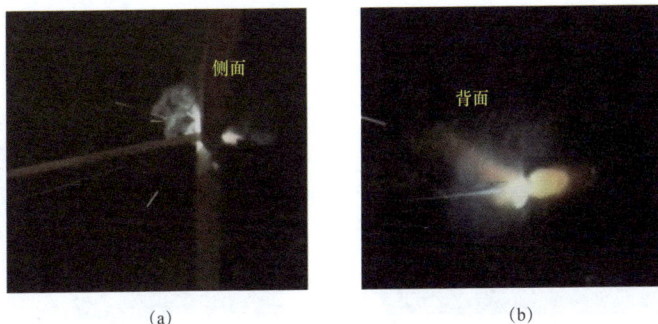

（a）　　　　　　　　　　　　　　（b）

图3-43　横焊灭弧焊时焊件背面弧长

（a）侧面观察；　（b）背面观察

灭弧焊横焊时，应使焊道背面熔化金属有稍稍地下坠。如果控制电弧燃烧时间，使之不产生下坠，则焊缝上部易出现气孔，原因首先是气体向上逸出时，受到母材横断面的阻挡，逸出受阻，其次是熔池存在时间过长。

更换焊条前，要在熔池前方作一个熔孔（见图3-44），然后准备收弧，收弧时，应将电弧带到坡口上侧并向后方提起收弧，如图3-45所示。换焊条后，在弧坑10~15mm处引燃电弧，当运条到熔孔时要压低电弧（见图3-46），当听到"噗噗"声后，稍作停留，然后恢复正常运条。

图3-44　预先作熔孔

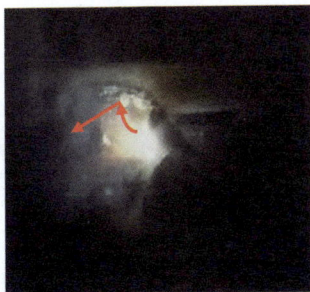

图3-45　换焊条时的熄弧操作

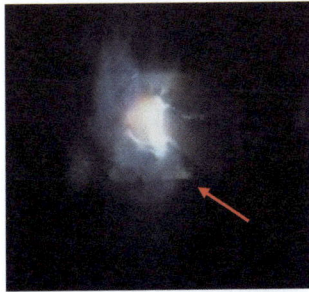

图3-46　运条到熔孔处压低电弧

（2）打底层的连弧焊操作。打底层采用连弧焊时，先在始焊部位的上坡口面引弧（见图3-47）。待根部钝边熔化后，再将液态金属带到下侧钝边（见图3-48），形成第一个熔池后，再击穿熔池，并立即采用斜椭圆形运条法运条（见图3-49）。在坡口上侧要稍作停留，从坡口上侧向下侧的运条速度要慢一些，防止产生夹渣以及保证填充金属与焊件熔合良好。从下侧向上侧的运条速度要快一些，以防止液态金属下淌。

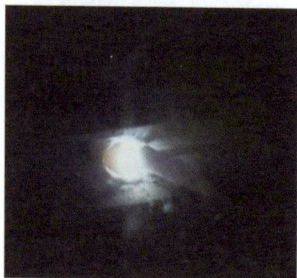

图3-47　上坡口引弧并熔化钝边

图3-48　移到下侧钝边

采用连弧焊横焊操作时的焊条倾角如图3-49所示。当焊条指向坡口上部和下部时，焊条角度要灵活控制，为更好焊接操作，角度要略有些变化。连弧焊时，由于热量集中，因此焊肉要薄，焊接过程中要采用短弧将液态金属送到坡口根部，并要注意观察熔孔的大小。电弧应为每侧钝边完全熔化并深入到每侧母材0.5~1mm，保证在熔池前端是一个大小合适的熔孔。

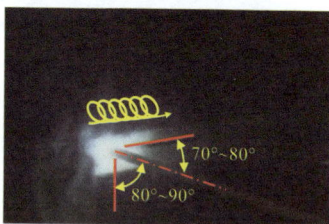

图3-49　连弧焊横焊操作时的焊条
倾度与运条方式

连弧焊更换焊条时的操作与灭弧焊时相同，更换焊条熄弧前，必须向熔池背面多补充几滴熔滴，然后将电弧拉到侧后方熄弧（见图3-50），更换焊条时速度要快，此外，换好焊条后可立即在熔池处再引弧（见图3-51和图3-52），利用电弧的加热和吹力，重新击穿坡口钝边，压低电弧施焊，操作时，在收尾熔池处加热1~2s（见图3-53），使之熔化，然后立即引弧击穿焊接，以保证根部焊透，接头光滑。

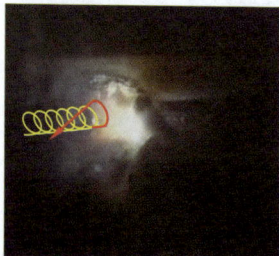

图3-50　连弧焊换焊条时的熄弧动作

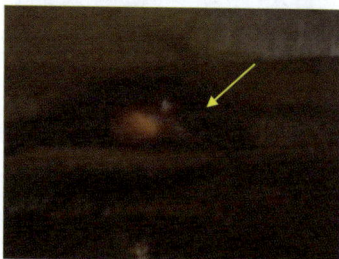

图3-51　换焊条后的引弧位置

图3-52 换焊条后引弧

图3-53 在收尾熔池处加热并击穿焊接

横焊连弧焊施焊时，焊件背面弧长应保持2／3弧柱长度（见图3-54）。在焊道收尾处要注意填满弧坑。

(a)

(b)

图3-54 连弧焊时背面弧长控制

(a) 侧面观察； (b) 反面观察

焊后的反面焊缝成形如图3-55所示。打底层焊完后要仔细清除渣壳，特别是边角处，然后准备进行填充层的焊接。

图3-55 横焊单面焊双面成形时打底层的背面焊道成形

2. 填充层和盖面层的焊接

具体焊接操作参考第二章横焊部分相关内容。填充层焊后及盖面层焊后的焊道外观如图3-56和图3-57所示。

图3-56 填充层焊后焊道外观

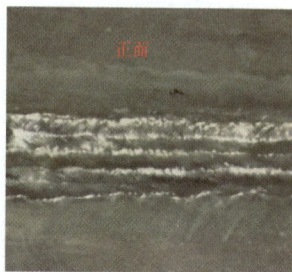

图3-57 盖面层焊后焊道外观

第四节 立焊单面焊双面成形

一、焊前准备

焊前准备相关内容可参考平焊单面焊双面成形部分。

板厚8~16mm钢板的装配尺寸如图3-58所示，钢板应垂直固定，钢板装配总的原则是上部间隙应略大于下部间隙，并留适当的反变形。

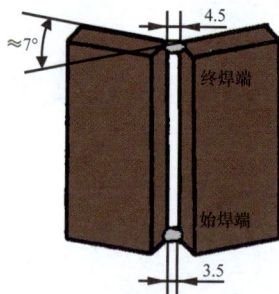

图3-58 立焊单面焊双面成形时钢板的装配尺寸

二、焊接操作

连弧焊时，由于熔池被连续加热，没有冷凝时间，因此液态金属和熔渣容易下淌，所以应采用比灭弧焊较小的焊接电流。此外，由于酸性焊条熔渣的流动性好，因此连弧焊时通常采用碱性焊条。

立焊单面焊双面成形工艺参数见表3-3。

表3-3 立焊单面焊双面成形工艺参数

焊接层次 焊接参数	钢板厚度（mm）	操作方法	焊条型号	焊条直径（mm）	焊接电流（A）
打底层	8~16	灭弧焊	E5015	3.2	80~90
		连弧焊	E5015	3.2	70~80

续表

焊接层次	焊接参数	钢板厚度（mm）	操作方法	焊条型号	焊条直径（mm）	焊接电流（A）
填充层	第一层	8~16	—	E5015	3.2	90~100
	其余各层		—	E5015	4	140~160
盖面层		8~16	—	E5015	4	140~160

1. 打底层的焊接操作

立焊打底层的焊接操作可以分别采用灭弧焊或连弧焊。

（1）打底层的灭弧焊操作。首先在定位焊缝上方10~15mm处的坡口面上划擦引弧，然后将电弧拉回至定位焊缝中心稍加摆动加热，使坡口根部、钝边及定位焊缝熔化并形成第一个熔池，此时应压低电弧，在熔池前方出现左、右击穿，使坡口根部形成椭圆形熔池和熔孔，并可听到电弧击穿坡口根部发出的"噗噗"声，在熔池前方出现一个熔孔，这时应马上灭弧（见图3-59）。

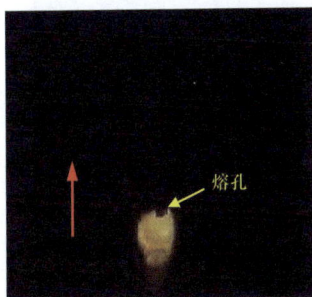

图3-59 出现熔孔后灭弧

图3-60 引弧并形成新熔池

灭弧以后的液态金属迅速凝固，这时要马上引弧，使即将凝固的液态金属重新熔化，并形成一个新的熔池（见图3-60）。新熔池有1/2~2/3要压在原先的熔池之上，并与母材形成良好的熔合。这样，操作焊条以70°~80°的下倾角，交替进行引弧、灭弧向上运条施焊（见图3-61），不断形成根部焊透的良好焊缝。

当熔池温度过高，铁水有下淌趋势时，应立即灭弧使熔池冷却。灭弧频率约每分钟50~60次。

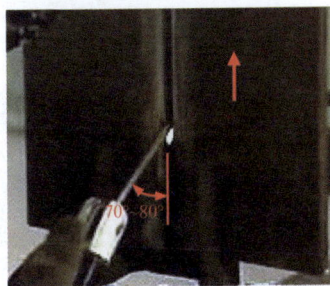

图3-61 灭弧焊时的焊条角度

操作过程中，要求坡口根部两侧的击穿尺寸，即母材金属受热熔透的尺寸，应均匀地保持在1.5~2.5 mm范围内，焊件背面应保持1/3~1/2弧柱长度。如果坡口根部的缺口过大，即电弧燃烧时间过长，熔池温度过高，则液态金属体积应迅速增大，当重力大于表面张力时，铁水即开始下坠，使背面焊道超高或出现焊瘤；反之，缺口过小，则会产生焊不透或熔透度不够等缺陷。立焊灭弧焊的操作手法如图3-62和图3-63（图中"●"表示电弧要稍作停留）所示。每次灭弧时动作要迅速果断，不要拉长弧，以减小连接处的熔孔尺寸。

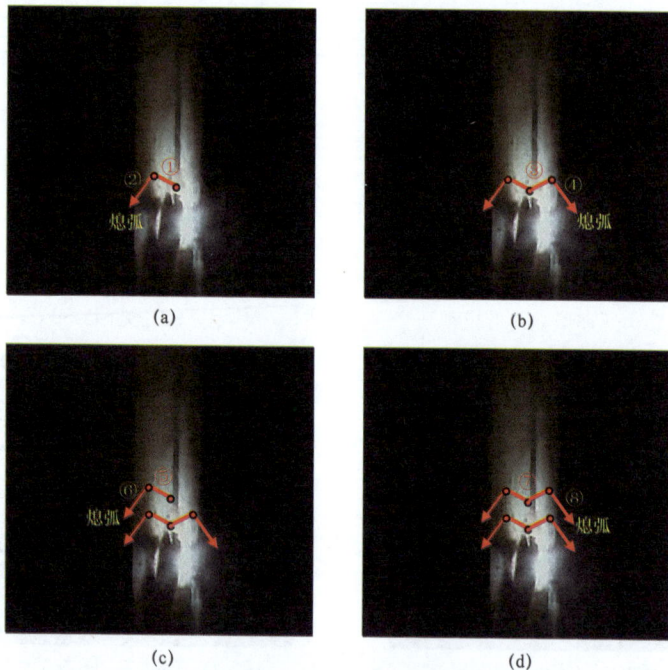

(a)

(b)

(c)

(d)

图3-62　立焊灭弧焊的"两点法"操作

(a) 一侧焊接；(b) 另一侧焊接；(c)、(d) 沿焊接方向前进并重复 (a)、(b) 操作

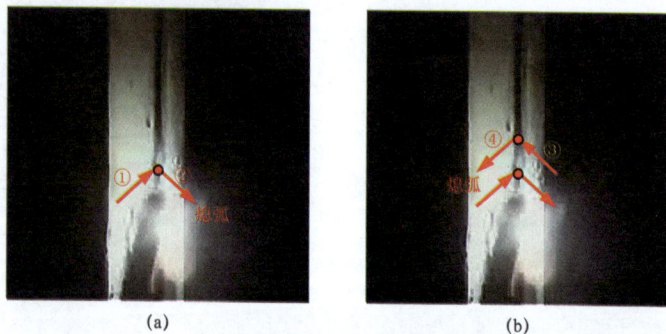

(a)

(b)

图3-63　立焊灭弧焊的"一点法"操作

(a) "一点法"操作动作分解；(b) 相邻焊点的动作分解

更换焊条时，可预先在熔池最前边缘或背侧连续断弧2~3下，即给2~3滴液态金属，然后将焊条向下斜拉至坡口的一侧再迅速灭弧，以防止产生冷缩孔。更换焊条后，在坡口一侧的上方距熄弧10~15mm处划擦引弧，再将电弧拉回至熄弧处对熔池根部加热。加热后将电弧稍向坡口根部一压。听到背面"噗噗"的击穿声之后，表示已经焊透，接头完成，即可转为正常施焊，但需注意新的熔池形成及温度的变化。通常新的熔池形成后，在液态金属与固态金属间会产生一条白亮的交界线（见图3-64），应待交界线消失后（见图3-65），方可运条施焊。

图3-64 白亮的交界线

图3-65 可继续焊接时的熔池

（2）打底层的连弧焊操作。焊条与钢板的下倾角为45°~60°，如图3-66所示。作击穿动作时，焊条的下倾角应稍大于90°，出现熔孔后立即恢复到原角度。操作过程中的熔孔应保证每侧坡口面熔化1~1.5mm，并作横向摆动，可采用月牙形或锯齿形运条方法（见图3-67），但摆动时向上的幅度不宜过大，否则易产生咬边。

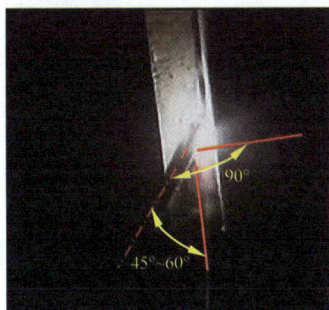

图3-66 连弧焊时的焊条角度

图3-67 连弧焊时的运条

在保证背面成形良好的前提下，焊条端部摆动到两侧坡口时，应稍作停留，使焊缝与母材能很好的熔合，形成一个椭圆形的熔池。焊接过程中要仔细观察，当清晰地发现熔渣从铁水上淌下来，而在熔池前方打开一个熔孔，此时表示根部已经熔透，并可听到电弧穿过间隙发出的"噗噗"声。施焊时焊件背面应保持1/2的弧柱长度（见图3-68）。

焊接过程中要注意观察熔孔的大小，力求熔孔和熔池的形状和大小一致，从而保证背面焊缝成形的均匀美观。焊道越薄越好，如果焊道过厚，则易产生气孔。焊道接头时，须先用角向磨光机或扁铲将其端部修磨成缓坡之后再进行接头操作，以利于接头时的背面成形。收弧时要注意填满弧坑（见图3-69），焊后仔细清除渣壳。

图3-68　连弧焊时的背面弧柱情况

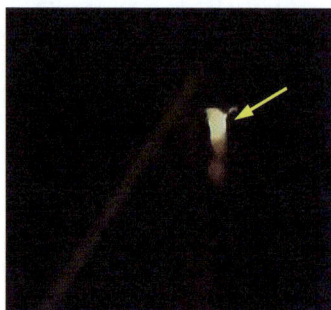

图3-69　填满弧坑

打底层焊完后，其背面成形如图3-70所示。

2.填充层和盖面层的焊接

具体焊接操作参考第二章立焊部分相关内容，其盖面焊后的焊道如图3-71所示。

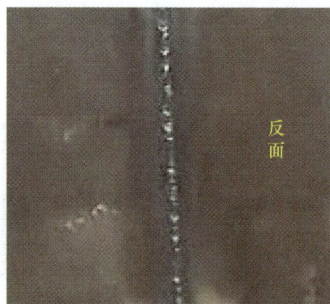

图3-70　立焊单面焊双面成形
的背面焊道

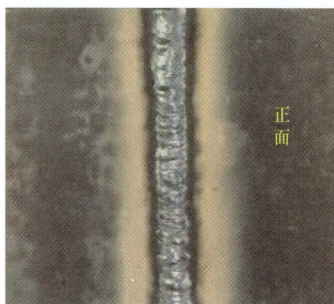

图3-71　立焊单面焊双面成形的正面
焊道

第五节　仰焊单面焊双面成形

一、焊前准备

焊前准备相关内容可参考平焊单面焊双面成形部分。

仰焊时，为了保证熔滴能顺利地过渡至试件背面，所以采用较大的装配间隙。钢板装配总的原则是末端间隙应略大于始端间隙，一般打底层采用灭弧焊时，前端间隙为4mm，后端间隙为5mm；而采用连弧焊时，前端间隙为3mm，后端间隙为4mm左右。定位焊后要预留适当的反变形量，一般为4°~7°左右，钢板装配尺寸如图3-72所示。

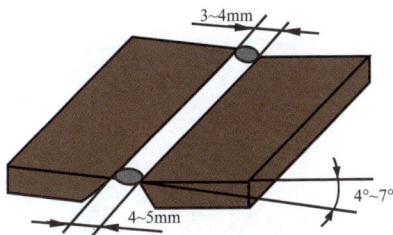

图3-72 仰焊单面焊双面成形时的钢板装配尺寸

二、焊接操作

仰焊单面焊双面成形工艺参数见表3-4。

表3-4　　　　　　　　　　仰焊单面焊双面成形工艺参数

焊接参数 焊接层次		钢板厚度 （mm）	操作方法	焊条型号	焊条直径 （mm）	焊接电流 （A）
打底层		8~16	灭弧焊	E5015	3.2	80~95
			连弧焊	E5015	3.2	75~85
填充层	第一层	8~16	—	E5015	3.2	100~120
	其余各层		—	E5015	4	140~160
盖面层		8~16	—	E5015	4	140~160

1. 打底层的焊接

仰焊打底层的操作可以分别采用灭弧焊或连弧焊。

（1）打底层的灭弧焊。由于液态金属下坠，极易在焊缝背面产生塌陷，为达到单面焊双面成形的目的，使背面焊缝成形良好，仰焊的打底层具有较大的操作难度。仰焊采用灭弧焊时的焊条角度如图3-73所示。

开始焊接时，首先在距定位焊缝10~15mm处的坡口一侧引弧，然后将电弧回拉至定位焊缝中心，加热坡口根部，再压低电弧将熔滴送到定位焊缝根部，并借助电弧吹力作用尽量向坡口根部、背面输送熔滴，同时将其稍加左右摆动，便于形成熔池和熔孔。仰焊时形成的第一个熔池如图3-74所示。第一个熔池形成后立即熄弧以冷却熔池。再引弧时，在第一个熔池前一侧坡口面上（见图3-75），即在熔孔的边缘（也就是在熔池凝固

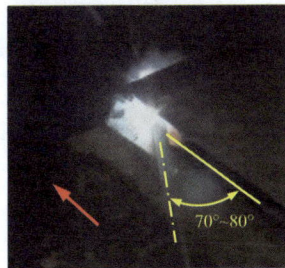

图3-73 灭弧焊时的焊条角度

交界接线的前后边缘1~2mm处）用接触法引弧，这样，电弧的一半将前方坡口完全熔化，另一半将已经凝固的熔池的一部分重新熔化，从而形成一个新熔池。电弧引燃后，控制焊条不要摆动，使电弧燃烧0.8~1 s，并保持弧柱长度的1／2穿过熔孔（见图3-76），然后急速拉向侧后方熄弧。如此反复熄弧、灭弧，就能形成根部焊透，背部成形良好的焊缝。

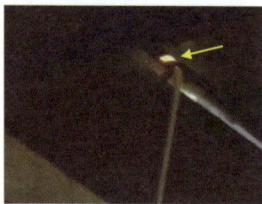
图3-74　第一个熔池

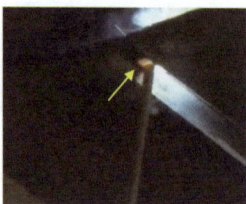
图3-75　在熔池前一侧的坡口面上引弧

图3-76　灭弧焊时穿过熔孔的弧长情况

　　仰焊灭弧焊的操作手法如图3-77和图3-78所示。电弧燃烧时焊条不应作较大幅度摆动，运条速度要快。如果焊条摆动幅度较大，液态金属受电弧的吹力作用就减小，而且力的作用位置发生改变，将使熔池金属下坠倾向增大。熄弧动作应迅速利落，以免焊道背面产生塌陷，正面出现焊瘤。施焊过程中，焊件背面应保持焊缝凸起，穿透熔孔的位置要准确。每侧坡口穿透尺寸应为1.5~2 mm。

(a)

(b)

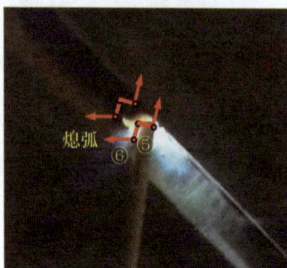
(c)

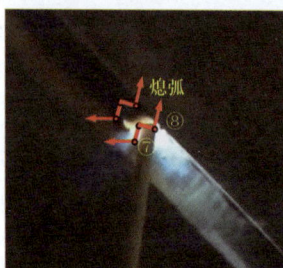
(d)

图3-77　仰焊灭弧焊的"两点法"操作
(a) 单侧焊接分解动作；　(b) 另一侧焊接；　(c)、(d) 下一焊点的操作

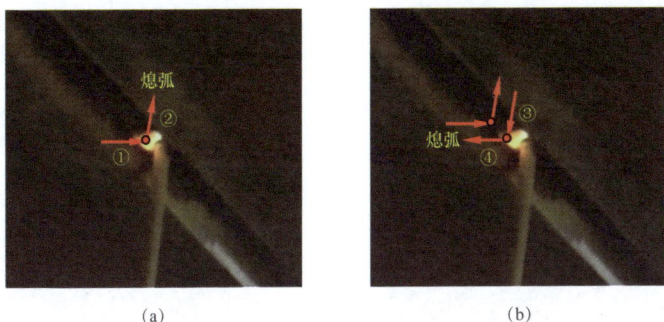

(a)　　　　　　　　　　　　(b)

图3-78　仰焊灭弧焊的"一点法"操作

(a)"一点法"操作分解；(b)下一焊点的动作分解

采用碱性焊条（如J507）施焊时，为了得到良好的焊缝成形，不能靠灭弧或挑弧控制熔池温度，必须采用短弧焊，否则容易产生气孔。

在更换焊条熄弧前，要在熔池边缘部位迅速向背面补充2~3滴液态金属，在熔池前方作个熔孔（见图3-79），然后向后侧衰减灭弧。接头时动作要快，最好在熔池尚处于红热状态下（见图3-80）引弧施焊，接头位置应选在熔池前缘。当听到试件背面电弧穿透声后，焊条立即作稳弧、旋转动作，再运条前进，收尾处要填满弧坑（见图3-81）。

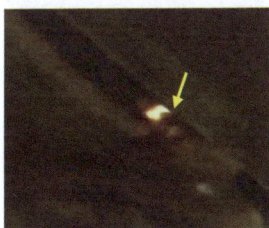

图3-79　熔池前方的熔孔　　　图3-80　处于红热状态下　　图3-81　收尾处时填满
　　　　　　　　　　　　　　　　　　　的熔池　　　　　　　　　　弧坑

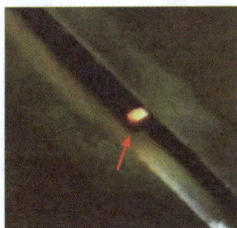

（2）打底层的连弧焊。引弧后，将坡口根部及定位焊缝熔化成第一个熔池，当看到坡口两侧出现明显的熔孔，并听到"噗噗"声时，即可转为正常焊接。焊接时，焊条稍作月牙形或锯齿形摆动（见图3-82）。

在焊接过程中，要力求熔孔大小一致，以便把坡口两侧的钝边熔化，并深入到母材0.5~1mm。焊接时，必须用短弧焊接，利用电弧吹力托住液态金属，并将一部分液态金属送至焊件背面。仰焊打底层采用连弧焊时的焊条倾角如图3-83所示，运条时，焊条要有向上顶的动作和趋势（见图3-84），以防止背面出现凹坑缺陷。施焊时，焊件背面应保持2/3弧柱长度（见图3-85）。焊接速度要适当加快，使熔池截面积减小，形成薄焊层，以减轻焊肉自重，要始终保持熔池的清晰，以利于观察。

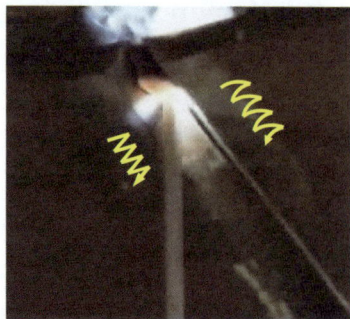

图3-82　连弧焊时的运条

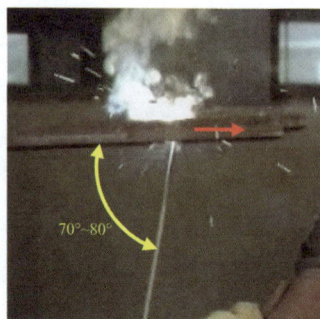

图3-83　连弧焊时的焊条角度

70°~80°

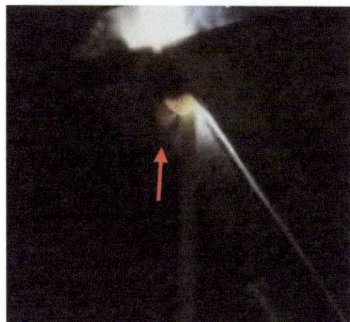

图3-84　连弧焊时有向上顶的动作

图3-85　连弧焊时背面弧长控制

　　换焊条时的操作与灭弧焊时一样。换焊条前，同样要在熔池前方作个熔孔（见图3-86），然后将电弧引向单侧坡口熄弧。换焊条后，在弧坑前引弧（见图3-87），把电弧拉到弧坑后10~15mm处，对弧坑进行预热，当运条到弧坑根部时，将焊条沿着熔孔上顶，当听到"噗噗"声后，稍作停留，然后进行正常焊接。收尾时，弧坑要填满。

图3-86　换焊条前的熔孔

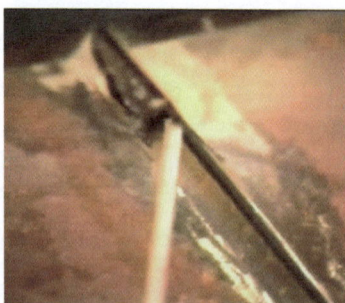

图3-87　换焊条后在弧坑前引弧

　　打底层单面焊双面成形焊接后的背面焊缝如图3-88所示。

2. 填充层和盖面层的焊接

具体焊接操作参考第二章仰焊部分相关内容，其盖面焊焊道如图3-89所示。

图3-88　仰焊单面焊双面成形的背面焊道

图3-89　仰焊单面焊双面成形的正面焊道

第四章　管材、管板的焊条电弧焊

第一节　沿管周焊接法

沿管周焊接法主要用在对质量要求不高的薄壁管焊接。

一、打底焊

其操作方法是：以斜立焊位置A为起焊点，如图4-1所示，在自下而上的运条过程中最好不要灭弧，将焊条端部托住铁水，采取顶弧焊接，在平焊→立焊→斜仰焊这几段焊接过程中，焊条几乎与管周成切线位置。当由斜仰焊进入仰焊时，焊条可逐步偏于垂直。在仰焊、立焊、平焊位置，运条方法与两半焊接法的后半圈相同，最后在斜立焊位置闭合。

此方法有一半是自上而下运条，熔化铁水有下坠趋势，故熔池深度较浅，熔透度不易控制，铁水与熔渣不易分离，焊缝容易产生夹渣等缺陷。其优点是运条速度快，有较高的生产率。

当坡口间隙不宽时，仰焊部位的起点可以选择在焊道中央；如果坡口间隙很宽，则宜从坡口的一侧起焊。从焊道中央起焊时的接头方法是：起焊，在超过中心线10～15mm处引弧预热，电弧不宜压短，需要直线运条，速度稍快。到中线（接头中心）处开始作横向摆动，如图4-2所示。

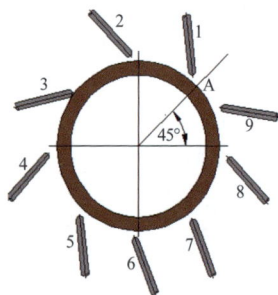

图4-1　沿管周焊接法

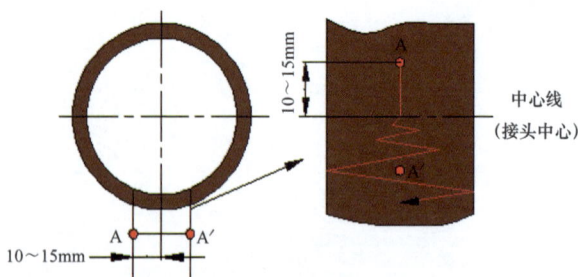

图4-2　仰焊部位焊道中心起焊示意图

管周另一半焊接时，先在接近于A点的对称部位（A′点）引弧预热，电弧稍长，运条稍快，坡口两侧停留时间比焊缝中间要长。接头处的焊层要薄些，避免形成焊瘤。

从坡口一侧起焊时的接头方法基本与上述相似，只是由于焊点在坡口边上，接头处的焊层是斜交的，如图4-3所示。

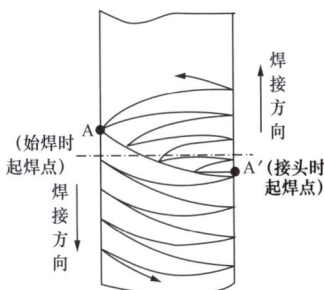

图4-3 从坡口一侧起焊方法

二、其他各层的焊接

其他各其他分为两半进行焊接，操作要领基本上与相应位置的钢板焊接方法相似，但需注意：

为了消除底层焊缝中隐藏的缺陷，在外层焊缝焊接时，应选用较大的焊接电流，并适当控制运条，达到既不产生严重咬边，又能熔化掉底层焊缝中隐藏的缺陷。

为了使焊缝成形美观，当焊接填充层的最后一层焊缝时，仰焊部位运条速度要快，使其形成厚度较薄、中部下凹的焊缝，如图4-4（a）所示。平焊时运条应缓慢，以形成略为肥厚而中间稍有凸起的焊缝，如图4-4（b）所示。必要时在平焊部位可补焊一道焊缝，如图4-4（c）所示，使整个环形焊缝高度一致。

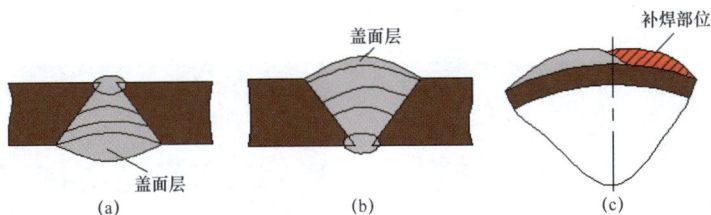

图4-4 填充层最后一层的形状

(a) 仰焊部位； (b) 平焊部位； (c) 平焊部位的补焊

第二节 水平固定管的焊接

水平固定管对接环焊缝包括平焊、立焊、仰焊三种空间位置一体的形式，它是焊条电弧焊中进行全位置焊接的基本形式，也是难度最大的操作技术之一，它有以下工艺特点：

（1）只能单面焊，所以要求单面焊双面成形，不能超过有关规定的焊瘤和未焊透等缺陷。

（2）由于焊接位置的不断变化，要求不断改变焊条角度，焊工操作难度较大，所以运条角度和焊工站立的高度必须适应变化的需要。

（3）由于在不同位置下熔池形状也不断变化，容易产生根部未焊透、焊瘤等缺陷。

（4）仰焊接头处容易产生内凹（俗称塌腰）。

（5）水平固定管焊接热循环的规律是下冷上热，在焊接电流不能随时调整的情况下，主要靠焊工摆动焊条来控制热量，以达到熔化均匀的目的，因此，要求焊工应有较高的操作技术水平。

一、装配及定位焊

组装时，管子轴线必须对正，可借助槽钢或角钢等型材保证轴线对正（见图4-5），以免形成弯折的接头。由于先在下面焊接，考虑到焊缝冷却时会发生收缩，所以对于较大直径的管子有必要使平焊部位的对口间隙小于仰焊部位。

点焊前，要将坡口清理干净，按要求尺寸对口。小直径管一般点固一点，点固在"平"或"斜平"位置上。中径管以两点为宜，点固在"平"或"斜平"位置上。大管也可用点焊钢筋头或小直径圆钢来替代点固（见图

图4-5　采用槽钢保证管子轴线对正

4-6），在进行第一层（打底焊）焊接过程中，当焊到采用小圆钢定位的定位焊缝时，应将小圆钢去掉（见图4-7）。

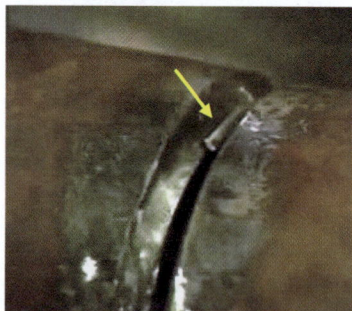

(a)

(b)

图4-6　借助小圆钢进行定位焊

(a) 放置小圆钢；(b) 点固焊

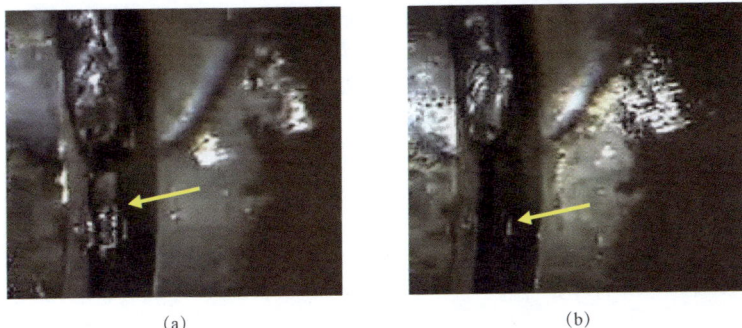

(a)   (b)

图4-7 借助小圆钢的定位焊缝在焊接过程中的处理

(a) 焊到定位焊缝处；(b) 焊接过程中打掉

　　点固长度一般为10～20mm，高度3～5mm之间。太薄时容易开裂，太厚时则给第一层焊接带来困难。

　　点焊也是焊缝的一部分，因此要选用与正规焊接相同的焊条和焊接规范。点固焊时往往因焊接规范不慎重，会出现粘合、覆盖以及裂纹等不应有的缺陷。为了防止因点焊造成管子焊口缺陷。一般均采用击穿焊法，在焊第一层时将点固焊缝熔化掉，因此焊前一定要将点焊处修薄一些，用角向磨光机打磨成斜坡形（缓坡

图4-8 定位焊缝两端打磨成缓坡形

形），如图4-8所示。对于采用接头法（即不将点焊处熔化掉）时，要求点焊长一些、厚一些，确保焊第一层时，不致因焊接应力而开裂。

二、打底焊

　　水平固定管的焊接，是空间全位置焊接。根部的施焊方法通常采用分两半焊接，分两半焊接即是将水平固定管的横断面看作钟表盘，划分为3、6、9、12等时钟位置。定位焊缝一般在时钟的2、10点位置，定位焊缝长度为10~15mm，厚度为2~3mm，焊接开始时，在时钟的6点钟位置起弧，把环焊缝分为两个半圈，即时钟6-3-12点位置和6-9-12点位置（见图4-9）。

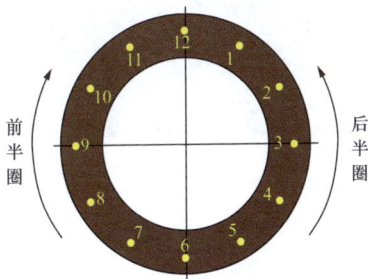

图4-9 两半焊接法

两半焊接法的特点是沿垂直中心线将管子截面分成相等的两半，从仰焊处开始，每层焊缝分两半，先焊的一半叫前半部，后焊的为后半部，顺次进行仰、立、平三种位置的焊接。在仰焊及平焊处形成两个接头。此法能保证铁水和熔渣很好地分离，熔透度较易控制。

焊接过程中，焊条与焊接方向的管切线夹角在不断地变化。

1. 前半圈焊接

（1）连弧焊。连弧焊引弧时，先在始焊处时钟6点位置的前方10mm处引弧后（见图4-10），把电弧拉至始焊处（时钟6点位置）进行电弧预热，当发现坡口根部有"出汗"现象时，将焊条向坡口间隙内顶送，听到"噗噗"声后，稍停一下，使钝边每侧熔化1~2mm并形成第一个熔孔，完成引弧工作。使用碱性焊条的许用电流比同直径的酸性焊条要小10%左右，引弧过程容易出现粘焊条的现象，引弧过程要求焊工手要稳，技术要熟练，引弧及回弧动作要快、准。

出现熔孔后，焊条稍微左右摆动并向后上方稍推，观察到熔滴金属已经与钝边金属连成金属小桥后，焊条稍拉开，恢复正常焊接。焊接过程中必须采用短弧把熔滴送到坡口根部。

爬坡仰焊位置焊接时，电弧以月牙形运动并在两侧钝边处稍作停顿（见图4-11），看到熔化的金属已挂在坡口根部间隙并熔入坡口两侧各1~2mm时再移弧。时钟9~12点、3~12点位置（即水平管立焊爬坡）的焊接手法与时钟6~9、6~3点位置大体相同，所不同的是管子温度开始升高，加上焊接熔滴、熔池的重力和电弧吹力等作用，在爬坡焊时极容易出现焊瘤。所以要保持短弧快速运条。在管平焊位置（时钟12点）焊接时，前半圈焊缝的收弧点在B点，后半圈的起弧点在A点，如图4-12（a）所示。

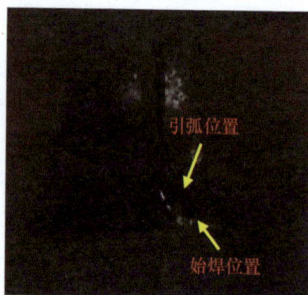

图4-10 引弧

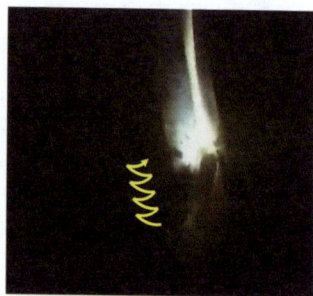

图4-11 仰焊位置

焊接过程中不同位置的焊条角度如图4-12（b）所示，其中起弧点（时钟5~6点）的焊条与管切线（焊接方向）夹角为80°~85°；时钟7~8点位置是仰焊爬坡焊，焊条与管切线（焊接方向）夹角为100°~105°；在时钟9点位置，焊条与管切线（焊接方向）夹角为90°；时钟10~11点位置为立位爬坡焊，焊条与管切线（焊接方向）夹角为85°~90°；时钟12点位置为平焊，焊条与管切线（焊接方向）夹角为70°~75°。后半圈与前半圈相对应的焊接位置，焊条角度相同。

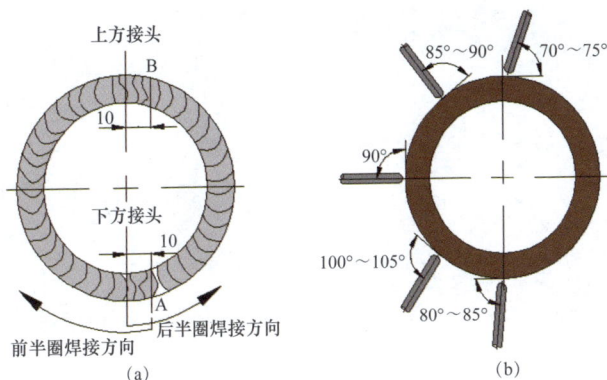

图4-12 打底层（连弧焊）的焊接位置与焊条角度

(a) 接头位置； (b) 不同位置的焊条角度

当焊缝要与定位焊缝相接时（见图4-13），焊条要向根部间隙位置顶一下，当听到"噗噗"声后，将焊条快速运条到定位焊缝的另一端根部预热，看到端部定位焊缝有"出汗"现象时，焊条要往根部间隙处压弧（见图4-14），听到"噗噗"声后，稍作停顿，仍用原先的焊接手法继续焊接。

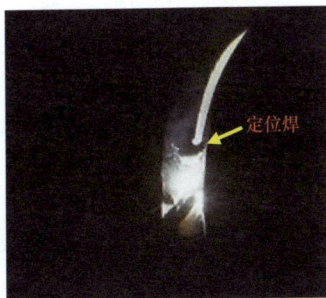

图4-13 焊到定位焊缝处

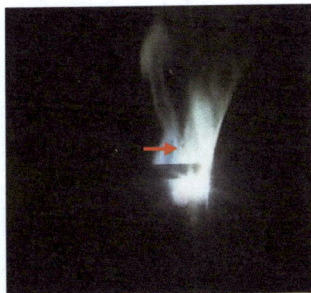

图4-14 往根部间隙压弧

收弧时，焊条在接近收弧处后，先在收弧处稍停一下进行预热，然后将焊条向坡口根部间隙处压弧，让电弧击穿坡口根部，听到"噗噗"声后稍作停顿，然后继续向前施焊10~15mm，填满弧坑即可。

（2）灭弧焊。灭弧焊时，在时钟6~5点位置（仰焊位）引弧，先以稍长的电弧加热该处2~3s，当焊条端部出现熔化状态时，用腕力将焊条端部的第一、二滴熔滴甩掉，与此同时，观察预热处有"出汗"现象时，迅速而准确地将焊条熔滴送入始焊端的坡口间隙，通过护目镜看到有熔滴过渡并出现熔孔时，焊条稍微左右摆动（见图4-15）并向后上方稍推一下，观察到熔滴金属已与钝边金属连成金属小桥后，焊条迅速向斜下方带弧、灭弧（见图4-16），这样一个熔池便形成，然后，依次进行断弧操作。

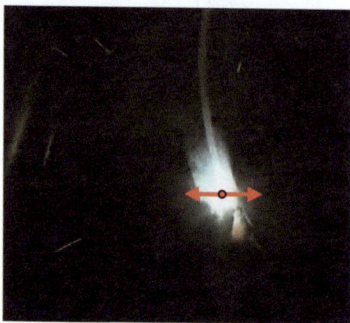

图4-15　出现熔孔时焊条轻微摆动

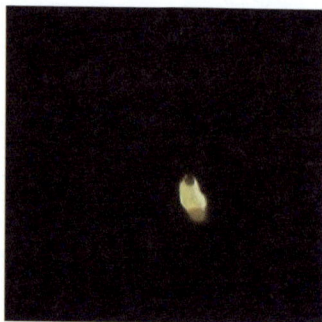

图4-16　灭弧

灭弧焊每次接弧时，焊条要对准熔池前部的1/3左右处，接触位置要准确，使每个熔池覆盖前一个熔池的2/3左右。

灭弧动作要干净利索，不要拖泥带水，更不要拉长电弧，灭弧与接弧的时间间隔要适当，其中燃弧时间约为1s/次，断弧时间约为0.8s/次，仰焊和平焊区间的灭弧频率为35~40次/min，立焊区间为40~45次/min。

焊接过程中采用短弧焊接，使电弧具有较强的穿透力，同时还要控制熔滴的过渡应尽量细小均匀，每一个焊点填充金属不宜过多，防止熔池金属外溢和下坠。熔池的形状和大小要保持基本一致，熔池液态金属清晰明亮，熔孔始终深入每侧母材1~2mm。

灭弧焊时，与定位焊缝接头、更换焊条时的接头及收弧操作与连弧焊的操作基本一致，但收尾处焊接时，由于接头处管壁温度已经升高，灭弧时间应稍长一些。焊条熔滴送入要少一些、薄一些，严格控制熔池的温度，防止根部出现焊瘤或焊漏。

各位置的焊条角度同连弧焊时的焊条角度，如图4-12所示。

为了便于焊接仰焊及平焊接头，焊接前一半时，在仰焊位置的起焊点及平焊位置的终焊点都必须超过管子的半周（超越中心线5~10mm），如图4-12所示。

为了使根部焊透均匀，焊条在仰焊及斜仰焊位置时尽可能不作或少作横向摆动。当运条至点焊接头处，应减慢焊条前移速度，以便熔穿接头处根部的间隙，保证接头部分充分熔透。当运条至平焊部位时，必须填满熔池后再熄弧。

2.后半圈焊接

后半圈焊接的运条方法与前半圈相同，当运条至仰焊及平焊接头处应多加注意：与前半圈仰焊缝接头时，仰焊的起头掌握不好，容易产生气孔和未焊透等缺陷，所以在接头前要将起焊处的原焊缝用电弧割去一部分（约10mm长），这既割除了可能的缺陷，而且形成缓坡形割槽，便于接头。先从超越接头中心约10mm的焊缝上引弧，用长弧加热接头部分，如图4-17（a）所示。当其熔化时，迅速将焊条转成水平位置，对准铁水熔化方向向前一推，必要时可重复2～3次，依靠电弧吹力把液体金属推走而形成一缓坡形割槽，如图4-17（b）～（d）所示。焊条至接头中心时切勿灭弧，必须将焊条向上顶一下以打穿未熔化或有夹渣的根部，使接头完全熔合。对于重要管道或使用低氢型焊条焊接时，可用角向磨光机等工具把仰焊接头处修成缓坡（见图4-18），然后再施焊。

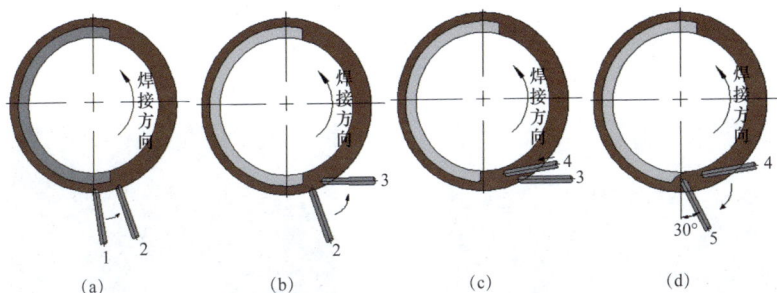

图4-17　仰焊接头操作示意图

(a) 加热接头；(b) 焊条水平放置；(c) 向前推；(d) 割槽形成

　　对于平焊接头，也要先修成缓坡，选用适中的电流值，当运条至斜立焊（相当于2点钟）位置时，为了让焊缝填满铁水，可以使焊条向上立，加大焊缝与焊条的夹角，保持顶弧焊接并稍作横向摆动。当距离接头处3～5mm而将要封闭时，绝不可灭弧。接头封闭时，应把焊条向里压一下，此时可听到电弧打穿根部的"啪啦"声。焊条要在接头处来回摆动，以延长停留时间，保证接头金属充分熔合，填满弧坑，然后把电弧引弧到坡口一侧熄弧。与点焊焊缝相接时的接头也采取同样原则。打底层焊后焊道外观如图4-19所示。

图4-18　仰焊接头处焊缝修磨成缓坡形

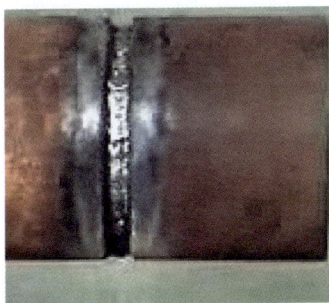

图4-19　打底层焊后焊道外观

　　总之，从工艺上看，平焊部位容易出现焊瘤，仰焊部位容易塌腰，因此，要掌握"顶"、"抬"、"灭"的操作要领。在仰焊部位一定要"顶"进去，温度高了则要把电弧"抬"高一点，甚至"灭"弧，对平焊部位的灭弧、抬弧时间要掌握，必要时还需摆动配合。

三、填充焊

对于大管来说，填充层是焊缝强度的主体，小管则没有填充层。一般情况下，填充层缺陷较少，但焊波较宽、散热快，故一般采用锯齿形和月牙形运条法进行连弧焊接。

填充层焊接时采用连弧焊，先在始焊处时钟6点位置的前方10mm处引弧（见图4-20），迅速用短弧将铁水送到始焊部位（时钟6点位置），建立第一个熔池。第一个熔池要浅一些，然后焊条作锯齿形和月牙形摆动（见图4-21），摆动到坡口两侧时，要稍作停留，防止焊缝与母材坡口处出现未焊透。

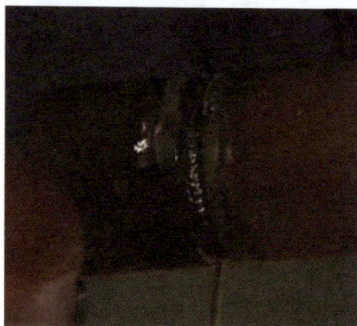

图4-20　填充层焊接时引弧

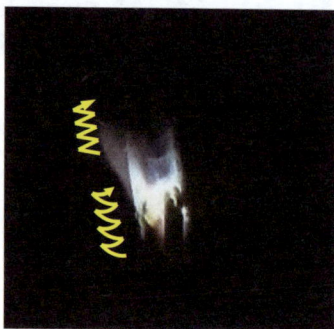

图4-21　填充层焊接时的运条

焊接过程中，焊条角度应根据管子的弧度随时变化，焊条角度可参考打底焊时的焊条角度。焊接时要始终保持短弧，熔池要力求保持椭圆形，并且大小一致，铁水清晰明亮。换焊条时（见图4-22），要迅速引弧，将电弧拉到弧坑中部（见图4-23），填满弧坑后，继续焊接。

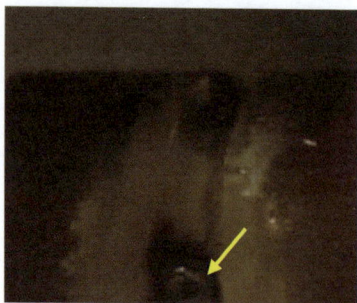

图4-22　换焊条时的弧坑

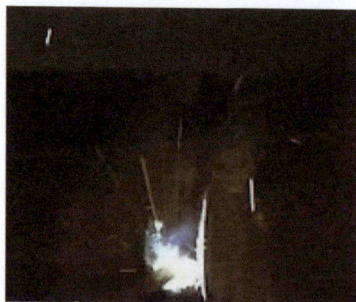

图4-23　引弧后将电弧拉到弧坑中部

前半圈在平焊部位（时钟12点位置）收弧时，应使弧坑成斜坡状，为后半圈的接头创造条件。后半圈的填充层焊接同前半圈，在时钟12点位置收弧。

为了给盖面层焊接创造条件，坡口要留出少许，显示出坡口和焊缝的界线，便于焊接盖面层。填充层焊后焊道外观如图4-24所示。

图4-24　填充层焊后焊道外观

四、盖面焊

盖面焊缝不单是为了工艺美观，也反映了质量的好坏。在通常情况下，均应按技术条件规定控制咬边、焊缝过高或不足等缺陷。焊接盖面层时，为了使中间焊缝高一些，可采用月牙形运条方法，使两边敷焊2～3mm左右，并注意不要出现咬边。加强面焊接时，要注意接头与前一层的接头要错开。对于合金钢管还要求进行退火焊道。事先就应使表面不至过高，以便退火焊道高度适宜。

焊接时，首先要仔细清理打底层焊缝与坡口两侧母材夹角处的焊渣、焊点与焊点叠加处的焊渣，然后在5~6点位置引弧后（见图4-25），长弧预热仰焊部位，将熔化的第一、二滴熔滴甩掉（温度低，熔滴流动性不好），以短弧的方式向上送熔滴，采用月牙形运条或横向锯齿形运条法施焊（见图4-26）。焊接过程中始终保持短弧，焊条摆至两侧时要稍作停顿，将坡口两侧边缘熔化1~2mm，使焊缝金属与母材圆滑过渡，防止咬边缺陷。

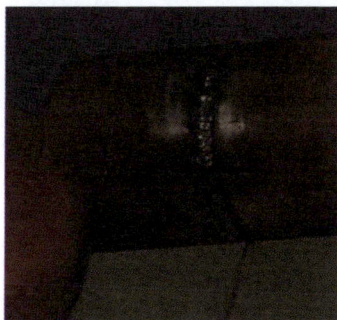

图4-25　盖面层引弧

图4-26　盖面层施焊

焊接过程中，熔池始终保持椭球形状且大小一致，熔池明亮清晰。前半圈收弧时，要对弧坑稍填些熔化金属，使弧坑成斜坡状，为后半圈焊缝收尾创造条件。用碱性焊条焊接盖面层时，始终用短弧预热、焊接，引弧时采用划擦法。

由于根部打底层焊缝已经焊完，盖面层焊缝与根部是否焊透无关，主要技术问题是盖面层焊缝应成形良好，余高应符合技术规定，焊缝与母材圆滑过渡，无咬边等缺陷。为此，焊条与管子切线（焊接方向）夹角应比打底层焊接稍大于5°左右，具体焊接位置的焊条角度如图4-27所示。

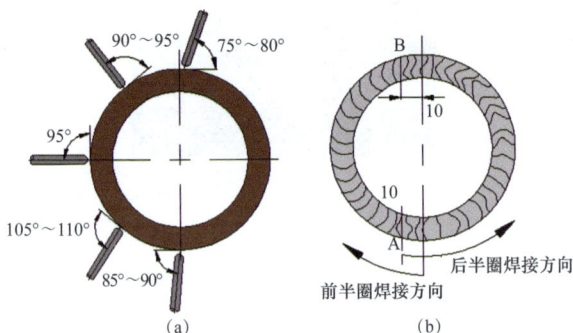

图4-27　盖面焊的焊条角度与焊接位置
(a) 各位置的焊条角度；　(b) 接头位置与焊接方向

其中，时钟6~7点位置（仰焊位）的焊条与管切线（焊接方向）夹角为85°~90°，时钟7~8点位置（仰位爬坡焊）的焊条与管切线（焊接方向）夹角为105°~110°，立焊位置焊条与管切线（焊接方向）夹角为95°，时钟10~11点位置（立位爬坡焊）的焊条与管切线（焊接方向）夹角为90°~95°，平焊位置焊条与管切线（焊接方向）夹角为75°~80°。前半圈焊接收弧时，对弧坑稍填些熔化金属，使弧坑形成斜坡状，为后半圈焊缝收尾创造条件。焊接后半圈之前，应把前半圈起头部位焊缝焊渣敲掉10~15mm，焊缝收尾时注意填满弧坑。

盖面层焊接的接头方法多采用热接法，在熔池前10mm处引弧，将电弧引至熄弧处预热（见图4-28），当预热处开始熔化时，焊条以月牙形运条或横向锯齿形运条法施焊，始终保持短弧焊接，使焊缝金属与母材达到圆滑过渡，避免产生咬边缺陷。图4-29和图4-30分别为平焊位置（时钟12点位置）和仰焊位置（时钟6点位置）时的焊后接头外观。盖面层焊后焊道外观如图4-31所示。

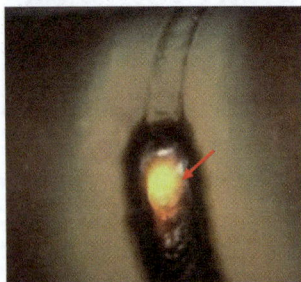

图4-28　换焊条后要预热熄弧处

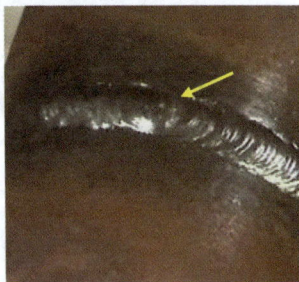

图4-29　盖面层平焊位置的焊道接头

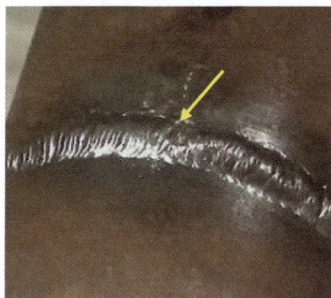

图4-30　盖面层仰焊位置的焊道接头

图4-31　盖面层焊后焊道外观

第三节　垂直固定管的焊接

垂直固定管即管子处于垂直或接近于垂直位置，而焊缝则处于水平位置，下坡口能托住熔化的铁水，不至于流失。但铁水因自重下淌，呈泪珠状，要控制焊波成形比立焊困难。而且采用多层焊，焊道不断重叠，最易引起层间焊不透和夹渣。

一、装配及定位焊

为了充分发挥横焊接头少的特点，能不定位的尽量不定位。一般小径管定位一处，中径或大径管定位两处。定位高度和长度与水平固定管焊（全位置焊）要求相同。

为了使焊口对正，管子端面应垂直于管子轴线。焊接之前，坡口及其两侧20mm范围内应清除锈污，露出金属光泽，装配方法参考水平固定管焊接相关部分，装配定位完成后如图4-32所示。

当对口两侧管径不等，即出现错口时，可将直径较小的管子置于下方，并且保证沿圆周方向的错口大小均等，要绝对避免偏于一侧集中错口。若错口值很大时，将不可能熔透，在根部必然产生咬边缺

图4-32　垂直固定管焊时焊件的装配与定位

陷，这种缺陷会引起应力集中，从而导致焊缝根部破裂，如图4-33所示。但错口大于2mm时则必须加工，使其内径相同，加工坡度为1：5，如图4-34所示。

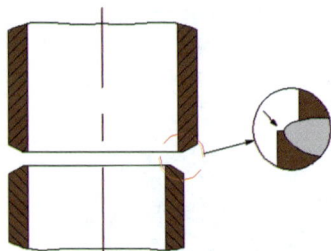

图4-33　错口接头

50mm

加工坡度1∶5

图4-34　管子内圆加工示意图

二、打底焊

横焊比较容易掌握，只要注意焊条角度、焊接电流、焊接速度，不出焊瘤和夹渣就行了。第一层焊波要求在坡口正中偏下，焊缝的上部不要有尖角，下部不得有粘合缺陷。

根据点焊位置选定起焊点引弧，先用长弧预热坡口两侧，待坡口接近熔化温度时，压低电弧，先将钝边熔化成一个熔孔，以保证底层熔透和控制熔池温度，从坡口下侧引入焊道形成熔池，如果从坡口上侧引入时，熔滴会坠落在未熔化的坡口下侧表面上形成粘合缺陷。由于重力的作用，熔池金属向下淌，此时可将焊条朝上，并作小的摆动。为了避免因操作不当而在底层造成夹渣、气孔等，焊接时电流可稍增大些，或压低电弧，运条速度不宜太快。熔池形状尽可能控制为斜椭圆形。如果熔渣和铁水混合不清，可将电弧略为拉长向后带一下，熔渣即被吹向后方与铁水分离，随后采用直线运条法施焊。焊条角度基本垂直于坡口，采用顶弧焊接。

如果坡口间隙较大时，可将焊条上下摆动，形成较宽的焊道来完成第一层，有时也可采用两道焊波完成第一层。当间隙较小时，电弧要短，电流要大，并要使焊条沿焊缝纵向来回挑弧，使焊条在坡口根部多停留时间确保根部焊透。当更换焊条时，动作要快，即保持焊缝红热状态接上电弧。当焊完一周回到始焊处接头时，焊条要垂直对准始焊处，并将焊条向根部压一下，待听到击穿声，即表示接头处熔透，这时焊条再略加摆动，填满熔池而收弧。具体可分别采用连弧焊和灭弧焊进行操作。

1.连弧焊

采用连弧焊技法打底焊时，起弧位置应在坡口的上侧（见图4-35），当上侧钝边熔化后，再把电弧引至钝边的间隙处，这时焊条应往下压（见图4-36），焊条与下管壁夹角可适当增大，当听到电弧击穿坡口根部，发出"噗噗"的声音后并且钝边每侧熔化0.5~1mm，形成了第一个熔孔时，引弧工作完成。

焊条与下管壁夹角为70°~80°，与焊点处管切线（沿焊接方向）方向夹角为75°~85°，如图4-37所示。

　　焊接时，焊接方向由左向右，采用斜椭圆形运条法，并始终保持短弧施焊（见图4-38）。

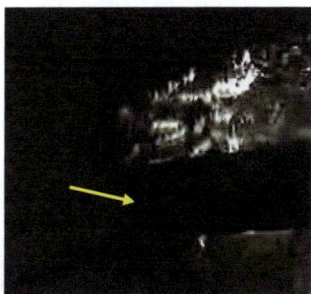

图4-35　在坡口上侧引弧

图4-36　焊条下压

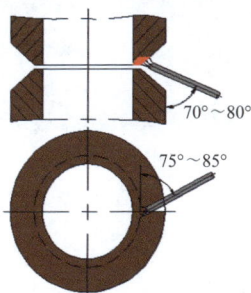

图4-37　打底层（连弧焊）的焊条角度

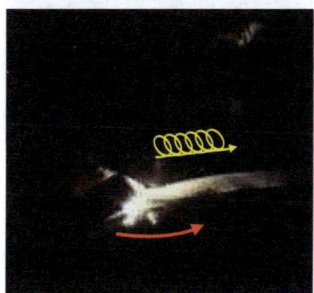

图4-38　打底层连弧焊的焊接

　　焊接过程中，为了防止熔池金属产生泪滴形下坠，电弧在上坡口侧停留的时间应略长些，同时要1/3电弧通过坡口间隙在管内燃烧。电弧在下坡口侧只是稍加停留并有2/3的电弧通过坡口间隙在管内燃烧。打底层焊道应在坡口正中偏下，焊缝上部不要有尖角，下部不允许有熔合不良等缺陷出现。

　　与定位焊缝接头时，当焊接到定位焊缝根部，焊条要向根部间隙位置顶一下（见图4-39），当听到"噗噗"声后，将焊条快速运条到定位焊缝的另一端根部预热（图4-40），看到端部定位焊缝有"出汗"现象时，焊条要往下压，听到"噗噗"声后稍作停顿预热处理，即可仍以椭圆形运条继续焊接。

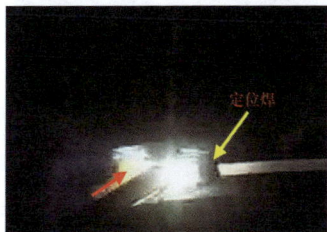

图4-39　焊条向定位焊缝根部间隙顶一下

图4-40　焊条在定位焊缝另一端根部预热

更换焊条时，接头方法有热接法和冷接法两种，打底层焊缝更换焊条时多用热接法，这样可以避免背面焊缝出现冷缩孔或未焊透、未熔合等缺陷。

采用热接法时，在焊缝收弧处熔池尚保持红热状态时（见图4-41），迅速更换完焊条并在收弧斜坡前10~15mm处引弧，然后将电弧拉到斜坡上运条预热（见图4-42），在斜坡终端最低点处压低电弧，击穿坡口根部后，稍停一下，使钝边每侧熔化0.5~1mm并形成熔孔，即可恢复原来的操作手法继续焊接，热接法换焊条动作应越快越好。

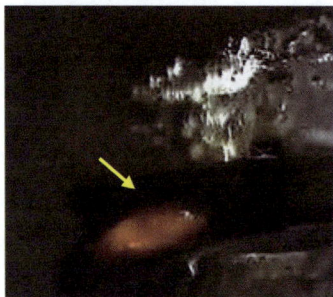

图4-41　收弧处熔池保持红热状态

图4-42　引弧后再收弧处斜坡上预热

采用冷接法时，焊缝熔池已经凝固冷却。焊接引弧前，在收弧处用角向磨光机或锉刀等修磨出斜坡，然后在斜坡前10~15mm处引弧并运条预热斜坡，在斜坡终端最低点处有"出汗"现象时，压低电弧击穿坡口根部，同时稍作停顿，使钝边每侧熔化0.5~1mm并形成熔孔，这时可恢复原来操作手法继续焊接。

当焊条接近始焊端起弧点进行收弧时（见图4-43），焊条要在始焊端收口处稍作停顿预热，看到有"出汗"现象时，将焊条向坡口根部间隙处下压，让电弧击穿坡口根部，听到"噗噗"声后稍作停顿，然后继续向前施焊10~15mm，填满弧坑即可（见图4-44）。

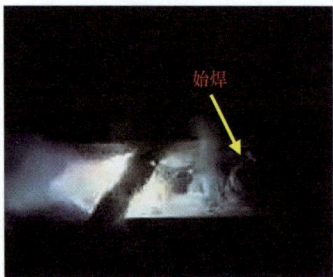

始焊

图4-43　焊接到始焊端准备收弧

图4-44　填满弧坑

2. 灭弧焊

采用灭弧焊技法打底焊时，起弧位置同样在坡口的上侧，电弧引燃后，对起弧点处坡口上侧钝边进行预热，上侧钝边熔化后，再把电弧引至钝边的间隙处，使熔化金属充满根部间隙。这时，焊条向坡口根部间隙处下压，同时焊条与下管壁夹角适当增大，当听到电弧击穿根部发出"噗噗"的声音后，钝边每侧熔化0.5~1mm并形成第一个熔孔时，完成引弧。

焊接时的焊条角度同连弧焊时的焊条角度，如图4-36所示。

灭弧焊单面焊双面成形有三种焊接手法，即一点焊法、二点焊法和三点焊法。当管壁厚为2.5~3.5mm，根部间隙小于2.5mm时，由于管壁较薄，焊接多采用一点焊法；根部间隙大于2.5mm时，采用二点焊法；当管壁厚大于3.5mm，根部间隙小于2.5mm时，采用一点焊法；根部间隙大于2.5mm时，可采用二点焊法，根部间隙大于4mm时，要采用三点焊法。

焊接时从左向右进行焊接，逐点将熔化金属送到坡口根部（见图4-45），然后迅速向侧后方灭弧（见图4-46），灭弧动作要干净利落，不拉长弧，防止产生咬边缺陷。灭弧与重新引弧的时间间隔要短，灭弧频率以70~80次/min为宜。灭弧后重新引弧的位置要准确，新焊点应与前一个焊点搭接2/3左右。

图4-45 引弧焊接

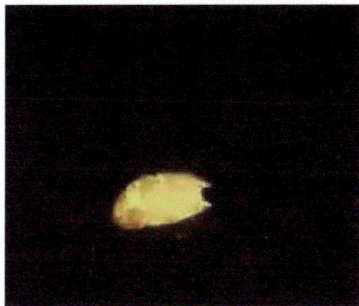

图4-46 灭弧

焊接过程中要注意保持焊缝熔池形状与大小基本一致，熔池中液态金属与熔渣要分离并保持清晰明亮，焊接速度要保持均匀。

灭弧焊时，与定位焊缝的接头、收弧操作及更换焊条接头方法与连弧焊时相同。

三、填充焊

中间焊缝对中、小径的薄壁管，可采用一道焊波为一层的施焊方法，不采用多道焊法，这样焊道少，出现缺陷的机会少，效率又高，但此焊法操作工艺较难掌握。对于大、中径的厚壁管，可采用多层多道焊法，此方法容易掌握，但要注意焊道平整，不应出现深槽，努力做到工艺美观。

多层多道焊时选择电流要稍大些，采用直线运条，焊道间要充分熔化。焊接速度要适当，运条过程中在凸处要快，凹处要慢，焊道自下而上应排列紧凑，焊条的倾角随焊道部位而变，即下部倾角要大，上部倾角要小。例如，填充层采用两道焊缝焊接时，在焊接紧挨下坡口的第一道焊缝时，焊条与下部管子成95°左右的夹角。而第二道焊缝焊接时，焊条与下部管子成85°左右的夹角。

在焊接过程中要保持熔池清晰，当熔渣与铁水分不清时，可拉长电弧往后带一下，将熔渣和铁水分离。

四、盖面焊

盖面焊的尺寸和全位置要求相同，但外表成形方法如果掌握不好，往往会焊道太多，顾此失彼；焊道间温差较大，出现明显的沟槽，中间部分凸不出来，最后一道焊缝又低不下去。针对这些问题，工艺和操作上可采用如下措施。

（1）在焊接中间层的最后一层时，坡口两边要留出少许，中间部位稍微突出，为得到凸起的加强面做好准备。

（2）盖面焊时，上下焊道要快，中间要慢，使加强面成为凸焊缝。

（3）焊道间可不清理渣壳，并要连续一次焊完，这样会减少温度下降，改善焊缝成形。

（4）最后的上部焊道，焊条倾角要变小，防止出现咬边现象。

焊前要仔细清理打底层焊缝与管子坡口两侧母材夹角处及焊点与焊点叠加处的焊渣。采用直线形运条法，不做横向摆动，自左向右，根据管壁厚度确定的盖面层焊道数，一道道地从最下层焊缝开始焊接，直至最上层盖面焊缝焊完并熔进上侧坡口边缘1~2mm为止，每道焊缝与前一道焊缝搭接1/3左右，盖面层焊缝与管应有2~3道焊缝，如图4-47所示。

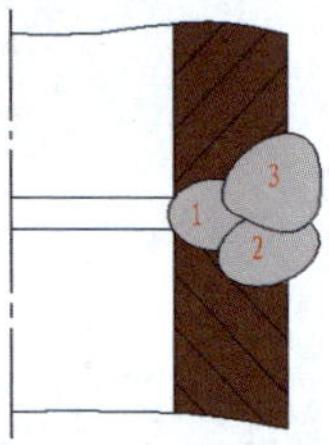

图4-47　盖面焊的焊接顺序

当盖面焊缝为两道焊缝时，第1道焊缝的焊条与下管壁夹角为75°～80°，第2道焊缝的焊条与下管壁夹角为80°～90°，如图4-48（a）所示；当盖面焊缝有三道焊缝时，第1道焊缝的焊条与下管壁夹角为75°～80°，第2道焊缝的焊条与下管壁夹角为95°～100°，第3道焊缝的焊条与下管壁夹角为80°～90°，如图4-48（b）所示。

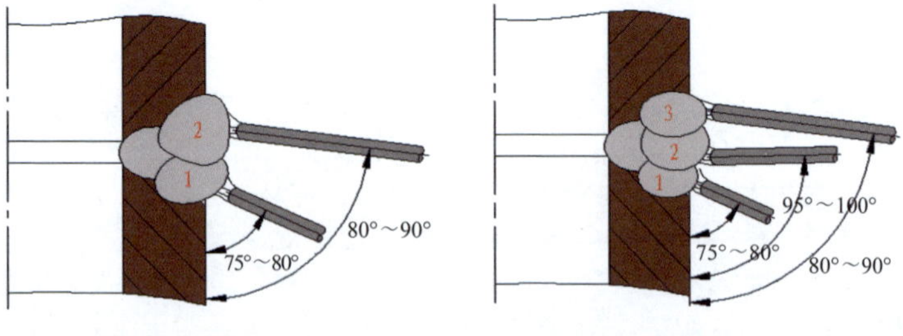

(a)　　　　　　　　　　(b)

图4-48　盖面层的焊接角度

(a) 盖面层为两道焊缝；　(b) 盖面层为三道焊缝

所有盖面焊道，焊条与焊点处管切线焊接方向夹角均为80°～85°，如图4-49所示。

盖面焊道为三道焊缝时，每道焊缝应与前一道焊缝搭接1/2左右，与管件下坡口相接的第1道焊缝应熔化坡口边缘1~2mm为宜，第2道焊缝要比第1道焊缝速度稍慢些，使焊缝中部熔池凝固后形成凸起，第3道焊缝焊接速度应比第2道焊缝稍快，便于形成与上坡口边缘相接的圆滑过渡焊缝，并熔入上坡口边缘1~2mm。

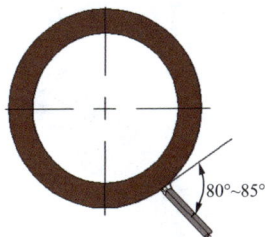

图4-49 焊条与焊接方向（管切线）夹角

接头方法通常采用热接法，其操作技巧见打底焊。另外，当单人焊接较大直径管道时，如果沿圆周连续施焊，则变形较大，必须采用反方向分段跳焊法来焊接，如图4-50所示。

盖面焊焊后的焊道如图4-51所示。

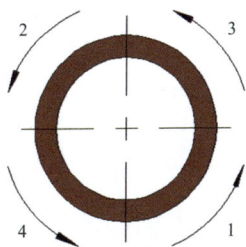

图4-50 反向分段跳焊法

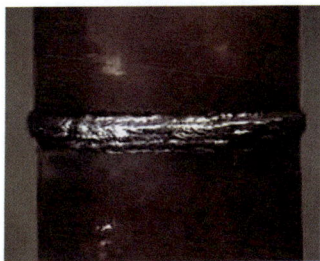

图4-51 盖面焊焊道外观

第四节 倾斜固定管的焊接技巧

这种管子是介于垂直固定管和水平固定管之间的一种焊接操作，绝大部分是小直径管，但焊接电流要比水平固定管时稍微大一些，一般不超过垂直固定管时所用的焊接电流。

操作上与前两种情况有许多共同之处，但有它独特的地方。通常，管子与水平夹角呈60°以上的，按垂直固定管工艺进行焊接，小于15°的按吊焊工艺进行焊接，介于15°～60°之间的焊口（例如图4-52的倾斜45°固定管），工艺上具有下列特点。

（1）坡口及接口要求与同类型水平固定管相同，根据管径大小进行定位焊。

（2）焊缝的空间位置随倾角而变化，再加上周围密集工件的影响，焊工操作需随机应变，不能千篇一律。

（3）焊缝的几何尺寸不易控制，内壁上上凸下凹，外表粗糙不平等现象，较难克服。

（4）上侧焊缝容易产生咬边。

图4-52 倾斜45°固定管

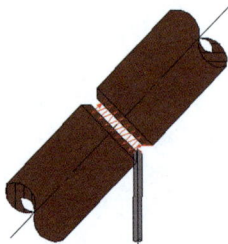

图4-53 倾斜固定管的根部运条与焊条角度

一、打底焊

打底焊焊缝的焊接方法和全位置焊法相同，即分两半焊成。前半部引弧后用长弧对准坡口两侧预热，待管壁温度明显上升时，压低电弧，击穿钝边，上铁水，并向前进行焊接，焊条也要随焊缝位置转换角度。但由于管子是倾斜的，熔化铁水有从坡口上侧向下侧坠落的趋势，因此，焊接过程中，焊条要始终偏于垂直位置，并运用斜锯齿形运条方法，如图4-53所示。当熔池温度过高，铁水有下淌趋势，在使用酸性焊条时可采用灭弧方法降温。当使用碱性焊条时，可用电流调节器由焊工自行调整电流，或采用焊条在熔池上来回摆动，达到降温的目的。

管子倾斜焊口的仰、平焊位置的接头方法与全位置管焊法相同。焊接后半部时，接头方法与水平固定等焊接时相同，但应特别注意相背接头处要特别注意焊薄一些，使坡口两侧界线分明，为盖面焊准备条件。

二、盖面焊

倾斜固定管的盖面焊，不论起头、运条、收尾都有其独特的地方。

1. 仰焊部位

打底焊焊完后的焊缝较宽，如图4-54（a）所示。引弧后首先要在最低处按1、2、3、4的顺序堆焊起来，然后才能在水平线上摆动，堆层要薄，并能平滑过渡，使后半部的起头从5、6一带而过，形成良好的"入"字形接头。其接头的起焊点均超过管子半圆的10～20mm，横向摆动幅度自仰焊至立焊部位越来越小，在接近平焊处摆幅再次增大，为防止熔化金属偏坠，运条方向也要随之改变，接头时，从Ⅰ点起焊，电弧略长，摆幅从Ⅰ～Ⅱ点逐渐增大，如图4-55所示。

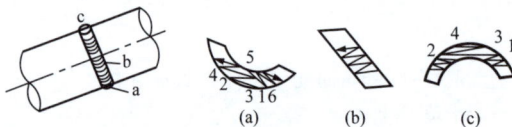

图4-54 管道斜焊焊缝

（a）仰焊部位；（b）立焊部位；（c）平焊部位

2. 立焊部位

管子倾斜角度不管大小，工艺上一律要求焊波呈水平或接近水平方向，否则成形不好。因此，焊条总保持在垂直位置，并在水平线上左右摆动，以获得较平整的加强面，如图4-54（b）所示。摆动到两侧要停留足够的时间，使铁水的覆盖量增加，以保证不出现咬边现象。

3. 平焊部位

相向接头在斜焊焊缝的最高处，水平焊波形成"宝塔"状尾部，如图4-54（c）所示，1～4部分依靠后半部焊缝来完成，在该处出现内部缺陷的机会较少，但对工艺美观影响较大。平焊部位接头时，为防止咬边，应选用较小的焊接电流，焊条在坡口上侧停留时间要长一些，如图4-56所示。

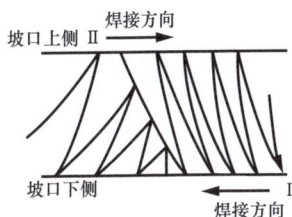

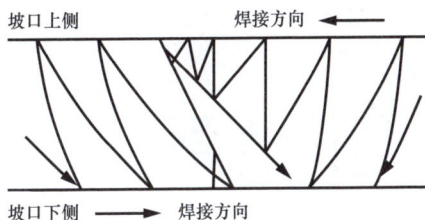

图4-55 管子斜焊时仰焊部位的接头方式　图4-56 管子斜焊时平焊部位的接头方式

第五节　管板水平固定焊

管板水平固定焊又称为管板全位置固定焊，其焊接状态如图4-57所示。

装配前，坡口及其两侧20mm范围内应清除锈污，露出金属光泽，装配时要保证管子轴线与板孔的轴线对正，装配间隙可借助铁线或废旧焊条或焊芯来保证（见图4-58）。定位焊缝一般焊两处，如图4-59所示。定位点固后，还需要用角向磨光机将定位焊缝两端修磨成缓坡形（斜坡状），如图4-60所示。

图4-57　全位置焊固定管板　　图4-58　采用焊芯保证装配间隙

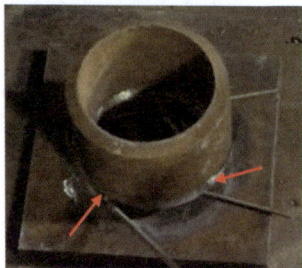

图4-59 定位焊缝位置

图4-60 定位焊缝两端修磨成缓坡形

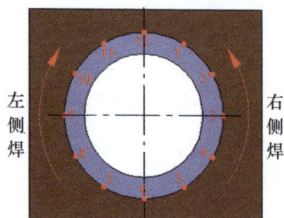

图4-61 左侧焊与右侧焊位置

一、打底焊

施焊前须将待焊处的污物除净，采用直径3.2mm的焊条，焊接电流95～105A。要求充分熔透根部，以保证底层焊接质量。操作时可分为右侧与左侧两部分（见图4-61）。在一般情况下，先焊右侧部分，因为在以右手握焊钳时，右侧便于在仰焊位置观察与焊接。

1.右侧焊

（1）引弧。由4点处的管子与底板的夹角处向6点以划擦法引弧。引弧后将其移到6～7点之间进行1～2s的预热，再将焊条向右下方倾斜，其角度如图4-62所示。然后压低电弧，将焊条端部轻轻顶在管子与底板的夹角上，进行快速施焊。施焊时，要使管子与底板达到充分熔合，同时焊层也要尽量薄些，以利于与左侧焊道搭接平整。

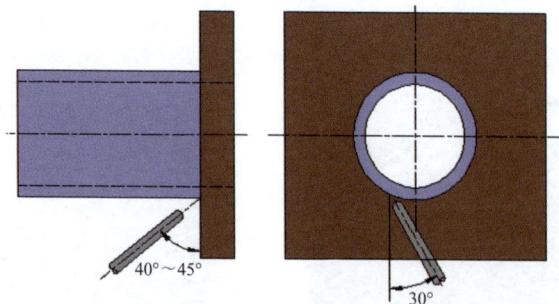

图4-62 右侧焊时的焊条角度

（2）6～5点位置的操作。用斜锯齿形运条，以避免焊瘤的产生。焊接时焊条端部摆动的倾斜角度是逐渐变化的。在6点位置时，焊条摆动的轨迹与水平线呈30°夹角；当焊至5点时，夹角为0°（见图4-63）。运条时，向斜下方摆动要快，到底板面（即熔池斜下方）时要稍作停留；向斜上方摆动相对要慢，到管壁处再稍作停顿，使电弧在管壁一侧的停留时间比在底板一侧要长些，其目的是为了增加管壁一侧的焊脚高度。运条过程中始终采用短弧，以便在电弧吹力作用下，能托住下坠的熔池金属。

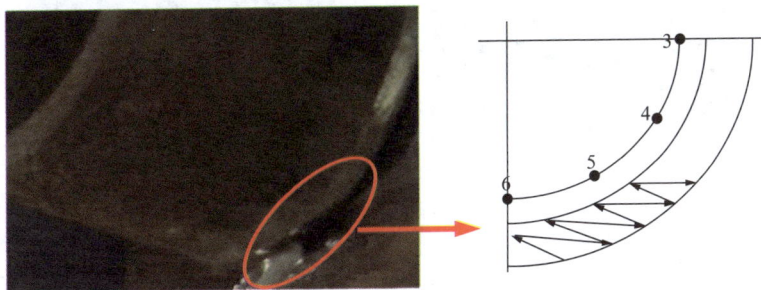

图4-63　6~5点位置时的运条

（3）5~2点位置的操作。为控制熔池温度和形状，使焊缝成形良好，应用灭弧焊法施焊。灭弧焊焊的操作要领为：当熔敷金属将熔池填充得十分饱满，使熔池形状欲向下变长时（见图4-64），握焊钳的手腕迅速向上摆动，挑起焊条端部熄弧，待熔池中的液态金属将凝固时，焊条端部迅速靠近弧坑，引燃电弧（见图4-65），再将熔池填充得十分饱满。如此引弧、熄弧不断进行。每熄弧一次的前进距离约为1.5~2mm。

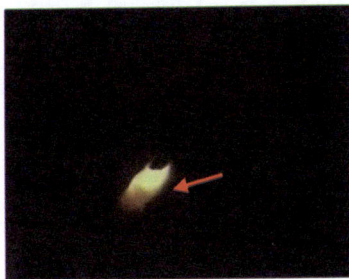

图4-64　熔池形状欲向下变长时熄弧

图4-65　引燃电弧进行焊接

在进行灭弧焊时，如果熔池产生下坠，可采用横向摆动，以增加电弧在熔池两侧的停留时间，使熔池横向面积增大，把熔敷金属均匀分散在熔池上，使其成形平整。为使熔渣能自由下淌，电弧可稍长些。

换焊条时（见图4-66），迅速更换完焊条并在收弧斜坡前10~15mm处引弧，然后将电弧拉到斜坡上运条预热（见图4-67），在斜坡终端最低点处压低电弧，击穿坡口根部后，稍停一下，使钝边每侧熔化0.5~1mm并形成熔孔，然后继续焊接，换焊条动作应越快越好。

图4-66 换焊条时的弧坑

图4-67 换焊条后预热弧坑

（4）2~12点位置的操作。为防止因熔池金属在管壁一侧的聚集而造成焊低脚或咬边（见图4-68），应将焊条端部偏向底板一侧，按图4-69所示方法作短弧斜锯齿形运条，并使电弧在底板侧停留时间长些。如采用灭弧焊时，在2~4次运条摆动之后，熄弧一次。当施焊至12点位置时，以灭弧或挑弧法，填满弧坑后收弧（见图4-70）。

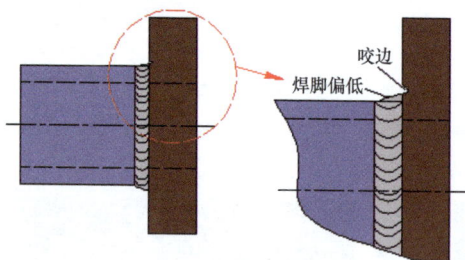

图4-68 产生焊脚偏低和咬边的位置

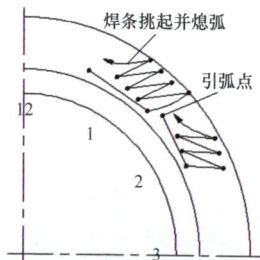

图4-69 2~12点位置的运条

2. 左侧焊

施焊前，将右侧焊缝的始、末端熔渣除尽，并打磨成斜坡状（见图4-71）。如果6~7点处焊道过高或有焊瘤、飞溅时，必须进行修整或清除。左侧焊除焊道始端和末端外，其他部其他操作均与右侧焊相同。

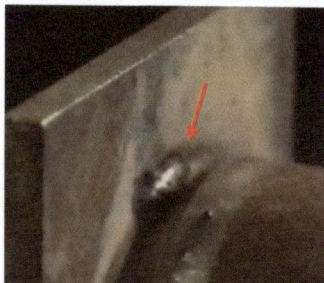

图4-70 右侧焊后情形（时钟12点位置）

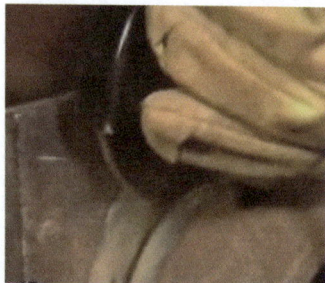

图4-71 右侧焊的焊道两端修磨成斜坡状

（1）焊道始端的连接。由8点处向右下方以划擦法引弧，将引燃的电弧移到右侧焊缝始端（即6点位置）进行1~2s的预热，然后压低电弧（焊条倾斜角度及其变化情况见图4-72），以快速小斜锯齿形运条，由6点向7点进行焊接，但焊道不宜过厚。

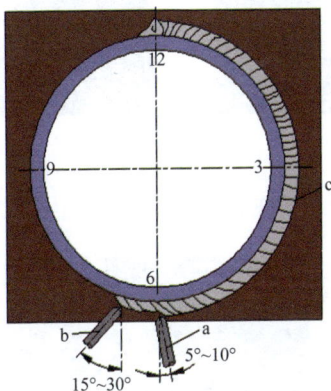

图4-72　右侧焊道与左侧焊道始焊端的连接
a—连接时的焊条角度；b—连接后的焊条角度；c—右侧焊缝

（2）焊道末端的连接。当左侧焊道于12点处与右侧焊道相连接时，须以挑弧焊或灭弧焊施焊。当弧坑被填满后（见图4-73），方可挑起焊条熄弧。打底焊完成后的焊道外观如图4-74所示。

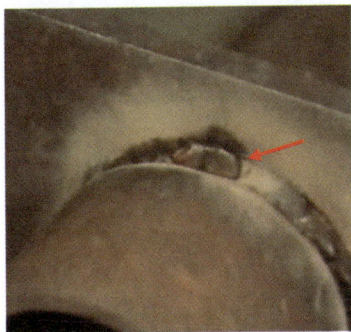

图4-73　接头处填满弧坑

图4-74　打底焊完成后的焊道外观

二、填充焊

接时，在仰焊部位起弧，采用斜锯齿形或斜圆圈形法运条，当摆动到两侧时，稍作停留（见图4-75），防止焊缝与母材未焊透，形成尖角。焊条与板材的夹角为25°~30°，与前进夹角随时调整。填充焊完成后的焊道外观如图4-76所示。

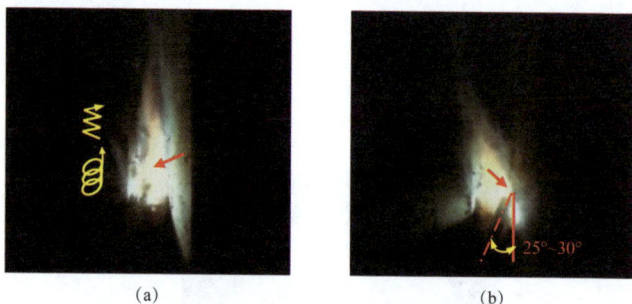

(a)　　　　　　　　(b)

图4-75　运条时在坡口两侧要稍作停留

(a) 管侧坡口处停留；(b) 板侧坡口处停留

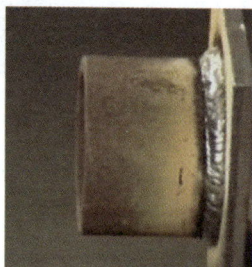

图4-76　填充焊完成后的焊道外观

三、盖面焊

采用直径3.2mm的焊条，焊接电流100~120A。操作时也分右侧焊与左侧焊两个过程，一般也是先右侧焊，后左侧焊。施焊前，须将打底焊道上的熔渣及飞溅全部清理干净。

1. 右侧焊

（1）引弧。由4点处的打底焊道表面向6点处以划擦法引弧。引燃电弧后，迅速将电弧（弧长保持在5~10mm）移到6~7点之间，进行1~2s预热，再将焊条向右下方倾斜，其角度如图4-77所示。然后，将焊条端部轻轻地顶在6~7点之间的打底焊道上，以直线运条施焊，焊道要薄，以利于与左侧焊道连接平整。

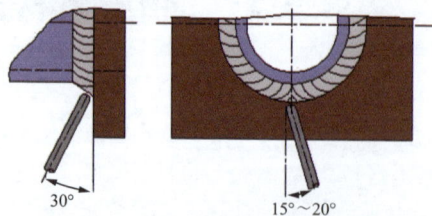

图4-77　盖面焊（右侧）的焊条角度

（2）6~5点位置的操作。该处须采用斜锯齿形运条，其操作方法与焊条角度同打底层操作。运条时由斜下方管壁侧的摆动要慢，以利于焊脚的增高；向斜上方移动要相对快些，以防止产生焊瘤。在摆动过程中，电弧在管壁侧停留的时间比在管板侧要长一些，这样，才能有较多的填充金属聚集在管壁侧，从而使焊脚得以增高。为保证焊脚高度达到所要求尺寸，焊条摆动到管壁一侧时，焊条端部距离底板表面应比焊脚高2mm左右，如图4-78所示。当焊条摆动到熔池中间时，应使其端部尽可能离熔池近一些，以利于短弧吹力托住因重力作用而下坠的液体金属，防止焊瘤的产生，并使焊道边缘熔合良好，成形平整。在焊接过程中，如果出现熔池金属下坠或管子边缘未熔合现象时，可增加焊条摆动的速度。当采用上述措施仍不能控制熔池的温度和形状时，必须采用灭弧法。

（3）5~2点位置的操作。由于此处温度局部增高，在焊接过程中，电弧吹力不但起不到上托熔敷金属的作用，而且还容易促进熔敷金属的下坠，因此，只能采用灭弧法，即当熔敷金属将熔池填充的十分饱满并欲下坠时，挑起焊条熄弧。待熔池将凝固时，迅速在其前方15mm处的焊道边缘处引弧，切不可直接在弧坑上引弧，以免因电弧的不稳定而使该处产生密集气孔。再将引燃的电弧移动到底板侧的焊道边缘上停留片刻，当熔池金属覆盖在被电弧吹成的凹坑上时，将电弧向下偏5°的倾角，同时通过熔池向管壁侧移动，使其在管壁侧再停留片刻。当熔池金属将前弧坑覆盖2/3以上时，迅速将电弧移到熔池中间熄弧，灭弧如图4-79所示。在一般情况下，熄弧时间为1~2s，熄弧时间为3~4s。相邻熔池重叠间距（即每熄弧一次，熔池前移距离）为1~1.5mm。

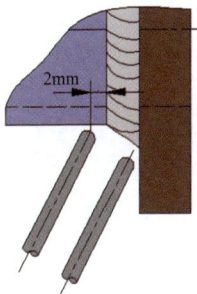

图4-78　盖面层（右侧）焊条摆动距离　　图4-79　盖面层（右侧）灭弧法示意图

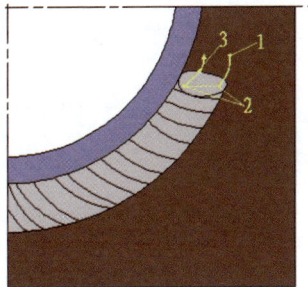

（4）2~12点位置。该处逐渐成为类似平角焊接的位置。由于熔敷金属在重力作用下，易向熔池低处（即管壁侧）聚集，而处于焊道上方的底板侧又容易被电弧吹成凹坑，形成咬边，难以达到所要求焊脚尺寸。因此应采用由左（管壁侧）向右（底板侧）运条的灭弧法，即焊条端部在距离原熔池10mm处的管壁侧引弧，然后将其缓慢移至熔池下侧停留片刻，待形成新熔池后再通过熔池将电弧移到熔池斜上方，以短弧填满熔池，再将焊条端部迅速向左侧挑起熄弧。当焊至12点处时，将焊条端部靠在打底焊道的管壁处，以直线运条至12～11点

之间收弧，为左侧焊道的末端接头打好基础。焊接过程中，可摆动2~3次再熄弧一次，但焊条摆动时向斜上方要慢，向下方要稍快。在此段位置的焊条摆动路线如图4-80所示。在焊接过程中，更换焊条的速度要快。再引燃电弧后，焊条倾角须比正常焊接时向下倾斜10°~15°，并使第一次燃弧时间稍长一些，以免接头处产生凹坑。

2. 左侧焊

施焊前，先将右侧焊道的始、末端熔渣除尽，如果接头处有焊瘤或焊道过高，须加工平整。

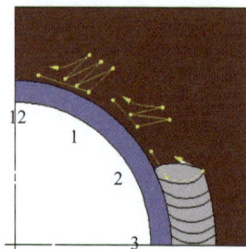

图4-80　盖面层（右侧）灭弧焊时的运条

（1）焊道始端的连接。由8点处的打底焊道表面，以划擦法引弧后，将引燃的电弧拉到右侧焊缝始端（6点处）进行1~2s的预热，然后压低电弧。焊条倾角与焊接方向相反，如图4-81（a）所示。6~7点处以直线运条，逐渐加大摆动幅度，摆动时的焊条角度变化如图4-81（b）所示。摆动的速度和幅度由右侧焊道搭接处（6~7点之间的一小段焊道）所要求的焊脚速度、焊道厚度来确定，以获得平整的搭接接头为目的。

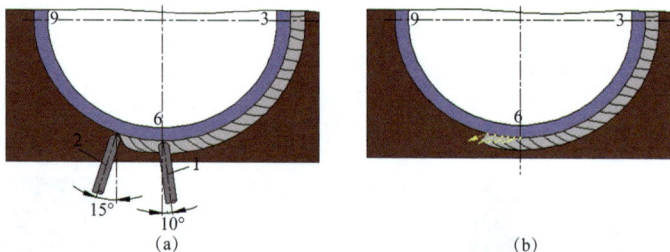

(a)　　　　　　　　　　　(b)

图4-81　焊缝连接时的焊条角度与运条

(a) 焊条角度；(b) 运条形式
1—连接时的焊条角度；2—连接后的焊条角度

（2）焊道末端的连接。当施焊至12点处时，作几次挑弧动作将熔池填满即可收弧。左侧焊的其他部位的焊接操作，均与右侧焊相同。

盖面层焊后的焊道如图4-82所示。

图4-82　盖面层焊后焊道情形

第六节 管板垂直固定焊操作技巧

管板垂直固定焊时的装配与定位焊参考上一节的管板水平固定焊装配与定位焊相关内容，装配并定位后的焊接状态如图4-83所示，定位焊缝同样要打磨成斜坡状，以利于以后的焊接。

图4-83 管板垂直固定焊

一、打底焊

打底焊主要保证根部焊透，底板与立管坡口熔合良好，背面成形无缺陷。焊接时，首先在左侧的定位焊缝上引弧，稍加预热后开始由左向右移动焊条，当电弧移到定位焊缝的前端时，开始压低电弧，向坡口根部的间隙处送焊条，等形成熔孔后，保持短弧并做小幅度的锯齿形摆动，电弧在坡口两侧稍加停留（见图4-84）。打底焊时，焊接电弧的大部分覆盖在熔池上，另一部分保持在熔孔处，保证熔孔大小一致，如果控制不好电弧，容易产生烧穿或熔合不好。打底焊时的焊条角度如图4-85所示。

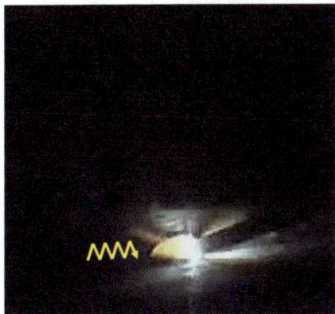

图4-84 打底层的焊接

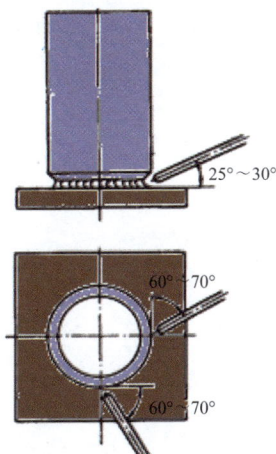

图4-85 平角焊打底焊焊条角度

焊接过程中由于焊接位置不断地发生变化，因此，要求焊工手臂和手腕要相互配合，保证合适的焊条角度，控制熔池的形状和大小。打底焊的接头一般采用热接法（见图4-86），因为打底焊时的熔池较小，凝固速度快，因此一定要注意接头速度和接头位置。如果采用冷接法，一定要将接头处处理成斜面后再接头。焊最后的封闭接头时，要保证焊缝有10mm左右的重叠，填满弧坑后熄弧（见图4-87）。打底焊完成后的焊道外观如图4-88所示。

图4-86　接头采用热接法

图4-87　填满弧坑后熄弧

图4-88　打底焊完成后的焊道外观

二、填充焊

填充焊前，要将打底层焊道的熔渣清理干净，处理好焊接有缺陷的地方。焊接时要保证底板与管的坡口处熔合良好。填充层的焊缝不能太宽、太高，焊缝表面要保持平整。填充焊时的焊条角度如图4-89所示。采取多道焊时，要注意调整焊条角度，以便焊缝成形美观和便于操作，具体可参考板材的平角焊部分内容。填充焊完成后的焊道外观如图4-90所示。

图4-89　填充层焊道情形

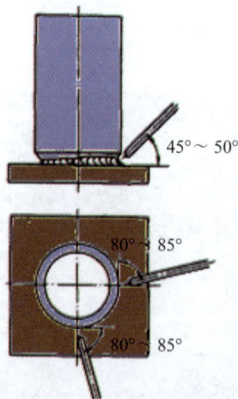

图4-90　填充焊时的焊条角度

三、盖面焊

盖面焊焊接前同样要将填充层焊道的熔渣清理干净，处理好局部缺陷。焊接下面的盖面焊道时，电弧要对准填充层焊道的下沿，保证底板熔合良好；焊接上面的盖面焊道时，电弧要对准填充焊道的上沿，该焊道应覆盖下面焊道的一半以上，保证与立管熔合良好。盖面焊时的焊条角度如图4-91所示。

盖面焊完成后的焊道外观如图4-92所示。

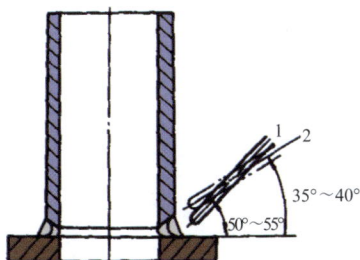

图4-91　盖面焊焊条角度

图4-92　盖面焊完成后的焊道外观

此外，管板垂直固定焊还有另一种情况，即管板垂直固定仰焊。当管板处于垂直固定仰焊状态时，其同样要进行打底焊、填充焊和盖面焊。

打底焊是要保证坡口根部与底板熔合良好，焊接时，引燃电弧后对始焊端先预热，然后将电弧压低，待形成熔孔后，开始小幅度锯齿形横向摆动，进入正常焊接。操作时，电弧尽量控制短些，保证底板与立管坡口熔合良好。打底层焊道的焊条角度如图4-93所示。

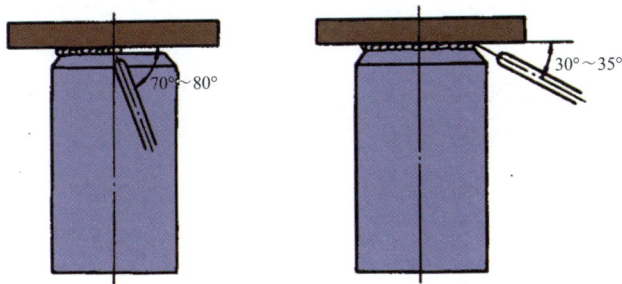

图4-93　打底层焊道的焊条角度

填充焊时的操作要领与打底焊基本相同，填充焊道的表面不能有局部突出的现象，保证焊道两侧熔合良好。盖面焊要先焊上面的焊道，后焊下面的焊道。焊上面的焊道时，摆幅加大，焊道的下沿要覆盖填充焊道的一半以上；焊下面的焊道时，焊道上沿与上面的焊道熔合良好，保证两条盖面焊道圆滑过渡，使焊缝外形成形良好。盖面焊焊道的焊条角度如图4-94所示。

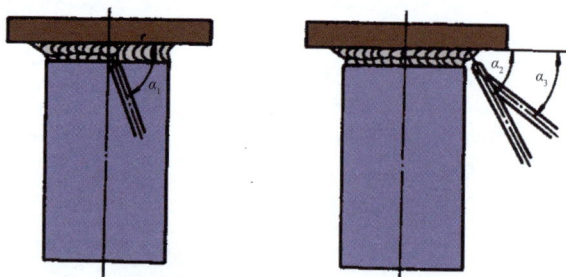

图4-94　盖面焊焊道的焊条角度
α_1—70°～80°；α_2—55°～60°；α_3—40°～45°

第五章　手工钨极氩弧焊

第一节　氩弧焊设备与焊丝

手工钨极氩弧焊是以氩气作为保护气体的一种电弧焊方法，如图5-1所示。氩气从焊枪的喷嘴喷出，在焊接区形成连续封闭的氩气层，使电极和金属熔池与空气隔绝，防止有害气体（如氧、氮等）侵入，对电极和焊接熔池起着机械保护的作用。同时，由于氩气是一种惰性气体，既不与金属起化学反应，也不溶解于液体金属，从而使母材中的合金元素不会烧损，焊缝不易产生气孔。因此，氩气保护是得到较高质量焊缝的有效、可靠方法。

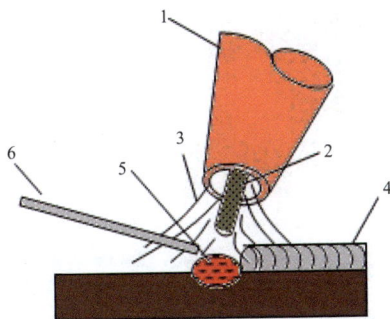

图5-1　手工钨极氩弧焊示意图

1—喷嘴；2—钨极；3—气体；4—焊道；5—熔池；6—填充焊丝

氩弧焊用的氩气，其纯度一般应大于99.95%。对化学性能活泼的金属，如铝、镁、钛、锆及其合金，氩气纯度要求应更高些。焊接用的纯氩是装在钢瓶内，在20℃时，满瓶压力为15MPa。氩气瓶涂灰色，并以绿色标有"氩气"的字样。

一、设备组成

手工钨极氩弧焊设备，一般包括弧焊电源、控制系统、焊枪、供气系统和水路系统等部分，图5-2为手工钨极氩弧焊设备系统图。

手工钨极氩焊机与手弧焊机在主回路、辅助电源、驱动电路、保护电路等方面都是相似的。但它又增加了手开关控制、高频高压控制、增压起弧控制等。其型号主要有WSE5系列交直流方波型、WSE系列交直流多用型（动铁芯硅整流组件）、WS系列IGBT逆变式直流型（如WS-400型）、WSM系列逆变式脉冲直流型（如WSM-250型）等。

手工钨极氩弧焊用的焊枪主要由焊枪体、喷嘴、电极夹、焊接电缆、气管、水管（小规范时可以不用）、按钮开关等组成，其作用是夹持钨极，传导电流和输送氩气。手工钨极氩弧焊的焊枪有水冷式和气冷式之分。图5-3为常用的氩弧焊枪。

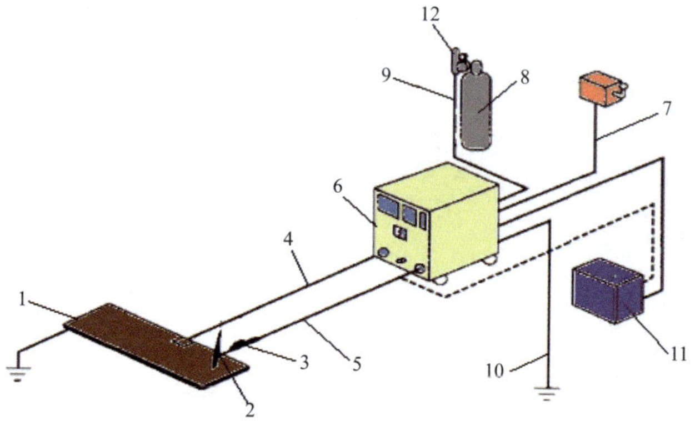

图5-2　手工钨极氩弧焊设备系统图

1—焊件；2—焊枪；3—焊枪开关；4—输出电缆；5—焊枪电缆；6—氩弧焊机；7—输入电缆；
8—氩气瓶；9—气管；10—接地电缆；11—冷却水循环装置（采用水冷焊枪时使用）
12—减压阀、流量计

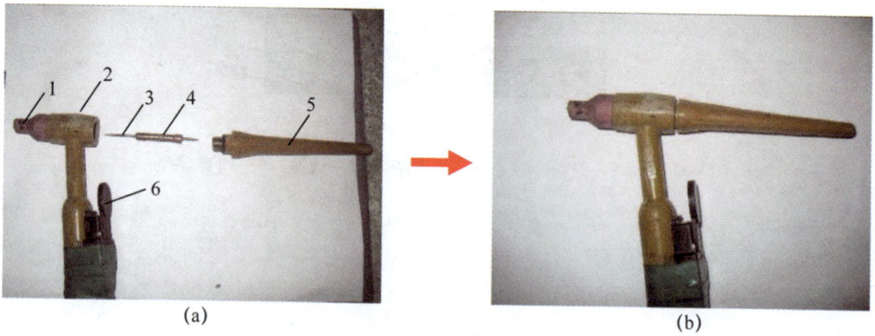

图5-3　氩弧焊焊枪

(a) 焊枪分解；　(b) 组装后
1—喷嘴；2—焊枪体；3—钨极；4—钨极夹头；5—盖帽；6—开关

　　钨极伸出长度是指钨极端头伸出喷嘴端面的距离，可以根据个人焊接手法和板厚来调节。作为钨极氩弧焊电极材料的钨极主要有纯钨、钍钨和铈钨三种，目前一般采用含氧化铈2%的铈钨极。

　　钨极直径的选择主要是根据焊件的厚度和焊接电流的大小来选择，焊件厚度1～3mm时，钨极直径为$\phi 2 \sim \phi 3$mm。采用不同电源极性和不同直径钨极的许用电流范围见表5-1。

表5-1　　　　　采用不同电源极性和不同直径钨极的许用电流范围

电极直径（mm）	使 用 电 流 范 围 （A）		
	直流正接	直流反接	交流
1.0	15～80	—	20～60
1.6	70～150	10～20	60～120
2.4	150～250	15～30	100～180
3.2	250～400	25～40	160～250
4.0	400～500	40～55	200～320
5.0	500～750	55～80	290～390
6.4	750～1000	80～125	340～525

钨极端部形状对电弧稳定性和焊缝的成形有很大影响，一般选用锥形平端和圆锥形（见图5-4）。磨制钨极的正确操作如图5-5所示。

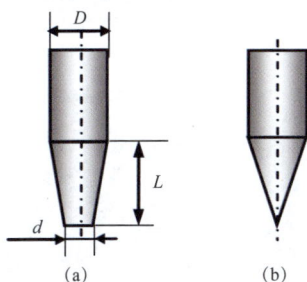

图5-4　钨极端头形状

(a) 锥台形；(b) 圆锥形；
D—钨极直径；d—端部直径（1/3D）；
L—（2～4）D

图5-5　磨制钨极的正确操作

当焊接电流超过200A时，为了提高电流密度和减轻焊枪质量，必须对焊接电缆、钨极和焊枪进行水冷。水路系统要求畅通无阻，并用水压开关或手动开关来控制冷却水的流量。水压开关与电源连锁，当水压不足时，焊机不能起动；只有水量充裕，水压开关才起作用。

氩弧焊供气系统由气瓶、减压器、电磁气阀、气体流量计等组成。其作用是使钢瓶内的氩气按一定的流量，从焊枪的喷嘴送入焊接区。流量计常用的是玻璃转子流量计，也可采用减压器和流量计一体的浮标式流量计，其流量调节范围有0~15L/min和0~30L/min两种，可根据实际需要来选用。

二、设备安装与使用

焊机安装以WS-250型晶闸管直流氩弧焊机为例，首先安装好焊枪配件（见图5-6），再把焊枪接线端按标识连接到焊机输出端，并接上控制线，地线一端同样按标识连接到焊机输出端（见图5-7），另一端连接到工件上（见图5-8）；将输气管接到氩气瓶的减压阀上（见图5-9），另一端按标识接到焊机的接气口上，然后安装接地线（见图5-10）；最后，将转换开关旋钮调到"380V"挡位置（见图5-11），再把焊机电源线接到380V电源开关的任意两项（见图5-12）。

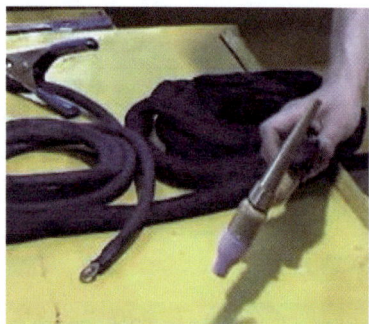

图5-6 装配焊枪

图5-7 焊机接焊枪、地线电缆及控制线

图5-8 地线另一端接工件

图5-9 输气管一端接氩气瓶的减压阀

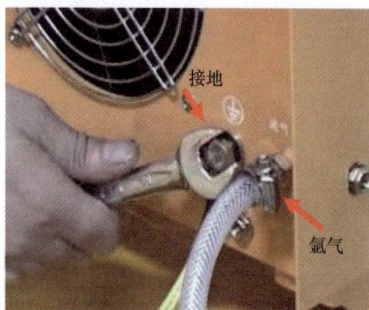

图5-10 焊机连接输气管与接地线

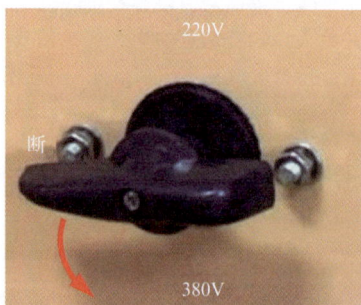

图5-11 转换开关调到"380V"挡

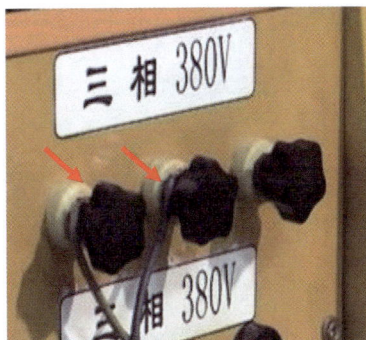

图5-12　焊机电源线连接电源

图5-13　打开焊机电源开关

图5-14　调节电流

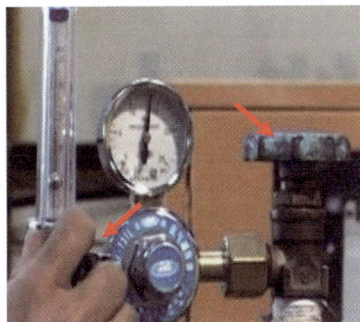

图5-15　调节氩气流量

调试或焊接时，合上电源开关，打开焊机电源开关（见图5-13），调整电流控制旋钮到合适位置（见图5-14），打开气瓶开关，打开减压阀并调整气体流量在3~10L/min左右（见图5-15），即可进行焊接。焊接结束后，依次断开焊机电源开关、关闭氩气和电源开关。

三、焊丝

焊丝（见图5-16）是焊接时作为填充金属或同时作为导电的金属丝。氩弧焊的焊丝通常按照焊件母材的化学成分和焊缝力学性能选用焊丝，有时也可采用母材的切条作为手工钨极氩弧焊的填充焊丝。

常用的实心焊丝牌号前第一字母用"H"表示焊接用实心焊丝，字母"H"后面的一位或两位数字表示含碳量，化学元素及其后面的数字表示

图5-16　焊丝

该元素大致的百分含量数值，当合金元素含量小于1%时，该元素化学符号后面的数字1省略。结构钢焊丝牌号尾部有"A"或"E"时，"A"表示为优质品，说明该焊丝的硫、磷含量比普通焊丝低；"E"表示为高级优质品，其硫、磷含量更低。实心焊丝牌号示例如图5-17所示。

有色金属及铸铁焊丝牌号前用两个字母"HS"表示焊丝，牌号第一位数字表示焊丝的化学组成类型："1"表示堆焊硬质合金类型，"2"表示铜及铜合金类型，"3"表示铝及铝合金类型，"4"表示铸铁。牌号的第二、三位数字表示同一类型焊丝的不同牌号。有色金属及铸铁焊丝牌号示例如图5-18所示。

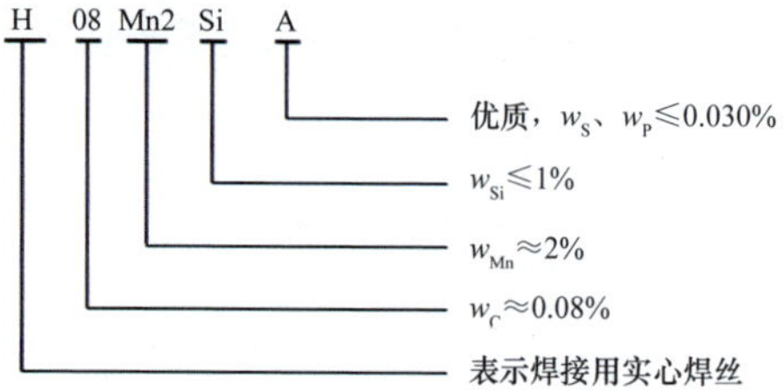

图5-17　实心焊丝牌号示例 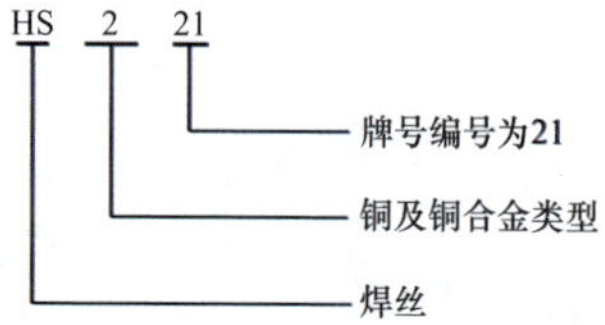　　　图5-18　有色金属及铸铁焊丝牌号示例

第二节　工艺参数及选用

一、坡口形式

钨极氩弧焊多用于厚度5mm以下的薄板焊接，接头形式有对接、搭接、角接和T形接。对于1mm以下的薄板，亦可采用卷边接头。当板厚大于4mm时，应开V形坡口（管子对接2~3mm就需开V形坡口），厚壁管的对接接头亦可开U形坡口。

二、工艺参数选择

钨极氩弧焊焊接规范主要是焊接电流、焊接速度、电弧电压、钨极直径和形状、气体流量与喷嘴直径等参数。这些参数的选择主要根据焊件的材料、厚度、接头形式以及操作方法等因素来决定。

钨极氩弧焊电源的种类和极性是按被焊金属材料的类型进行选择的，见表5-2。

表5-2　　　　不同金属材料的弧焊电源及极性选用表

金属材料	直流		交流
	正接	反接	
铝	×	可用	良好
铝合金	×	可用	良好

续表

金属材料	直 流		交 流
	正 接	反 接	
紫铜	良好	×	×
黄铜	良好	×	可用
碳钢	良好	×	可用
合金钢	良好	×	可用
不锈钢	良好	×	可用
铸铁	良好	×	可用

注 表中"×"表示不采用。

三、电弧电压

钨极氩弧焊时，在保证不产生短路的情况下，应尽量采用短弧焊接，电弧电压选用范围一般是10~24V。

四、焊接电流

焊接电流主要根据工件的厚度和空间位置来选择，过大或过小的焊接电流都会使焊缝成形不良或产生焊接缺陷。所以，必须在不同钨极直径允许的焊接电流范围内，正确地选择焊接电流，见表5-1。

五、焊接速度

正常的焊接速度氩气保护情况如图5-19（a）所示。当焊接速度过快时，氩气流严重偏移一侧，使钨极端头、电弧柱及熔池的一部分暴露在空气中，此时，氩气保护情况如图5-19（b）所示，这使氩气保护作用破坏，焊接过程无法进行。因此，钨极氩弧焊采用较快的焊接速度时，必须采用相应的措施来改善氩气的保护效果，如加大氩气流量或将焊枪后倾一定角度，以保持氩气良好的保护效果。通常，在室外焊接都需要采取必要的防风措施。

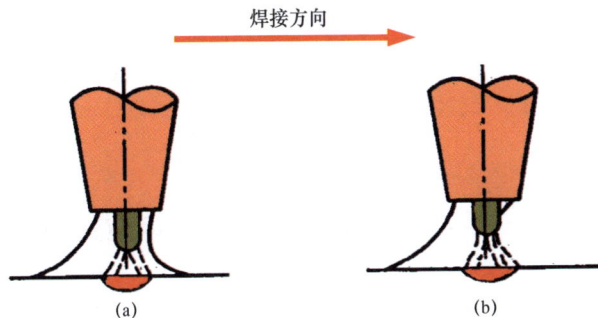

图5-19 氩气的保护效果
（a）正常焊接速度； （b）焊接速度过大

151

六、喷嘴直径

喷嘴直径的大小，直接影响保护区的范围。如果喷嘴直径过大，不仅浪费氩气，而且会影响焊工视线，妨碍操作，影响焊接质量；反之，喷嘴直径过小，则保护不良，使焊缝质量下降，喷嘴本身也容易被烧坏。一般喷嘴直径为5～14mm。喷嘴的大小可按经验公式确定

$$D=（2.5～3.5）d$$

式中：D为喷嘴直径，mm；d为钨极直径，mm。

七、氩气流量

气体流量越大，保护层抵抗流动空气影响的能力越强，但流量过大，易使空气卷入，应选择恰当的气体流量。氩气纯度越高，保护效果越好。氩气流量可以按照经验公式来确定

$$Q=KD$$

式中：Q为氩气流量，L/min；D为喷嘴直径，mm；K为系数，K=0.8～1.2，使用大喷嘴时，K取上限，使用小喷嘴时取下限。一般情况下，氩气流量在3~10L/min之间选择。

八、喷嘴至工件的距离

喷嘴距离工件越近，则保护效果越好，反之，保护效果越差，但过近造成焊工操作不便，一般喷嘴至工件间距离为10mm左右。

第三节　基本操作技术

一、焊前清理

钨极氩弧焊时，焊前清理对于保证接头的质量具有十分重要的意义。因为在惰性气体的保护下，熔化金属基本上不发生冶金反应，不能通过脱氧的方法清除氧化物和污染。因此，焊件坡口表面、接头两侧以及填充焊丝表面应在焊前采用有机溶剂（如汽油、三氯乙烯、四氯化碳等）擦洗，去除油污、水分、灰尘及氧化膜等。对于表面氧化膜与基层结合力较强的材料，如不锈钢和铝合金应采用机械方法清除氧化膜，通常采用不锈钢丝刷或细砂轮打磨。

二、引弧

手工钨极氩弧焊的引弧方法有高频或脉冲引弧法和接触短路引弧法。

（1）高频或脉冲引弧法。首先提前送气3～4s，并使钨极和焊件之间保持5～8mm距离，然后接通控制开关（见图5-20），在高频、高压或高压电脉冲的作用下，使氩气电离而引燃电弧。这种引弧方法的优点是能在焊接位置直接引弧，能保证钨极端部完好，钨极损耗小，焊缝质量高。它是一种常用的引弧方法，特别是焊接有色金属时应用更为广泛。

（2）接触短路引弧法。当使用无引弧器的简易氩弧焊机时，可采用钨极直接与引弧板接触进行引弧。由于接触瞬间会产生很大的短路电流，钨极端部很容易被烧损，因此一般不宜采用这种方法，但因焊接设备简单，故在氩弧焊打底、薄板焊接等方面仍得到应用。

三、运弧

手工钨极氩弧焊时，在不妨碍操作的情况下，应尽可能采用短弧焊，一般弧长为4～7mm。喷嘴和焊件表面间距不应超过10mm。焊枪应尽量垂直或与焊件表面保持70º～85º夹角，焊丝置于熔池前面或侧面，并于焊件表面呈15º～20º夹角，焊接方向一般由右向左，环缝由下向上，如图5-21所示。焊枪的运动形式见表5-3。

图5-20　接通控制开关高频引弧

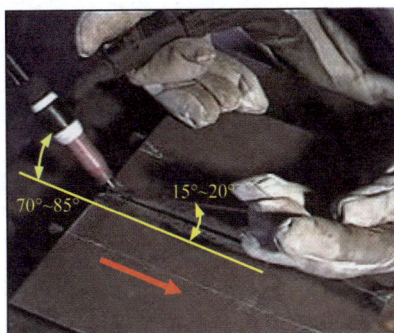

图5-21　手工钨极氩弧焊时焊枪、焊丝和焊件间的夹角

表5-3　　　　　　　　　　　焊枪的运动形式

名　　称	特点与操作	适用范围
焊枪等速运行	电弧比较稳定，焊后焊缝平直均匀，质量稳定	常用的操作方法
焊枪断续运行	为了增加熔透深度，焊接时将焊枪停留一段时间，当达到一定的熔深后填加焊丝，然后继续向前移动	适宜于中厚板的焊接
焊枪横向摆动	即摇摆法，焊接时，焊枪沿着焊缝横向作摆动	主要用于开坡口的厚板及盖面层焊缝，通过横向摆动来保证焊缝两边缘良好地熔合
焊枪纵向摆动	焊接时，焊枪沿着焊缝纵向往复摆动	主要用在小电流焊接薄板时，可防止焊穿和保证焊缝良好成形

上述焊枪运动形式，实际操作时可通过操纵焊枪实现，操纵焊枪的动作，通俗地可分为"摇把"和"拖把"。

"摇把"是把焊嘴稍用力压在焊缝上面，手臂大幅度摇动进行焊接。其优点因为焊嘴压在焊缝上，焊把在运行过程非常稳定，所以焊缝保护好，质量好，外观成形非常漂亮，产品合格率高，特别是焊仰焊非常方便，焊接不锈钢时可以得到非常漂亮的外观颜色。其缺点是学起来很难，因手臂摇动幅度大，所以无法在有障碍处施焊。"拖把"是焊嘴轻轻靠或不靠在焊缝上面，右手小指或无名指也是靠或不靠在工件上，手臂摆动小，拖着焊把进行焊接。其优点是容易学会，适应性好；其缺点是成形和质量没摇把好，特别是仰焊没摇把方便施焊，焊不锈钢时很难得到理想的颜色和成形。

四、填丝

焊丝填入熔池的方法一般有下列几种。

（1）间歇（断续）填丝法。当送入电弧区的填充焊丝在熔池边缘熔化后，立即将填充焊丝移出熔池，然后再将焊丝重复送入电弧区。以左手拇指、食指、中指捏紧焊丝，反复动作（见图5-22），焊丝末端应始终处于氩气保护区内。填丝动作要轻，不得扰动氩气保护层，防止空气侵入。这种方法一般适用于平焊和环缝的焊接。

（2）连续填丝法。将填充焊丝末端紧靠熔池的前缘连续送入。采用这种方法时，送丝速度必须与焊接速度相适应。连续填丝时，要求焊丝比较平直，用左手拇指、食指、中指配合动作送丝，无名指或无名指与小指控制焊丝方向，如图5-23所示。此法特别适用于焊接搭接和角接焊缝。

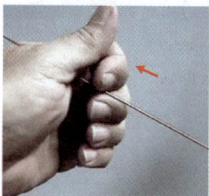 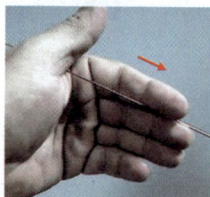 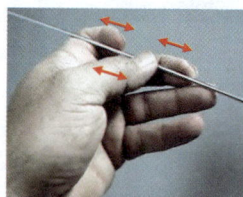

图5-22　断续填丝时的动作　　　　图5-23　连续填丝时的动作

（3）靠丝法。焊丝紧靠坡口，焊枪运动时，既熔化坡口又熔化焊丝（见图5-24）。此法适用于小直径管子的氩弧焊打底。

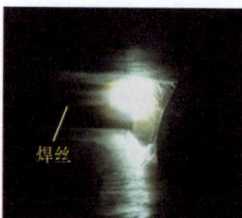 

(a)　　　　　　　　　　(b)

图5-24　靠丝法

(a) 熔化上坡口及焊丝；　(b) 焊丝不动，焊枪运动到下坡口

（4）焊丝跟着焊枪作横向摆动，此法适用于焊波要求较宽的部位。

（5）内填丝法和外填丝法。这两种方法主要是针对管子焊接时划分的。外填丝是电弧在管壁外侧燃烧，焊丝从坡口外侧填加的操作方法。焊枪的喷嘴与焊丝的相对位置如图5-25所示。焊接方向不限，图5-25中所示为逆时针方向。管道对口的间隙大小是随填丝动作、管径大小、管壁厚薄而定。对于大直径厚壁管（如管径>219mm、壁厚>18mm）的对口间隙应稍大于焊丝直径，焊接过程中，焊丝连续送入熔池，稍作横向摆动，这样可适当地多填加一些焊丝，使焊缝增厚，并保证坡口两侧熔化良好。对于小直径薄壁管，对口间隙一般要求小于或等于焊丝直径。焊丝在对口中心沿管壁送给，不作横向摆动。焊接速度稍快，采用断续送丝或连续送丝均可，焊缝不必太厚。

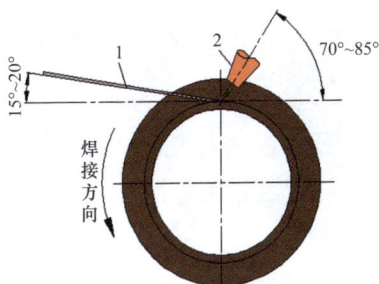

图5-25　外填丝焊法
1—焊丝；2—喷嘴

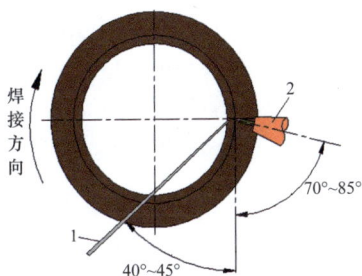

图5-26　内填丝焊法
1—焊丝；2—喷嘴

内填丝法时，焊枪在外，填丝在里面，适用于管子仰焊部位的氩弧焊打底，对坡口间隙、焊丝直径和操作技术要求较高。内填丝法是电弧在管壁外侧燃烧，焊丝从对口间隙伸入管内向熔池送给的操作方法。焊枪喷嘴与焊丝的相对位置如图5-26所示。与外填丝焊法一样，施焊方向不限，图5-26中所示为顺时针方向。要求对口间隙必须大于焊丝直径，当采用ϕ2.5mm焊丝时，点焊后的间隙应为3~3.5mm。焊接过程中，对口间隙应始终大于焊丝直径，否则将造成"卡丝"现象，影响焊接过程继续进行。一些小直径排管常采用一次对口组合的方法，为防止收缩变形引起对口间隙缩小，应采取相应的措施，如刚性固定、合理的焊接顺序、适当加大间隙等。在实际焊接过程中，很难保证坡口间隙均匀一致，所以，焊工应熟练掌握内、外填丝技术，焊接时采取内外结合的填丝方法和左右手都能操纵焊枪的焊接技术，才能获得良好的焊缝。

填丝时，手握焊丝往焊接电弧中送入时，焊丝要平稳，无抖动现象，焊接过程中使用的焊丝长短要适中，太长会引起焊丝抖动甚至粘连，太短会使焊缝接头过多，使产生焊接缺陷的几率增大。在送丝过程中，一定要把焊丝送到眼睛看到的预定位置上，即每个焊点都与前一个焊点重叠2/3。要做到这点，需要焊工在焊接时找好焊接位置。焊接时，焊工左、右手臂要有一定的活动空间。无论采用哪一种填丝方法，焊丝都不能离开氩气保护区，以免高温焊丝末端被氧化，而且焊丝不能与钨极接触发生短路或直接送入电弧柱内，否则，钨极将被烧损或焊丝在弧柱内发生飞溅，破坏电弧的稳定燃烧和氩气保护气氛，造成夹钨等缺陷。

施焊姿势要正确，采用站位时，要双腿叉开站立焊接；采用蹲位时，要全蹲下。如果高度不合适，可采用垫辅助物的办法，以保证站位或蹲位的施焊高度。切忌以半站或半蹲式的姿势焊接，因为时间一长，焊工容易疲劳，焊接质量也不稳定。

此外，焊工在施焊时，要有效地控制自己的呼吸。既不要深呼吸，造成身体的浮动，影响握焊丝和焊枪的手，使焊缝成形不好，甚至因焊点与焊点之间搭接不均而出现缺陷；也不要太憋气，使焊工因缺氧而心率加快，心情烦躁，从而影响焊接质量。

为了填丝方便、焊工视野宽和防止喷嘴烧损，钨极应伸出喷嘴端面（见图5-27），伸出长度一般是：焊铝、铜时钨极伸出长度为2~3mm，管道打底焊时为5~7mm。

钨极端头与熔池表面距离2~4mm，若距离小，焊丝易碰到钨极。在焊接过程中，由于操作不慎，钨极与焊件或焊丝相碰时，熔池会立即被破坏而形成一阵烟雾，从而造成焊缝表面的污染和夹

图5-27　钨极伸出长度

钨现象，并破坏了电弧的稳定燃烧。此时必须停止焊接，进行处理。处理的方法是将焊件的被污染处，用角向磨光机打磨至漏出金属光泽，才能重新进行焊接。当采用交流电源时，被污染的钨极应在别处进行引弧燃烧清理，直至熔池清晰而无黑色时，方可继续焊接，也可重新磨换钨极；而当采用直流电源焊接时，发生上述情况，必须重新磨换钨极。

五、收弧

焊接收弧不正确，会在收弧处产生弧坑裂纹、气孔及烧穿等缺陷。正确的收弧方法常采用焊速增加法和焊缝增高法两种。

焊速增加法是焊接结束时，焊枪前移速度逐渐加快同时逐渐减少焊丝送进量，直至焊件不熔化为止。此法简单易行，效果较好。焊缝增高法与焊速增加法正好相反，焊接快要结束时，焊速减慢，焊枪向后倾角加大，焊丝送进量增加，当弧坑填满后再熄弧。

此外，如果是有电流衰减装置的焊枪要断续收弧或调到适当的收弧电流慢收弧（即衰减法），如是没有电流衰减装置的焊机则缓将电弧引到坡口的一边，不要产生收缩孔，如产生收缩孔要打磨干净后方可施焊。收弧如果是在接头处时，应先将待接头处打磨成斜口，待接头处充分熔化后再向前焊10~20mm

再缓慢收弧，不可产生缩孔。在生产中经常看见接头不打磨成斜口，直接加长接头处焊接时间进行接头，这是很不好的习惯，这样接头处容易产生内凹、接头未熔合和反面脱节影响成形美观。

为了使氩气有效地保护熔池，熄弧后必须继续送气3～5s（见图5-28），以避免钨极和焊缝表面氧化。

图5-28　熄弧后继续送气3~5s

六、定位焊

钨极氩弧焊装配定位也应采用钨极氩弧焊，以熔化钝边为宜。定位焊点的大小、间距以及是否需要填加焊丝，这要根据焊件厚度、材料性质以及焊件刚性来确定。图5-29为填加焊丝的定位焊。定位焊时，如发现有偏差或焊接缺陷，应清除后重新定位焊，以确保焊接质量。

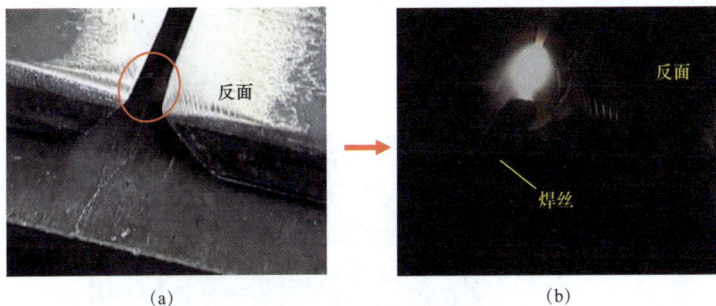

(a)　　　　　　　　　　　　　(b)

图5-29　定位焊时填加焊丝

(a) 定位焊位置；(b) 定位焊操作

对于薄壁焊件、长焊缝和容易变形、容易开裂以及刚性很小的焊件，定位焊点的间距要短些。在保证焊透的前提下，定位焊点应尽量小而薄，不宜堆得太高，并要注意点焊结束时，焊枪应在原处停留一段时间，以防焊点被氧化。焊件厚度在2~4mm范围内时，定位焊间距一般为20~40mm，定位焊缝距离两边缘为5~10mm，实际生产中要根据焊缝位置的具体情况灵活选择。

对于外径$\phi \leqslant 60mm$的管子，可对称定位两处；对于$\Phi >60mm$的管子，可定位焊三处，定位焊长度为10~20mm。

第四节　板材钨极氩弧焊操作技术

一、平焊操作

施焊时，以肘为支点由右向左移动进行焊接。这样既易观察熔池情况又能使电弧更好地保护熔池。焊枪的把持方式如图5-30所示。

焊接时钨极应垂直于焊缝成90°，焊枪及焊丝与焊件的角度如图5-31所示。引弧后，待电弧正常燃烧形成熔池后少量填入焊丝。背面成形后，电弧要作横向锯齿形摆动到坡口边缘，使电弧热量通过坡口传到焊件上，以减少焊缝中心熔池的温度；同时利用送进熔池的焊丝来降低熔池温度，防止因焊缝中心温度过高，液体金属

图5-30　焊枪的把持方式

自重下坠。施焊时，钨极端部距焊件的高度约2mm，过高容易混入空气，过低易与焊件接触产生短路或熔渣粘到钨极上使电弧不能稳定燃烧。

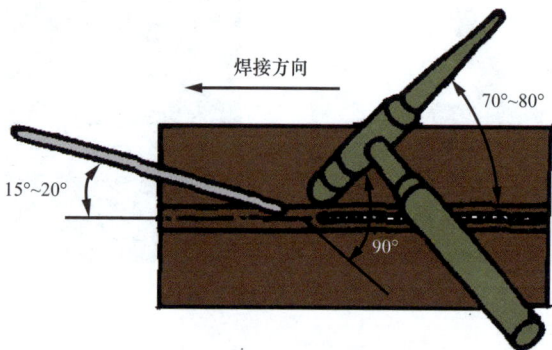

图5-31　平焊时焊枪、焊丝与焊件的相对位置

施焊采用断续往复送丝法。即中指和无名指作支撑，拇指和食指作动力捻送焊丝。焊丝必须沿着焊缝间隙送入熔池的前端，可以不直接送入根部，以有效地控制背面成形及余高，使背面焊缝美观，过渡圆滑，焊接操作过程如图5-32所示。

停弧或焊接结束时的熄弧采用衰减法，按动控制开关切断电源，电流衰减后熄弧，使焊接熔池在延迟的气体保护下冷却为止，以防止产生缩孔和裂纹。收弧时，要减小焊枪与工件的夹角，加大焊丝熔化量，填满弧坑。

施焊中的接头，如果接头处无氧化物等缺陷，可以直接接头，在收弧后端约5mm处引弧预热，逐渐将电弧移至弧坑，待形成熔池填入少量焊丝，将弧坑填满后正常运弧送丝，继续施焊，如果接头处存在缺陷，要清理后才能进行接头操作。

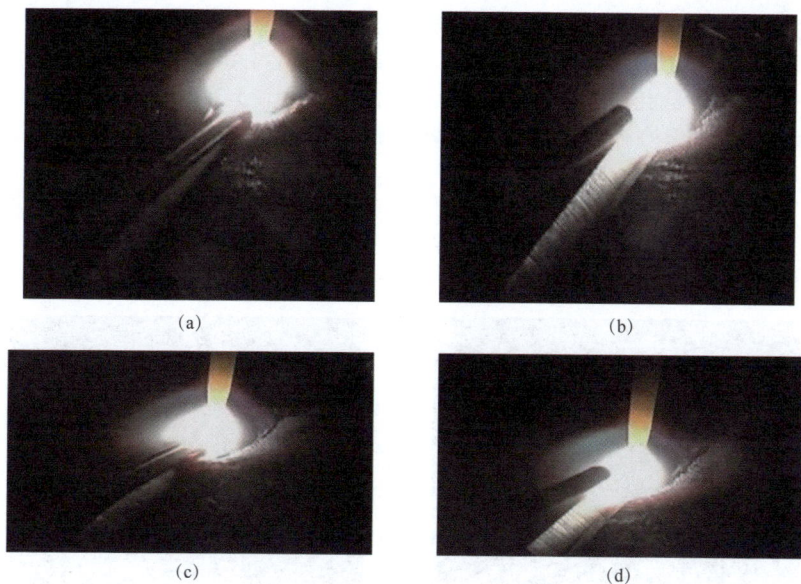

(a) (b)

(c) (d)

图5-32 手工钨极氩弧焊平焊操作过程
(a) 填入焊丝；(b) 移出焊丝；(c) 再次填丝；(d) 再次移出焊丝

二、横焊操作

施焊时以肘为支点，腕关节不作摆动，用大臂带动小臂，由右向左移动施焊，要严格控制钨极、喷嘴与焊缝的位置，钨极应垂直于焊缝呈90°，焊枪与焊件的角度为75°~85°，焊丝与焊件的角度为20°左右，如图5-33所示。

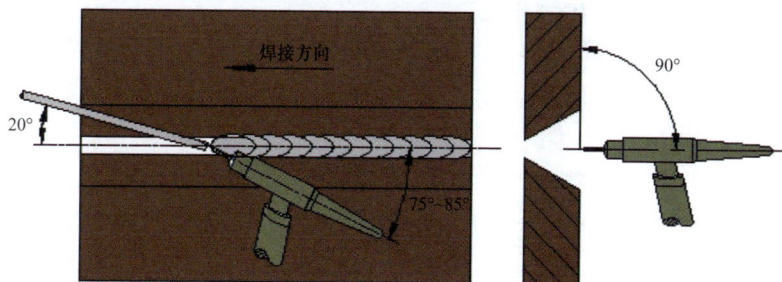

图5-33 横焊时焊枪、焊丝与焊件的相对位置

引弧后，待电弧正常燃烧形成熔池后，少量填入焊丝，焊丝沿着坡口上沿送入熔池，稍作停顿，轻轻地加一点力把焊丝推向熔池里，然后向后拨一下，将液体金属带向后面，这样能更好地控制打底焊缝的高度和背面成形，利用填

加焊丝来控制熔池的温度。钨极端头距熔池的高度一般控制在2mm左右，过高易混入空气，产生气孔;过低易与焊件接触产生短路式熔渣，粘连在钨极上使电弧不能稳定燃烧，不易操作。施焊时，电弧要作上下摆动，熔池的热量要集中在坡口的下部，以防止上部坡口过热，母材熔化过多，产生上部咬边缺陷。

施焊时采用断续往复送丝法，也就是中指和无名指作支撑，拇指和食指捻送焊丝，焊丝必须沿着焊缝间隙送入熔池前端（见图5-34），以有效地控制背面余高及成形，使背面焊缝美观。

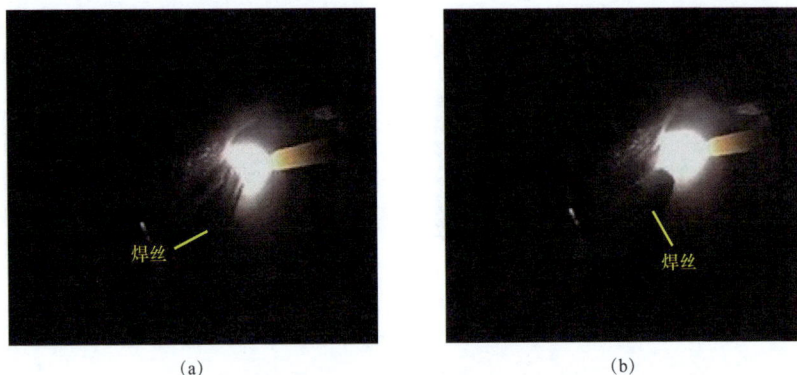

（a）　　　　　　　　　　　　（b）

图5-34　手工钨极氩弧焊横焊操作
（a）填丝；　（b）移出焊丝

施焊中间的停弧和焊接结束时的熄弧，采用衰减法，即熄弧时，起动控制开关，切断电源，电流自动衰减后，熄弧，使焊接熔池在延迟的气体保护下冷却为止，以防止产生缩孔和裂纹。

在焊接过程中的接头，应在收弧后端约5mm处引弧，预热；然后逐渐将电弧移至弧坑，待形成熔池，少量填入焊丝，将弧坑填满后，正常运弧送丝，继续施焊。

三、立焊操作技巧

立焊时，由于熔池金属下坠，焊缝成形不好，易出现焊瘤和咬边，操作难度较大，一般选用偏小的焊接电流，焊枪作向上凸出的月牙形摆动，并注意随时调整焊枪角度来控制熔池的凝固，避免液体金属下流，只有通过焊枪的移动与填丝的良好配合，才能获得良好的焊缝成形。

定位焊后，要在焊件最下端的定位焊缝上引燃电弧。施焊时大臂带动小臂，腕关节不作摆动，以肘为支点为动力，由下向上移动进行焊接。钨极与焊缝、焊枪，焊丝与焊件之间的夹角如图5-35所示。

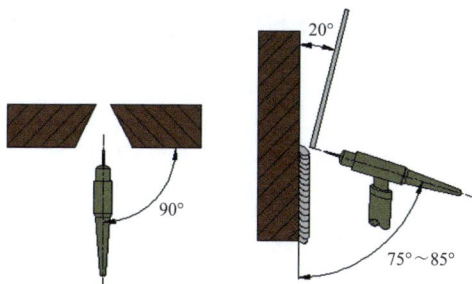

图5-35　立焊时焊枪、焊丝与焊件的相对位置

　　引弧后，待电弧正常燃烧形成熔池后，少量填入焊丝，待背面成形后电弧作横向锯齿形或上凸的月牙形摆动，使电弧热量通过坡口传到焊件上，以减少焊缝中间熔池的温度，同时利用送进熔池的焊丝来降低熔池的温度，防止因焊缝中间温度过高，液体金属因自重而下坠。钨极端部距焊件的高度约2mm左右，过高易混入空气产生气孔，过低易与焊件接触短路或熔渣粘到钨极上使电弧不能稳定燃烧，不易操作。焊枪可作上凸的月牙形运动，在坡口两侧稍停留，保证两侧熔合良好（见图5-36）。

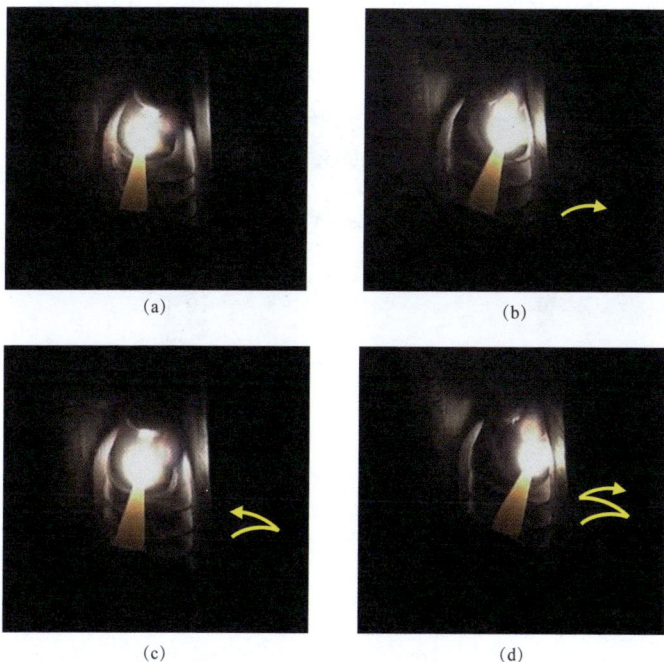

(a)

(b)

(c)

(d)

图5-36　手工钨极氩弧焊立焊操作

(a) 从左侧开始操作；　(b) ～ (d) 月牙形运弧动作分解

可采用往复断续送丝法，即中指和无名指作支撑，拇指和食指捻送焊丝，焊丝沿着焊缝间隙送入熔池前端，可以不直接送入根部，然后轻轻往下给一点推力，焊丝再向后拔一下，将液体金属带向后面，以便更有效地控制背面成形及余高。

焊接时，要注意焊枪向上移动的速度要合适，特别要控制好熔池的形状，保证熔池的外沿接近椭圆形（见图5-36），不能凸出来，否则焊道外凸成形不好。应尽可能让已焊好的部分托住熔池，使熔池表面接近一个水平面匀速上升，这样得到的焊缝外观较平整。施焊中间的停弧或焊接结束时熄弧，均采用电流衰减法，使焊接熔池在延迟的气体保护下冷却，以防止产生缩孔和裂纹。

施焊过程接头时，在收弧后端约5mm处引弧、预热并逐渐将电弧移至弧坑，待形成熔池后，少量填入焊丝，将弧坑填满，然后正常运弧送丝，继续施焊。

四、仰焊操作

仰焊时，由于重力的作用，熔池和焊丝熔化后的下坠比立焊还要严重，是最难焊的位置。因此，必须控制好线能量和冷却速度，通过采用较小的焊接电流，加大氩气流量，配以较大的焊接速度，使熔池尽可能小，凝固尽可能快，从而保证焊缝的成型美观。

以肘为支点，举起小臂，抬起大臂，用肘来推动上体向后移动进行焊接，焊接时钨极在沿焊缝方向应与工件垂直，横向应与工件成75°～85°夹角，焊缝应与工件成20°左右，如图5-37所示。

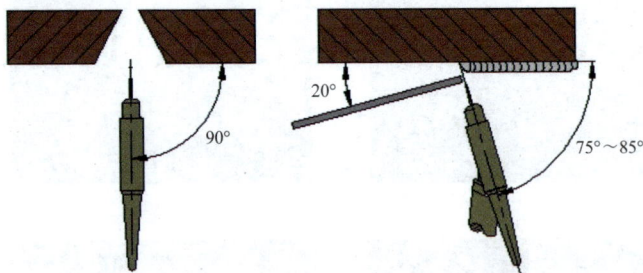

图5-37 仰焊时焊枪、焊丝与焊件的相对位置

施焊时，在始焊固定焊点焊处引弧、预热，待电弧正常燃烧后，向熔池加入焊丝；待背面成形后，电弧要以横向锯齿形摆动法摆至坡口边缘，使电弧的热量通过坡口传到试件上，同时利用送进熔池的焊丝来降低熔池的温度防止因焊缝中间温度过高，液体金属下坠。施焊时采用断续往复送丝法，也就是用中指和无名指作支撑，拇指和食指作动力，捻送焊丝，焊丝必须沿着间隙送入熔池前端，当焊丝送入后，应轻轻地向熔池内加一点力将液体金属推向背面，注意推液体金属的力不宜太大，否则会产生"栽丝"现象，在撤焊丝时，焊丝应向上挑起，将液体金属带同上面，从而更好地控制背面成形及余高，使背面焊缝美观、过渡圆滑，然后电弧作横向摆动，将液体金属铺平，给下一层施焊创造条件。

焊接时要压低电弧，小幅度锯齿形摆动，在坡口两侧稍停留，熔池不能太大，以防止熔融金属下坠。

施焊时采用衰减法熄弧，使焊接熔池在延迟的气体保护下冷却，防止产生缩孔和裂纹，接头时，应在收弧后端约5mm处引弧，预热，逐渐将电弧移至弧坑，待形成熔池，少量填入焊丝，将弧坑填满后正常运弧送丝，继续施焊。施焊时钨极端部距试件的高度约2mm，过高易产生气孔，过低易与试件接触产生短路，熔渣粘到钨极上使电弧不能稳定燃烧。

五、板的平角焊

焊接时，一般采用左焊法，焊丝、焊枪与焊件之间的相对位置如图5-38所示。

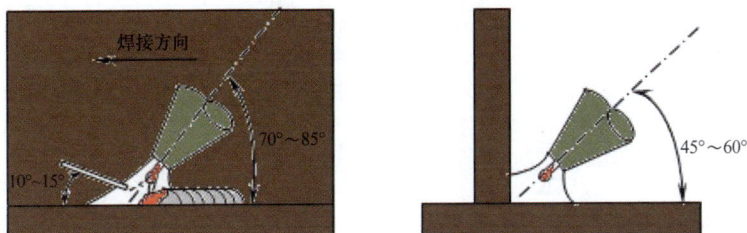

图5-38 平角焊的焊丝、焊枪与焊件的相对位置

进行平角焊时，由于液体金属容易流向水平面，很容易使垂直面咬边。因此焊枪与水平板夹角应大些，一般为45°~60°。钨极端部偏向水平面上，使熔池温度均匀。焊丝与水平面为10°~15°夹角。焊丝端部应偏向垂直板，如果两焊件厚度不相同时，焊枪角度偏向厚板一边。在焊接过程中，要求焊枪运行平稳、送丝均匀，保持焊接电弧稳定燃烧，以保证焊接质量（见图5-39）。

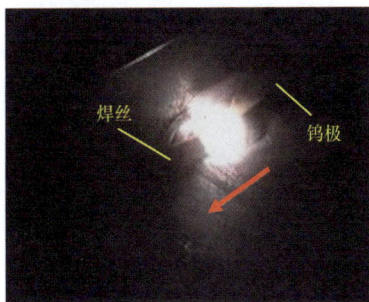

图5-39 手工钨极氩弧焊时的平角焊

在相同条件下，角焊缝所用的电流比平对接焊时稍大些。但是，如果电流过大，容易产生咬边缺陷，而电流过小时会产生未焊透等缺陷。

第五节 管道的手工钨极氩弧焊

手工钨极氩弧焊在管道焊接中主要应用在两方面：①大直径管对接的打底层焊接；②小直径管的焊接。

一、工艺参数与装配定位

1. 坡口形式

坡口形式及尺寸的选择原则是在尽量缩小焊缝截面积、减小熔敷金属量的前提下，应使焊枪喷嘴在坡口中运弧不受阻碍，焊工视线不会被遮挡，便于各种位置打底焊和以后各层的焊接操作。常用的坡口形式有V形、U形、双V形和上V下U形四种。V形坡口适用于厚度为3~15mm的管道，U形坡口适用于壁厚在15~25mm的管道，双V形坡口适用于壁厚在15~50mm的管道，上V下U形坡口适用于壁厚>25mm的管道，具体以施工技术文件为准。

2. 焊接电流、钨极直径和焊丝直径

管道氩弧焊打底一般选用铈钨极，规格为ϕ2.5mm。直流正接时，允许使用的最大电流不得超过240A；正常情况下，焊接电流不超过130A。

钨极端部形状对电弧稳定燃烧和焊缝成形均有很大影响，较为理想的是将端部磨成圆锥形。钨极的磨制应使用专用砂轮，室内保持通风良好，砂轮磨制的钨极光洁度不高时，应用细砂轮再精磨一次。

常用的手工钨极氩弧焊焊丝规格为ϕ2.5mm，对于特别薄的小直径管子也有用ϕ2.0mm焊丝。典型的焊接工艺规范见表5-4。

表5-4　　　　管道焊口氩弧焊打底工艺规范

焊接规范 管径（mm）	钨极直径（mm）	喷嘴孔径（mm）	钨极伸出长度（mm）	氩气流量（L/min）	焊接电流（A）
<76	2.5	8~10	6~8	8~10	80~100
76~159	2.5	8~10	6~8	8~10	90~110
>159	2.5	8~10	6~9	8~10	110~130

3. 对口装配时的点固焊

由于氩弧焊打底层焊缝比焊条电弧焊薄，如工艺不当，易产生裂纹缺陷。因此，管道对口时要垫稳，特别是大直径厚壁管，应防止焊缝在焊接时承受重力，不得实行强力对口。根层定位焊是焊缝的一部分，其工艺要求应与正式施焊相同。点固焊后应仔细检查焊点质量，如果发现裂纹、气孔等缺陷时，应将该焊点清除干净，重新点固焊。焊点两端应加工成斜坡形，以便接头。

中、小直径管的定位焊可在坡口内直接点固焊。直径小于60mm的管子，点固一处即可；直径为76~159mm的管道，应点固2~3处。定位焊焊缝长度为15~20mm，高度为2~3mm。点固焊的位置一般在平焊或立焊处（时钟12、3、9点处）。对于有障碍的困难位置焊口，应以该焊点不影响施焊和妨碍视线为原则。

直径大于159mm的管道，宜用若干块坡口样板或圆钢等其他铁件均匀地嵌在坡口中进行点固焊，如图5-40所示。施焊过程中碰到点固焊铁件的障碍时，将它们逐个敲去。待打底焊完毕后，应仔细检查点固焊处及其附近是否有裂纹，并磨去残存的焊疤。

对低碳钢、低合金耐热钢管道氩弧焊打底时，内壁可以不充氩气保护；对中、高合金钢及奥氏体不锈钢管打底时，要求内壁充氩保护，否则在高温作用下，内壁产生剧烈的氧气，降低焊缝质量。一般先将管道一端堵死（见图5-41），从另一端输入氩气，使整条管子内充氩保护。

图5-40 大直径管道的定位焊示意图

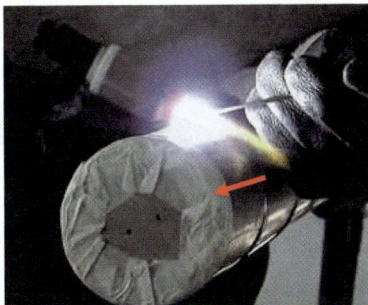

图5-41 管道内壁充氩

二、水平固定管的手工钨极氩弧焊打底

对于管子的手工钨极氩弧焊时，外填丝法与内填丝法相比较，由于前者间隙小，所以焊接速度快，填充金属少，操作技术较容易掌握，后者适合于困难位置的焊接。只要焊嘴能达到，无论什么样的困难位置均能施焊。对口要求不十分严格，即使在局部间隙不均匀或少量错口的情况下，也能得到较满意的结果。由于操作时焊工从间隙中直接观察焊道成形，故可保证焊缝具有良好的透度。

作为一名氩弧焊工应同时掌握这两种基本填丝操作方法，以便在不同的焊接部位，根据实际情况进行选择。一般选用原则是：凡焊接操作的空间位置能够保证，焊丝送给不受障碍，视线不受影响的管道焊口，宜采用外填丝法，反之则宜采用内填丝法。

实际上，所谓内填丝法也不是整条焊缝全部采用，通常只在困难位置才采用。内外填丝的操作方法应相互结合，视焊接操作方便而选定。

1. 小直径管的外填丝法手工钨极氩弧焊

采用外填丝法焊接时，焊丝在管外送进，将水平固定管分为左右两个部分。在大多数情况下，通常都采用从下向上焊接。

钨极氩弧焊的操作一般是右手握焊枪，左手握焊丝。管道焊接时，其焊接方法不限，立向上或立向下均可。平焊时采用左向焊法，即沿焊接方向，焊丝在前，焊枪在后。为了送丝方便，不影响焊工视线和防止喷嘴被烧损，钨极应伸出喷嘴端面6~9mm。钨极端头与熔池表面的距离，即电弧长度应保持2~4mm。电弧过短，钨极易与焊丝或熔池相碰，造成焊缝表面污染和夹钨缺陷，并破坏电弧的稳定燃烧；电弧过长，则引起电弧飘浮，易产生未焊透缺陷。为了加强氩气保护效果，喷嘴与焊件应尽量垂直或保持较大的夹角，一般为70°~85°；而焊丝与焊件的夹角则较小，一般为15°~20°。焊枪与焊丝的相对位置如图5-42所示。

打底层焊缝应具有一定的厚度，对于壁厚不大于10mm的管道，其厚度不得小于2~3mm；壁厚大于10mm的管道，其厚度不得低于4~5mm。

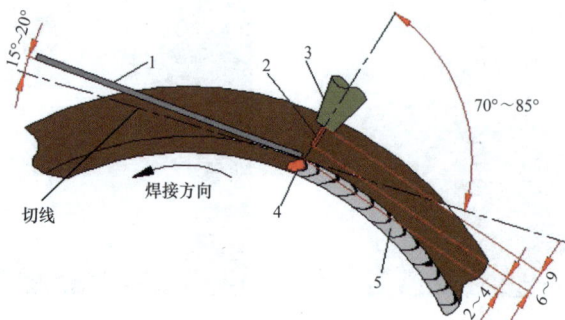

图5-42　管道钨极氩弧焊时焊枪和焊丝的位置
1—焊丝；2—钨极；3—喷嘴；4—熔池；5—焊缝

焊接顺序如图5-43所示。焊丝始终由管子外壁送入电弧中，因此，焊缝根部间隙小于焊丝直径，一般为1.5~2.5mm，钝边为0.5~1mm。焊接电流为65~75A。电弧呈月牙形摆动。

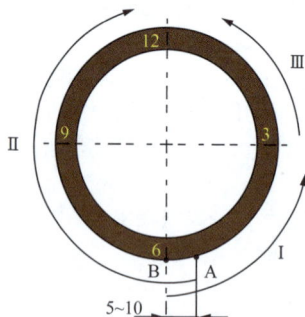

图5-43　向上焊的焊接顺序

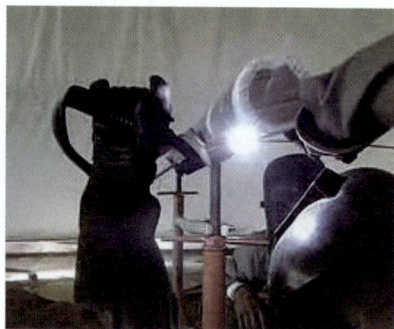

图5-44　Ⅰ段焊缝的焊接

焊工位于焊管下方，仰视管接头，自管子仰焊位置（时钟6点钟位置）引弧（见图5-44），逆时针焊至时钟3点钟位置收弧，先用电弧将母材加热，待形成熔池后，立即填加焊丝（见图5-45）。右手握焊枪，用食指和拇指勾夹住枪身前部，其余三指触及管壁作为支点，视个人习惯也可用其中两指或一指作支点。小直径管焊接时，手腕沿管壁转动，指尖始终贴在管壁上，以保持运弧平稳；大直径管焊接时，作为支点的三个手指交替沿管壁行走，始终保持电弧稳定燃烧。为了防止起弧处产生裂纹，施焊速度应适当减慢，并多填些焊丝，使焊缝加厚，对于大直径厚壁管打底焊时，尤应如此。

　　以左手拇指、食指、中指捏焊丝，焊丝末端应始终处于氩气保护区。填丝动作要轻，不得扰动氩气保护层，以防止空气侵入，更不能在熔池中搅拌，而应一滴一滴地向熔池送给。当对口间隙大于焊丝直径时，焊丝应跟随电弧作同步横向摆动。无论采用哪种填丝动作，送丝速度均应与焊接速度相适应。

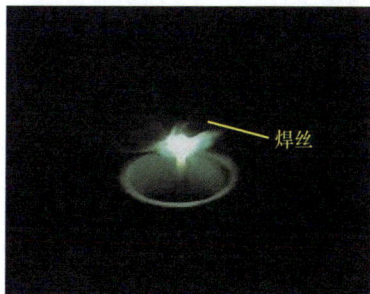

图5-45　熔池形成后立即填丝

图5-46　Ⅱ段焊缝的焊接

　　进行Ⅱ段焊接（见图5-46）时，右手握焊枪，左手握焊丝，自仰焊位的A处焊缝上引弧，在电弧燃烧稳定后，将电弧向左移至B处开始送丝焊接，顺时针由时钟6点位置仰焊至时钟9点位置变立焊，立爬坡焊（见图5-47）至时钟12点位收弧，收弧时注意填满弧坑（见图5-48），并必须继续送气3-5s，以避免钨极和焊缝表面氧化。使用无电流衰减装置的简易直流氩弧焊机焊接时，收弧的焊接速度应适当减慢，并增加焊丝填充量，将熔池填满，避免产生弧坑和裂纹。随后立即将电弧移至坡口边缘上，快速熄灭。使用带有电流衰减装置的氩弧焊机焊接时，先将熔池填满，然后按动电流衰减，使焊接电流逐渐衰减，最后将电弧熄灭。

　　在Ⅱ段焊接过程中，焊枪与焊丝、管子之间的夹角如图5-49所示。

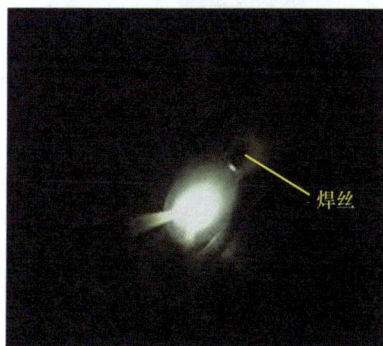

图5-47　9点至12点位置的焊接

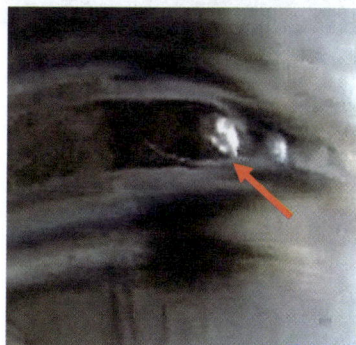

图5-48　填满弧坑

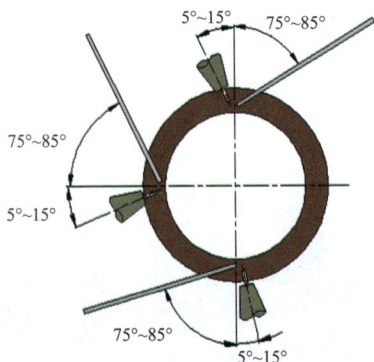

图5-49 Ⅱ段焊接时的焊枪、焊丝角度

图5-50 Ⅲ段焊缝的焊接

焊接Ⅲ段焊缝（见图5-50），即3～12点位置时，焊工右手握焊枪，左手握焊丝，在时钟3点钟位置焊缝A处引弧（见图5-52），电弧燃烧稳定后，迅速将电弧移至B处开始送丝焊接（见图5-51），逆时针由时钟3点位向上立焊爬坡焊至12点位置平焊，在收口处熄弧，收弧时注意填满弧坑。Ⅲ段焊接时的焊枪与焊丝、管子之间夹角如图5-52所示。

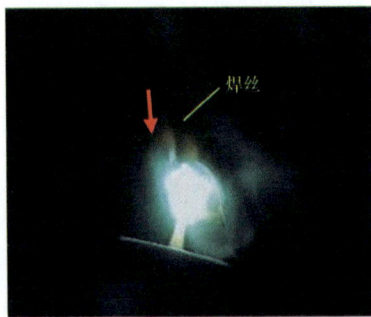

图5-51 送丝焊接

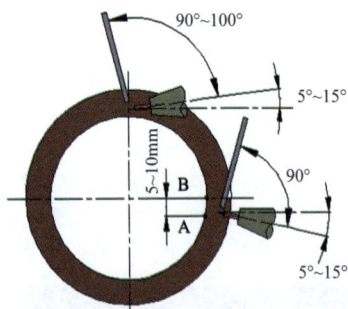

图5-52 Ⅲ段焊接时的焊枪、焊丝位置

　　焊缝接头处的质量往往不容易保证，焊接过程中应尽量避免停弧，减少"冷接头"次数。首先要计划好焊丝长度，不要在焊接过程中更换焊丝。但为了避免焊丝抖动，握丝处距焊丝末端不宜过长，这就必然会增加接头的次数，特别是大直径管焊接时，接头的机会更多。为解决这一矛盾，有的单位在生产实践中，使用不停弧"热接头"的方法，取得了一定效果。这种方法是当需要变更握丝位置而出现接头时，先将焊丝末端和熔池相接触，同时将电弧稍作后移，或引向坡口一边。待熔池凝固与焊丝末端粘在一起的刹那间，迅速变换握丝位置。完成这一动作后，将电弧立即恢复原位，继续焊接。采用"热接头"法，既能保证质量，又可提高工效，但要求操作技术熟练，动作快而准。

　　外填丝法的焊后焊道外观如图5-53所示。

图5-53　外填丝法的焊后焊道外观

2. 大直径管的内填丝法手工钨极氩弧打底焊

采用内填丝法焊接时，焊丝直径通常在φ2.5～φ3.5mm之间，钝边为1～1.5mm，焊接电流为70~75A。焊接时，同样把管焊缝按时钟位置分为四个部位。即时钟的12～3点位置、时钟3～6点位置、时钟6～9点位置以及时钟9～12点位置焊缝，其焊接顺序如图5-54所示。

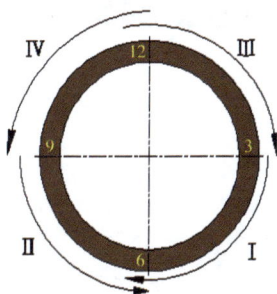

图5-54　内填丝焊法的焊接顺序

图5-55　Ⅰ段焊接

（1）Ⅰ段的焊接。由3点钟位置引弧，右手握焊枪，左手握焊丝。焊丝由6～9点区域伸进管内向3点位置的电弧区送入，焊枪与管切线成75°～85°夹角，与焊丝成90°角。引弧前，先按选定的氩气流量对准引弧点放气5~10s，以排除焊接处的有害气体及检查供气是否稳定，然后开始引弧。引弧后，观察电弧下面的坡口根部，有"出汗"现象时，立即填加焊丝，形成熔池后，由此

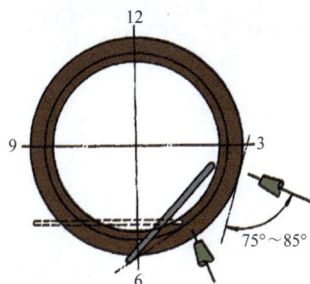

图5-56　Ⅰ段焊接时的焊枪与焊丝角度

顺时针向下焊接（见图5-55）。焊丝总是由6～9点区域送至焊接电弧下面，直至接近时钟5点位置熄弧（过时钟4点位置8～10mm即可），如图5-56所示。焊接时，焊接电弧呈锯齿形摆动（见图5-57），焊接操作要点同外填丝法焊接。

 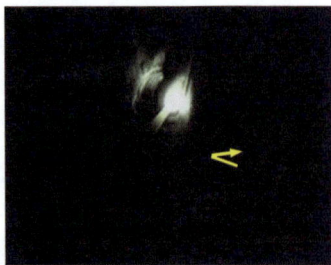

(a) (b)

(c) (d)

图5-57　焊接电弧锯齿形摆动

(a)、(b) 锯齿摆动分解；(c)、(d) 锯齿连续摆动分解动作

（2）Ⅱ段的焊接。焊枪在9点钟位置引弧（见图5-58），焊丝由12～3点区域送进管内到时钟9点位置电弧下，焊枪与焊丝及管子之间的角度及填丝如图5-59所示。焊工左手握焊枪，右手握焊丝。焊枪与管切线成75°～85°角，与焊丝成120°角向下焊接。其他操作同Ⅰ段焊缝的焊接。当焊接接近时钟5点位置时，间隙变小，不利于焊工观察熔池和送丝，这时，可以由内填丝改为外填丝法焊接。

 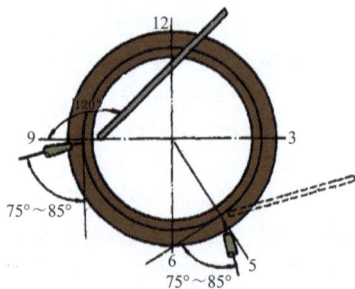

图5-58　Ⅱ段焊缝的焊接

图5-59　Ⅱ段焊接时的焊枪与焊丝及管子之间的角度及填丝

（3）Ⅲ段的焊接。内填丝法为焊工右手握焊枪，左手握焊丝，焊丝由9～12点区域送进管内，向时钟3点位置送入，焊接方向是由时钟3点位置向12点位置逆时针焊接。Ⅲ段内填丝焊接时的焊枪与焊丝角度如图5-60所示，当焊至

12点位置时收弧，收弧时注意填满弧坑，灭弧后观察熔池颜色完全变暗，3~5s后再关保护气阀，停止送气。

该区域为立向上爬坡焊，采用外填丝法（见图5-61）要比内填丝法方便。

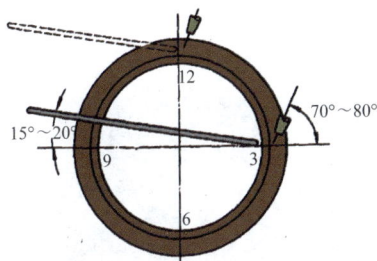

图5-60 Ⅲ段内填丝焊接时的焊枪与焊丝角度

图5-61 Ⅲ段采用外填丝更适合操作

（4）Ⅳ段的焊接。焊工右手握焊枪，左手握焊丝，焊丝由9~12点区域紧贴着12点位置送入9点位置电弧区（见图5-62）。焊接方向是从9~12点收弧。焊枪与焊丝、管件角度如图5-63所示。但随着焊接过程逐渐接近时钟12点位置，焊缝越来越短，焊丝由内填丝法也逐渐过渡为外填丝法，收口时要注意填满弧坑。电弧熄弧后，待焊缝颜色变暗再关闭气阀，停止送入氩气。

焊后焊道外观如图5-64所示。

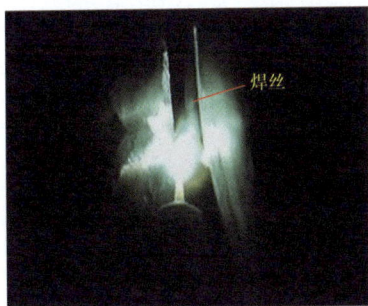

图5-62 Ⅳ段焊缝的焊接

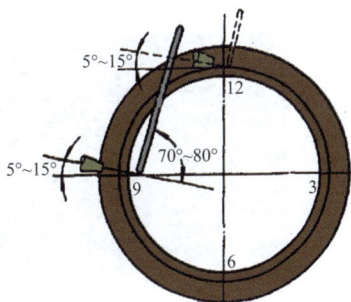

图5-63 Ⅳ段焊接时的焊枪与焊丝角度

图5-64 内填丝法焊接焊道

三、垂直固定管的手工钨极氩弧焊

打底焊时的焊枪角度如图5-65所示，实际操作如图5-66所示。

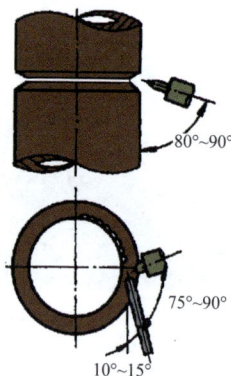

图5-65　打底焊焊枪与焊丝角度

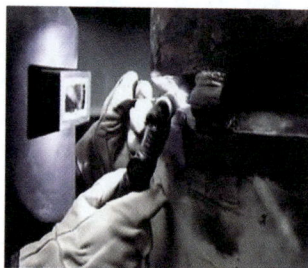

图5-66　垂直固定对接管的实际操作

首先在右侧间隙较小处引弧，待坡口根部熔化，形成熔池和熔孔后开始填加焊丝，当焊丝端部熔化形成熔滴后，将焊丝轻轻向熔池里推一下，并向管内摆动，将液体金属送到坡口根部，保证背面焊缝的高度。填充焊丝的同时，焊枪小幅度作横向摆动并向左均匀移动（见图5-67），可采用月牙形或锯齿形的摆动形式。

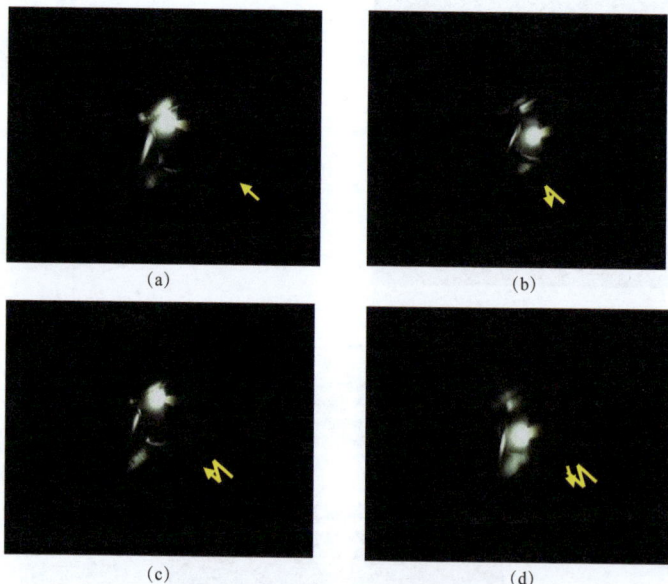

(a)

(b)

(c)

(d)

图5-67　焊接电弧采用小幅锯齿形摆动

(a)、(b)小幅锯齿摆动分解；(c)、(d)小幅锯齿连续摆动分解动作

　　在焊接过程中，填充焊丝以往复运动方式间断地送入电弧内的熔池前方，在熔池前成滴状加入。送丝要有规律，不能时快时慢，以保证焊缝成形美观。当焊工要移动位置暂停焊接时，应按收弧要点操作。

　　打底焊时，熔池的热量要集中在坡口的下部，防止上部坡口过热，母材熔化过多，产生咬边等缺陷。

　　填充焊、盖面焊要根据具体情况，可以采用单道焊，也可采用多道焊，但都要掌握好焊枪角度和摆动幅度，以使熔池超过坡口棱边，保证坡口两侧熔合良好。

　　以盖面层由两道焊缝组成为例，要先焊下面的焊道，后焊上面的焊道，焊枪角度如图5-68所示。焊下面的盖面焊道时，电弧对准打底焊道下沿，使熔池下沿超出管子坡口棱边0.5~1.5mm，熔池上沿在打底焊道1/2~2/3处。焊上面的焊道时，电弧对准打底焊道上沿，使熔池上沿超出管子坡口0.5~1.5mm，下沿与下面的焊道圆滑过渡，焊接速度要适当加快，送丝频率加快，适当减小送丝量，防止焊缝下坠。采用单道盖面焊道的外观如图5-69所示。

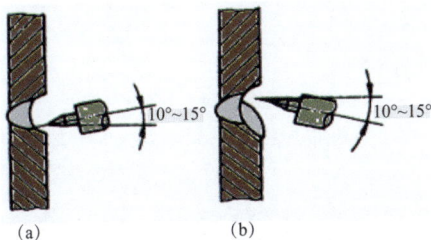

图5-68　盖面焊的焊枪角度
(a) 下面焊道焊接时的焊枪角度；
(b) 上面焊道焊接时的焊枪角度

图5-69　单道盖面焊道的外观

四、不填丝焊法

　　不填丝法又称自熔法。管道对口不留间隙，留有1.5~2mm钝边，如图5-70所示。钝边太大不易熔透，太小则易被烧穿。焊接时，用电弧熔化母材金属的钝边，形成根层焊缝。基本上不填丝，只在熔池温度过高，即将焊穿，或者局部对口不规划，出现间隙时，才少量填丝。操作时，钨极应始终保持与熔池相垂直，以保证钝边熔透。这种方法焊接速度快，节省填充材料。

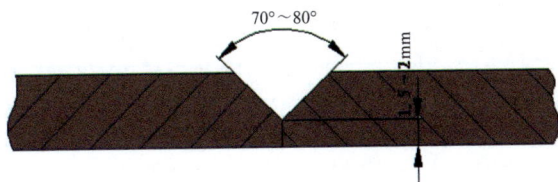

图5-70　不填丝法的管道接头形式

这种方法一般仅适用于小直径薄壁管的打底焊接。其操作要点如下。

当手工钨极氩弧焊装置不具备高频引弧功能时，最好采用划擦法引弧，即在接缝前方5~10mm的坡口中心处轻轻地擦燃电弧，移至施焊点进行施焊，注意控制电流值。焊接电流过小，不能形成连续焊缝；焊接电流过大，使熔池面积增大，容易烧穿。定位焊缝长3~6mm，间距5~10mm。

起弧时为使上下板熔合需稍稍缩短电弧，轻微摆动钨极，待上下板熔合形成熔池时停止摆动，将钨极对准坡口中心连续直线运行施焊。电弧要短，在保证熔合情况下，焊速稍快，要保持均匀速度。熄弧时应填加少许焊丝填满弧坑，可避免因应力集中而使弧坑开裂。在焊接间断焊缝时，这一点尤为重要。

采用合理的焊接顺序及合理的焊接工艺，使焊接变形不明显。如有局部小范围起包，可采用木锤锤击矫正的方法，不锈钢工件禁止使用碳钢锤进行锤击矫正。

第六节　管板的手工钨极氩弧焊

一、插入式管板的焊接

在焊接插入式管板时，只要能保证根部焊透、焊脚对称、外形美观、尺寸均匀无缺陷即可。当插入式管板在平焊位置进行焊接时，其焊枪与焊丝角度如图5-71所示。

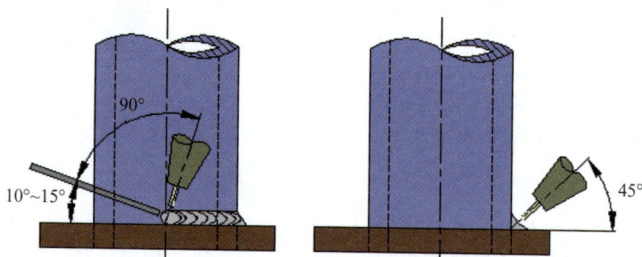

图5-71　平角焊时的焊枪、焊丝角度

焊接时，在工件右侧的定位焊缝上引弧，先不填加焊丝，引燃电弧后，焊枪稍加摆动，待定位焊缝开始熔化并形成熔池后，开始填加焊丝，向左焊接。焊接过程中，电弧以管子与底板的顶角为中心横向摆动，摆动的幅度要适当，使焊脚均匀，注意观察熔池两侧和前方，当管子和底板熔化的宽度基本相等时，说明焊脚对称。为了防止管子咬边，电弧可稍离开管壁，从熔池前方填加焊丝，使电弧的热量偏向底板。

接头时，在原收弧处右侧15~20mm处的焊缝上引弧，引燃电弧后，将电弧迅速移到原收弧处，先不填加焊丝，待接头处熔化形成熔池后，开始填加焊丝，按正常速度焊接。待一圈焊缝焊完时停止送丝，等原来的焊缝金属熔化，与熔池连成一体后再填加焊丝，弧坑填满后断弧。封闭焊缝的最后接头处容易产生未焊透的缺陷，焊接时，必须用电弧加热根部，观察到顶角处熔化后再填加焊丝。如果焊接比较重要的工件，可将原来的焊缝头部磨成斜坡，这样更容易接好头。

仰焊操作难度较大，熔化的母材和焊丝熔滴容易下坠，必须严格控制焊接线能量和冷却速度。焊接电流比平角焊时要小些，焊接速度加快，送丝频率要快，尽量减少送丝量。氩气流量加大，电弧尽量压低，通常采用左向焊法。

焊接时的焊枪、焊丝角度如图5-72所示。

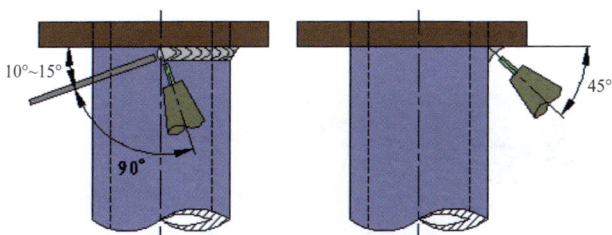

图5-72　仰焊时的焊枪、焊丝角度

焊接时，首先要进行打底焊，打底焊要保证顶角处的熔深。在右侧的定位焊缝上引弧，先不填加焊丝，等定位焊缝开始熔化并形成熔池后，开始填加焊丝，向左焊接。焊接过程中要尽量压低电弧，电弧对准顶角向左焊接，保证熔池两侧熔合良好。焊丝熔滴不能太大，当焊丝端部熔化形成较小的熔滴时，立即送入熔池，然后退出焊丝，观察熔池表面，当要出现下凸时，应加快焊接速度，待熔池稍冷后再填加焊丝。

盖面焊缝可以采用单道焊，也可采用多道焊，采用多道焊时，通常要先焊下边的焊道，后焊上边的焊道。焊接时要注意持枪角度，以盖面层为两条焊道组成情况为例，其焊枪角度如图5-73所示。

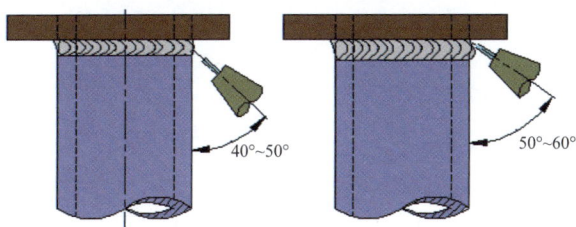

图5-73　盖面焊的焊枪角度（两道焊）

二、骑座式管板的焊接

骑座式管板焊接要求单面焊双面成形，同时又要保证焊缝正面成形美观，焊脚对称。而骑座式管板水平固定焊的操作难度最大，包括平焊、立焊和仰焊三种操作位置，是全位置单面焊双面成形的焊接。

　　焊接时，将焊件按时钟面分成两个相同半周进行，如图5-74所示。首先进行打底焊前半周（Ⅰ）的焊接，在时钟6点左侧10~15mm处引弧，先不填加焊丝，待坡口根部熔化，形成熔池熔孔后，开始填加焊丝，按照顺时针方向焊至12点左侧15~20mm处；然后再从6点钟位置引弧，开始进行打底焊后半周的焊接，引弧后迅速将电弧带至焊缝端部预热，等焊缝端部形成熔池和熔孔后填加焊丝，按逆时针方向焊至前半周的接头处，当焊至接头处时，停止送丝，等接头处焊缝熔化时再填加焊丝，填满最后一个熔池后，结束焊接。

　　盖面焊时，焊枪摆动幅度加宽，以保证焊脚尺寸符合要求，焊接顺序及工艺参数同打底焊。

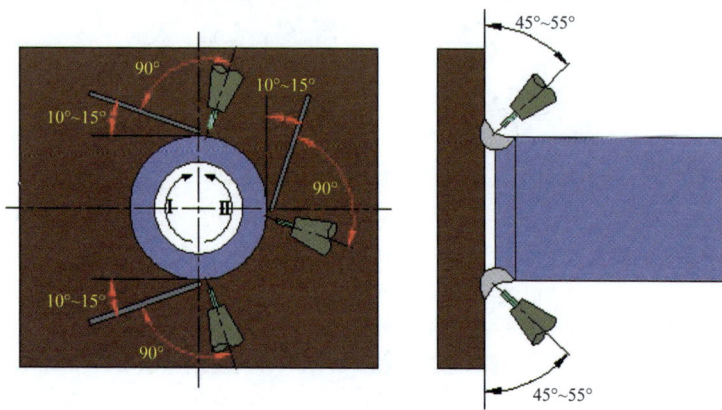

图5-74　水平固定焊时焊枪与焊丝的角度

第六章　CO₂气体保护焊

CO₂气体保护电弧焊也称"CO₂保护焊"，它是熔化极气体保护电弧焊方法中的一种，采用CO_2气体作为保护介质，焊接时用CO_2把电弧即熔池与空气机械地隔离开来，从而避免了有害气体成分侵入，以获得质量良好的焊缝。按操作方法，CO_2保护焊分为CO_2半自动焊和CO_2自动焊。CO_2保护焊的焊接过程如图6-1所示。

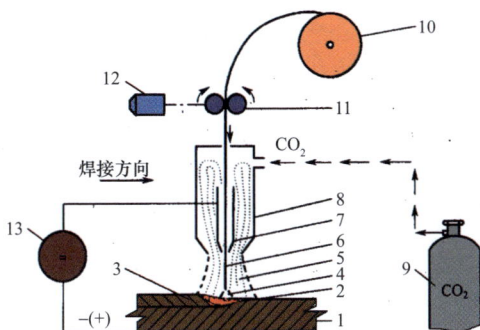

图6-1　CO₂保护焊的焊接过程

1—工件；2—熔池；3—焊道；4—焊接电弧；5—CO₂保护气体；6—焊丝；7—导电嘴；8—焊嘴；9—气瓶；10—焊丝盘；11—送丝滚轮；12—伺服电动机；13—焊接电源

CO₂保护电弧焊由于是明弧，所以施焊部位的可见度好，便于对中，操作方便。CO₂半自动焊用于短焊缝及曲线焊缝的焊接，采用短路过渡焊接时，可以进行全位置焊接。

CO₂保护焊很容易产生金属飞溅，这对焊缝质量及生产率都很为不利。飞溅金属很容易堵塞喷嘴，破坏保护气流，致使焊缝产生气孔；金属飞溅物如果粘在导电嘴上，不仅阻碍焊丝正常输送，而且会成块地进入熔池，使焊缝的质量降低。在焊接过程中，要经常清除喷嘴和导电嘴上的飞溅物。在喷嘴和导电嘴上涂抹硅油，可以减少飞溅金属的粘堵。为了焊后便与清除焊缝周围的飞溅物，还需预先在焊件坡口两侧刷上白垩粉。所有这些都增加了辅助工作时间，从而使生产效率有所降低。

第一节　焊　接　材　料

一、焊丝

CO₂保护焊焊丝一般分为实心焊丝和药芯焊丝两种。实心焊丝的牌号编制方法见氩弧焊部分。药芯焊丝是由薄钢带卷成圆形钢管或异形钢管的同时，填满一定成分的药粉后经拉制而成的一种焊丝。常用的药芯焊丝截面形状如图6-2所示。

图6-2　药芯焊丝的截面形状

(a) O形；(b) T形；(c) 梅花形；(d) 双层药芯；(e) E形

药芯焊丝牌号中，第一个字母"Y"表示药芯焊丝。第二个字母及随后的三位数字与焊条牌号的编制方法相同。牌号中短横线后的数字表示焊接时的保护方法，其中："1"表示气体保护，"2"表示自保护，"3"表示气保护和自保护两用，"4"表示为其他保护形式。当药芯焊丝有特殊性能和用途时，在牌号后面加注起主要用途和起主要作用的元素字母，一般不超过两个字。牌号示例如图6-3所示。

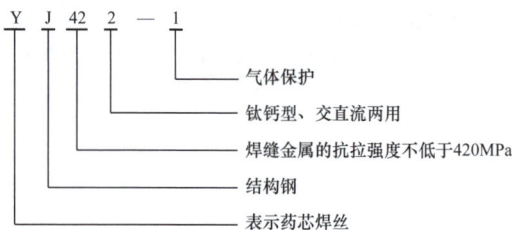

Y J 42 2 — 1

气体保护

钛钙型、交直流两用

焊缝金属的抗拉强度不低于420MPa

结构钢

表示药芯焊丝

图6-3　药芯焊丝牌号示例

CO_2保护焊常用的实心焊丝见表6-1。

表6-1　　　　　CO_2气体保护焊常用的实心焊丝

焊丝牌号	用　　途	焊丝牌号	用　　途
H10MnSi	焊接低碳钢、低合金钢	H08MnSi	焊接低碳钢、低合金钢
H08MnSiA	焊接低碳钢、低合金钢	H08Mn2SiA	焊接低碳钢、低合金钢
H04Mn2SiTiA	焊接低合金高强度钢	H04MnSiAlTiA	焊接低合金高强度钢
H10MnSiMo	焊接低合金高强度钢	H08Cr3Mn2MoA	焊接贝氏体钢
H18CrMnSiA	焊接高强度钢		

CO_2保护焊所用的焊丝，一般直径在$\phi 0.5 \sim \phi 5.0$mm范围内，半自动CO_2保护焊常用的焊丝有$\phi 0.8$、$\phi 1.0$、$\phi 1.2$、$\phi 1.6$mm等几种，焊丝的表面有镀铜和不镀铜两种。使用焊丝时应认真去除表面的油、锈等污物。

二、保护气体

通常将焊接用的CO_2气体压缩成液态储存于容量为40L的钢瓶内。每瓶可装

25 kg液体CO_2。CO_2气瓶应涂铝白色，并用黑色标写有"液态二氧化碳"字样。

第二节　焊接设备与使用

CO_2保护焊设备由弧焊电源、控制箱、送丝机构、焊枪及供气系统组成，大电流CO_2保护焊设备还配有水冷系统。半自动CO_2保护焊设备主要组成部分如图6-4所示。

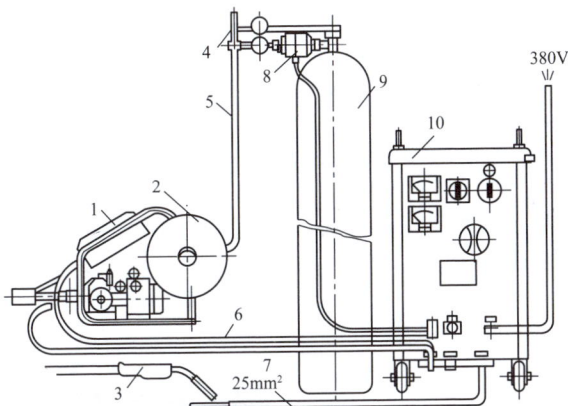

图6-4　CO₂焊接设备的典型配置图

1—控制盒；2—送丝机构；3—焊枪；4—流量计；5—CO₂气管；6—控制电缆；
7—焊接电缆；8—加热器；9—气瓶；10—弧焊整流器

一、焊机

CO_2气体保护焊机的常用型号主要有NBC-200、NBC-250、NBC-315、NBC-350、NBC-500等，典型的NBC系列CO_2气体保护焊焊机如图6-5所示。

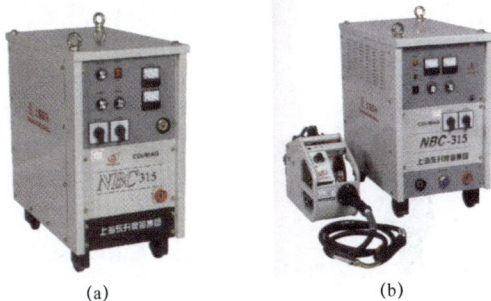

(a)　　　　　　　(b)

图6-5　NBC系列CO₂气体保护焊焊机外形图

(a) 一体式；(b) 分体式

半自动焊的焊接起动开关装在焊枪上。除了程序控制系统外，高档焊接设备还有参数自动调节系统，作用是当焊接工艺参数受到外界干扰而发生变化时可自动调节，以保护焊接工艺参数的恒定，维持正常稳定的焊接过程。

半自动CO_2保护焊的焊接控制程序如图6-6所示。

| 启动 | → | 提前送气
（1~2s） | → | 送丝
供电 | → | 开始焊接 | → | 停止焊接 | → | 停丝
停电 | → | 滞后停气 |

图6-6　半自动CO_2保护焊的焊接控制程序

二、焊枪

焊枪的主要作用是向熔池和电弧区输送保护性良好的气流和稳定可靠地向焊丝供电，并将焊丝准确地送入熔池。半自动CO_2焊枪根据送丝方式不同，可分为推丝式、拉丝式和推拉式三种，生产中常见的是推丝式焊枪和拉丝式焊枪。

1.推丝式焊枪

推丝式焊枪结构简单、轻巧灵活，是目前应用比较普遍的一种焊枪，主要用于给送直径为1mm以上的焊丝。推丝式半自动焊枪有手枪式和鹅颈式两种结构形式，如图6-7和图6-8所示。鹅颈式焊枪应用最广泛，适合于细焊丝，使用灵活方便。手枪式焊枪适合于较粗的焊丝，一般采用水冷方式。

图6-7　鹅颈式半自动CO_2焊焊枪

图6-8　手枪式半自动CO_2焊焊枪

2.拉丝式焊枪

拉丝式焊枪一种是直接将送丝机构和焊丝盘都装在焊枪上（见图6-9），焊枪结构复杂，比较笨重，焊工劳动强度大，通常只适用于直径0.5～0.8mm的细丝焊接。

焊枪构件中，喷嘴（见图6-10）常用紫铜或陶瓷材料制造，焊接前，最好在喷嘴的内外表面上喷一层防飞溅喷剂，或刷一层硅油，便于清除粘附在喷嘴上的飞溅并延长喷嘴使用寿命。

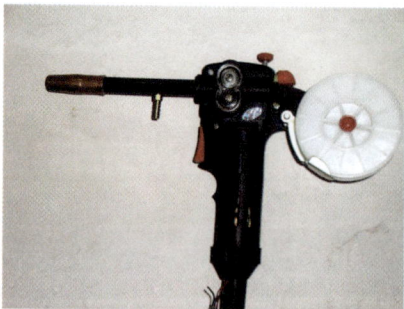

图6-9　带有焊丝盘和送丝机构的拉丝式焊枪

图6-10　喷嘴

图6-11　导电嘴

导电嘴又称焊丝嘴（见图6-11），它常用紫铜、铬青铜或磷青铜制造。为保证导电性能良好，减小送丝阻力和保证对中心。焊丝嘴的内孔直径必须按焊丝直径选取，孔径太小，送丝阻力大，孔径太大则送出的焊丝端部摆动太厉害，造成焊缝不直，保护也不好。通常焊丝嘴的孔径比焊丝直径大0.2mm左右。

三、送丝机构

在CO_2焊设备中，送丝机构是焊机的重要组成部分，焊接电流的大小就是通过改变送丝速度来实现的。送丝电动机通常采用直流微电动机，可无级调速，送丝电动机的功率一般为30～80W。送丝滚轮将焊丝均匀稳定地通过软管及焊枪给送至电弧区。滚轮的传动有单主动轮和双主动轮两种传动方式。双主动轮传动推力大，送丝均匀，应用比较普遍。

双主动轮送丝，这种方法有单双主动和两双主动两种形式。单双主动轮送丝是两个送丝滚轮均为主动轮，这样送丝力大，还可以减小焊丝在送进过程中的偏摆。二轮和四轮成对滚轮送丝机构如图6-12所示。

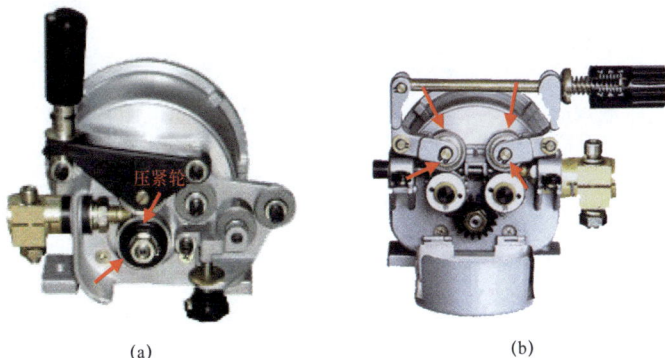

(a)　　　　　　　　　　　　　(b)

图6-12　成对滚轮送丝机构

(a) 二轮送丝；　(b) 四轮送丝

送丝软管是将焊丝传给焊枪的主要通道。目前送丝软管主要有三种形式：尼龙软管、外包电缆的弹簧软管（既作送丝又作导电）、外包弹簧钢丝的弹簧软管，后两种用得较多。

四、供气系统

供气系统的作用是将钢瓶中的液态CO_2变成合乎要求的、具有一定流量的CO_2气体，并及时地送到电弧区。CO_2供气系统由气瓶、加热器和干燥器、气体减压表等组成。

减压阀用于调节气体的压力和控制气体的流量。CO_2焊所用的气体减压阀可与氧气表减压阀通用，气体流量计用来测量CO_2气体的流量，一般常用的是转子流量计，一般为$10\sim20L/min$。

加热器的作用是对CO_2气体进行加热。干燥器作用是吸收CO_2气体中的水分和杂质。如果对焊缝质量的要求不高，也可不加干燥器。生产中，通常采用将加热器、减压表和流量计合为一体的减压流量调节器（见图6-13），使用更为方便。

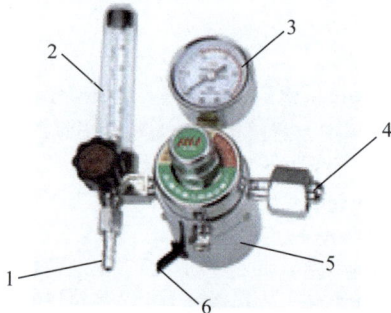

图6-13 CLT-25型减压流量调节器

1—出气口；2—流量计；3—压力表；4—进气口；5—加热器；6—预热电缆

CO_2气体保护焊时，如果CO_2气体纯度不够，也可采取下列措施来消除CO_2气体中的水分和空气。

（1）新装的CO_2瓶，应倒置$1\sim2h$，使密度大的水沉到瓶口部位，然后小心地打开瓶阀放出一部分液体，这样进行$2\sim3$次，每次间隔30min，就可以去除一部分水分。

（2）使用前，先将瓶内杂气放掉（一般放$2\sim3min$即可）。

（3）CO_2气瓶中气压降到980kPa时，应该停止用于CO_2气体保护焊，因为这时CO_2气体中所含水分比饱和压力下增加3倍左右，如果继续作为CO_2气体保护焊的保护气体，将使焊缝产生气孔。

五、CO_2焊设备使用与维护

使用CO_2气体保护焊设备前，应将各部件按一定的程序用电缆连接起来。设备的连接方法根据机组的不同有所差异，但其一般的连接程序大致相同。以NBC-250型CO_2气体保护焊设备为例，首先按接地标识安装好焊机的接地线，将装配好的焊枪接头一端插到送丝机接头上（见图6-14），然后把绕有焊丝的焊丝盘装在送丝机的安装轴上（见图6-15），并拧紧螺钉。用钢丝钳将焊丝端头校直后，通过导向管将焊丝送到送丝轮的沟槽内（注意导向管应该与送丝轮的沟槽对正，并确认导向管和送丝轮与焊丝直径相适应）。调节加压手柄对焊丝进行加压（见图6-16），调整焊丝的压紧力过程中，有压力刻度时，应按指定刻度调整压力。若无刻度时，压力应调到焊丝不致在沟槽中滑动，并能稳定地送丝。

图6-14　焊枪与焊机连接

图6-15　装焊丝盘

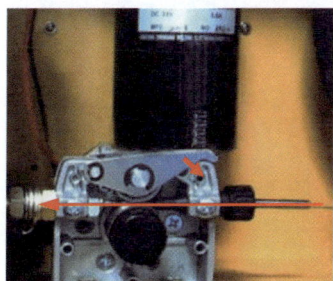

图6-16　装焊丝

图6-17　接输气管

接着将CO₂输气管接到CO₂减压阀接头上（见图6-17），按标识把CO₂减压流量调节器的电源线（36V）插到焊机插座上（见图6-18），将焊机的电源输入线连接到三相380V电源上（见图6-19）。

图6-18　接CO₂减压流量调节器电源线

图6-19　接焊机输入电源线

使用时，合上供电开关，打开焊机电源开关，粗调电流到合适位置（见图6-20），按焊枪开关，使焊丝伸出焊枪一定长度（见图6-21），注意不要将焊丝与焊件碰上，以免打弧。打开减压阀，按工艺要求调整流量计到合适流量（见图6-22），调节流量时，首先合上预热器开关，CO_2气体预热器表面温度上升，然后打开气瓶，旋开低压调整手柄，此时气压表指示低压输出，注意要将输出压力调至0.2~0.3MPa以上。将焊接电源面板上的检视气流开关置于"检视"一侧。旋动流量计针阀旋钮，调节到规定的流量，并注意有无漏气。最后将检视开关置于"焊接"。再细调电流到合适位置（见图6-23），即可焊接。

图6-20　开焊机电源开关并粗调电流

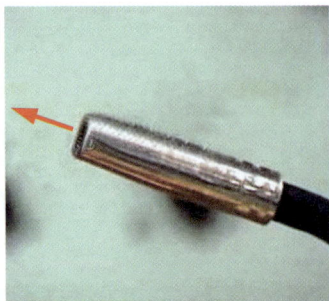
图6-21　送丝

图6-22　调整CO_2气体流量

图6-23　细调电流

需要说明的是：目前使用的CO_2气体保护焊机有两种调整方式：①焊接电流和电弧电压分别单独调整，称为个别调整方式；②焊接电流和电弧电压用同一个旋钮调整，称为一元化调整方式。

采用个别调整方式时，焊机面板（或遥控盒）上分别有焊接电流和电弧电压两个调节旋钮，按其设置的大致刻度，可以预先粗略给定所需要的焊接电流和电弧电压值。然后，点燃电弧时再根据电流表和电压表的指示，准确地调整。采用一元化调整方式时，可以根据电流旋钮的刻度，粗调焊接参数。点燃电弧后，再根据电流表和电压表的指示或电弧燃烧情况，调整电压微调旋钮。

为保证CO_2气体保护焊设备的正常工作，应经常对设备进行维护保养，对主要部件经常进行检查。为安全起见，检查前，焊机输入端的电源必须切断，依次检查焊枪、送丝机、电缆、气路、水路和焊接电源。

CO_2电弧焊机常见故障的产生原因及其排除方法见表6-2。

表6-2　　　　　CO₂电弧焊机常见故障的产生原因及排除方法

故　障	产生原因	排除方法
送丝不均匀	1. 焊枪开关或控制线路接触不良	1. 检修拧紧
	2. 送丝滚轮压力调节不当	2. 调节送丝压力
	3. 送丝滚轮磨损	3. 更换新滚轮
	4. 减速箱故障	4. 检修减速箱
	5. 送丝软管接头或内层弹簧松动或堵塞	5. 清理修正
	6. 焊丝绕制不好，时松时紧或弯曲	6. 更换一盘后调直重绕
	7. 焊枪导电部分接触不良，导电嘴孔径大小不合适	7. 检修或换新
	8. 送丝电动机故障	8. 检修电动机
焊接过程发生熄弧现象和焊接规范不稳	1. 导电嘴打弧烧坏	1. 更换新导电嘴
	2. 焊丝弯曲太大，焊丝送不出	2. 调直焊丝
	3. 导电嘴孔径太大	3. 更换合适的导电嘴
	4. 焊接规范不合适	4. 重调焊接规范
	5. 电感值选择不当	5. 调节电感值
	6. 焊接电源直流回路元件接触不良	6. 检修电路元件
	7. 送丝滚轮磨损	7. 更换滚轮
焊丝在送丝滚轮和导电杆进口处发生弯曲	1. 导电嘴和焊丝粘住	1. 更换导电嘴
	2. 导电嘴内孔太小，配合太紧	2. 更换适当孔径
	3. 导电杆进口离送丝轮太远	3. 缩短两者距离
	4. 弹簧软管内径小或堵塞	4. 清理或更换弹簧软管
	5. 送丝滚轮、导电杆与送丝管不在一条直线上	5. 调直
焊丝停止给送和送丝电动机不转	1. 送丝滚轮打滑	1. 调整送丝滚轮压力或更换滚轮
	2. 焊丝和导电嘴熔合	2. 连同焊丝拧下导电嘴，更换导电嘴
	3. 焊丝卷曲卡在焊丝进口管处	3. 将焊丝退出剪去一段
	4. 电极碳刷磨损	4. 更换
	5. 电动机电源变压器损坏	5. 检修更换
	6. 熔丝熔断	6. 换新
	7. 焊枪开关接触不良或控制线路断路	7. 检修和接通线路
	8. 控制继电器触点烧损或线圈烧坏	8. 修理触点或更换继电器
	9. 调速线路故障 （1）接触不良或断线 （2）整流元件击穿 （3）控制变压器烧坏 （4）晶闸管调速线路的电位器损坏 （5）晶闸管调速线路接触不良 （6）晶闸管调速线路的三极管烧坏 （7）晶闸管调速线路的晶闸管损坏	9. 逐项排除如下 （1）拧紧、接通 （2）换新元件 （3）重绕或换新 （4）~（7）检修或更换

故　障	产生原因	排除方法
电动机转速突然增高及发热	1. 励磁线圈与外壳短路	1. 检修短路处使之绝缘良好
	2. 晶闸管击穿	2. 更换新晶闸管
焊接电压低	1. 车间网路电压低	1. 调大一挡
	2. 三相电源有一相断路（1）熔丝熔断	2. （1）更换
	（2）硅整流器件击穿	（2）更换，检查保护电路
	3. 三相变压器单相断线或短路	3. 重绕或更换
	4. 接触器单相不供电	4. 检修或更换交流接触器触点
焊接电流小	1. 电缆接头松	1. 拧紧
	2. 电缆与工件接触不良	2. 清理工件表面
	3. 电缆与焊枪导电杆接触不良	3. 拧紧螺母
	4. 焊枪导电嘴与导电杆接触不良	4. 紧固连接处
	5. 焊枪导电嘴内径大	5. 换较小导电嘴
	6. 送丝电动机转速提不高	6. 检查电动机及供电系统
电压失调	1. 焊接线路接触不良或断线	1. 用万用表检查，拧紧或接通
	2. 三相开关损坏	2. 检修或更换
	3. 变压器轴头接触不良	3. 修理变压器
	4. 大功率硅管击穿	4. 换新管
	5. 变压器烧损	5. 检修或更换
	6. 移相和触发电路故障	6. 更换新元件
	7. 磁放大器故障	7. 检修
	8. 线路接触不良或断线	8. 检修线路
	9. 继电器触点或线圈烧坏	9. 检修或更换
电流失调	1. 送丝电动机及线路故障	1. 检修，更换
	2. 晶闸管调速线路故障	2. 检修，更换
	3. 变压器断线或接触不良	3. 检修
气体保护不良	1. 电磁气阀失效	1. 修理电磁阀
	2. 气路阻塞	2. 检修气路通畅
	3. 气路接头漏气	3. 紧固接头
	4. 喷嘴因飞溅堵塞	4. 清理喷嘴
	5. 减压表冻结	5. 预热器不热，检修
	6. 气体流量不够大	6. 放大流量

第三节　工艺参数及选用

CO₂气体保护焊工艺参数包括：焊丝直径、焊接电流、电弧电压、焊接速度、焊丝伸出长度、直流回路电感值、CO₂气体流量、电源极性等。焊接过程中各种参数及因素对CO₂焊质量的影响如图6-24所示。

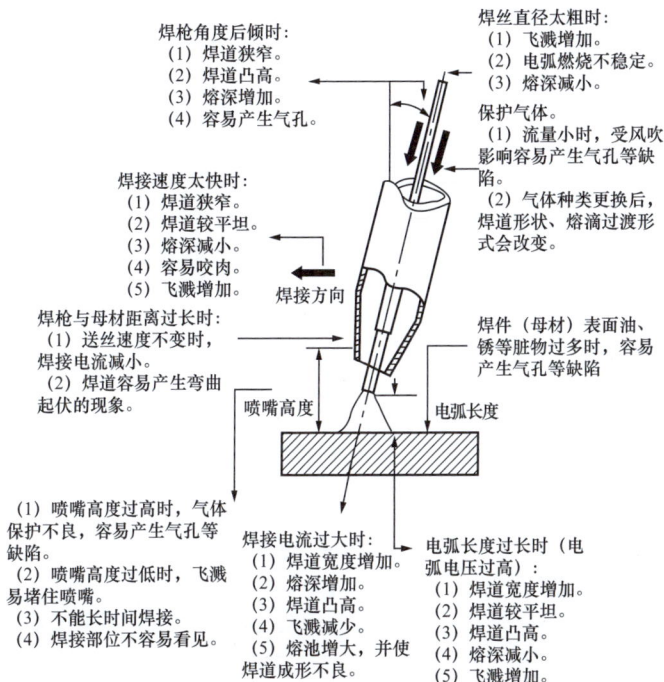

焊枪角度后倾时：
(1) 焊道狭窄。
(2) 焊道凸高。
(3) 熔深增大。
(4) 容易产生气孔。

焊丝直径太粗时：
(1) 飞溅增加。
(2) 电弧燃烧不稳定。
(3) 熔深减小。

保护气体：
(1) 流量小时，受风吹影响容易产生气孔等缺陷。
(2) 气体种类更换后，焊道形状、熔滴过渡形式会改变。

焊接速度太快时：
(1) 焊道狭窄。
(2) 焊道较平坦。
(3) 熔深减小。
(4) 容易咬肉。
(5) 飞溅增加。

焊接方向

焊枪与母材距离过大时：
(1) 送丝速度不变时，焊接电流减小。
(2) 焊道容易产生弯曲起伏的现象。

焊件（母材）表面油、锈等脏物过多时，容易产生气孔等缺陷

喷嘴高度　电弧长度

(1) 喷嘴高度过高时，气体保护不良，容易产生气孔等缺陷。
(2) 喷嘴高度过低时，飞溅易堵住喷嘴。
(3) 不能长时间焊接。
(4) 焊接部位不容易看见。

焊接电流过大时：
(1) 焊道宽度增加。
(2) 熔深增加。
(3) 焊道凸高。
(4) 飞溅减少。
(5) 熔池增大，并使焊道成形不良。

电弧长度过长时（电弧电压过高）：
(1) 焊道宽度增加。
(2) 焊道较平坦。
(3) 焊道凸高。
(4) 熔深减小。
(5) 飞溅增加。

图6-24　焊接工艺参数对CO₂气体保护焊的影响

焊丝直径的选择见表6-3。

表6-3　　　　　　　　　焊丝直径的选择　　　　　　　　（mm）

焊丝直径	熔滴过渡形式	焊件厚度	焊缝位置
0.5～0.8	短路过渡	1～2.5	全位置
	细颗粒过渡	2.5～4	水平
1.0～1.4	短路过渡	2～8	全位置
	细颗粒过渡	2～12	水平
1.6	短路过渡	3～12	水平、立、横、仰焊
≥1.6	短路过渡	3～12	立、横
	细颗粒过渡	>6	水平

选择焊接电流的依据主要是焊丝直径，其次应根据工件厚度、坡口形式、所需熔滴过渡形式及生产率等。

每种直径的焊丝都有一个合适的电流范围，只有在这个范围内焊接过程才能稳定进行。通常直径0.8～1.6mm的焊丝，短路过渡的焊接电流在40～230A范围，细颗粒过渡的焊接电流在250～500A范围内。不同直径焊丝推荐的焊接电流值列于表6-4。

表6-4　　　　　　　　不同直径焊丝推荐的电流值

焊丝直径（mm）		焊接电流范围（A）	焊丝直径（mm）		焊接电流范围（A）
细丝	0.6	40～100	细丝	1.6	120～250
	0.8	60～130	粗丝	2.0	200～600
	1.0	80～160		2.5	300～700
	1.2	100～180		3.0	500～800

在大电流焊接时，电弧电压一般为30～50V。若电压过高，则金属飞溅增多，容易产生气孔；电压太低，则电弧太短，焊缝成形不良。

电弧电压必须与焊接电流配合选定。在焊接打底焊缝或空间位置焊缝时，常采用短路过渡方式，在立焊和仰焊时，电弧电压略低于平焊位置，以保证短路过渡过程稳定，通常电弧电压为17～24V。

在一般条件下，细丝半自动CO_2电弧焊速度不会超过30m/h。

焊丝伸出长度是指焊接时焊丝伸出导电嘴的长度。焊丝的伸出长度也可按下列经验公式计算

$$L=10d$$

式中：L为焊丝的伸出长度，mm；d为焊丝直径，mm。

一般细丝CO_2保护焊，焊丝伸出长度约8～14mm；粗丝CO_2保护焊，焊丝伸出长度约为10～20mm。常用焊丝伸出长度的推荐范围见表6-5。

表6-5　　　　　　常用焊丝伸出长度的推荐范围　　　　　（mm）

焊丝直径	焊丝伸出长度	
	CO_2	Ar+CO_2
0.8	6～12	12～16
1.0	8～15	15～20
1.2	10～18	18～24
1.6	16～24	24～32

CO_2气流量必须具有足够的挺度才能实现气体保护，生产中，一般细丝焊的流量约为8~15L/min，粗丝焊的流量约为20L/min。

CO_2气体保护焊通常都采用直流反接，即焊件接负极，焊丝接正极。这种接法可使焊接过程稳定、飞溅小、熔深大。直流正接时主要用于堆焊、铸铁补

焊及大电流高速CO_2气体保护焊。

在短路过渡形式的CO_2保护焊中，电感值是影响焊接过程稳定性以及焊缝熔深的主要因素，调节电感的目的为：①为了调节电源的动特性以保证焊接过程的稳定；②为了适合不同厚度的工件焊接。当使用$\phi 0.6\sim1.2$mm很细焊丝时，一般取电感值约为$0.01\sim0.16$mH；当使用$\phi 1.6\sim2$mm粗焊丝时，一般取电感值为$0.30\sim0.70$mH，具体详见表6-6。

表6-6　　　　　　　　　　焊接回路电感值的选择

焊丝直径（mm）	0.8	1.2	1.6
电感（mH）	0.01~0.08	0.01~0.16	0.30~0.7

CO_2保护焊可以焊接的接头形式与空间位置与手工电弧焊相同，是十分灵活的。但由于CO_2保护焊使用的电流密度大，因此在焊接坡口的角度较小、钝边较大的情况下也能焊透；又由于焊枪喷嘴直径较焊条直径粗得多，因此焊厚板采用的U形坡口的圆弧半径较大，才能保证根部焊透。坡口的加工可采用刨床加工、铣床加工、数控气割或半自动气割、车床加工和手工加工等方法。

第四节　CO_2保护焊基本操作技术

一、操作方法

半自动CO_2焊接时，焊枪上接有焊接电缆、控制电缆、气管、水管及送丝软管等，焊枪的质量较大，焊工操作时很容易疲劳，而使操作者很难握紧焊枪，影响焊接质量。因此，应该尽量减轻焊枪把线的质量，并利用肩部、腿部等身体的可利用部位，减轻手臂的负荷，使手腕处于自然状态并能够灵活带动焊枪移动。焊接过程中，软管电缆要有足够的拖动余量，以保证可以随意拖动焊枪，并能维持焊枪倾角不变，能够清楚、方便地观察溶池。送丝机要放到合适的位置，满足焊枪能够在施焊位置范围内自由移动。

在焊接过程中，保持一定的焊枪角度和喷嘴到工件的距离，并能清楚地观察熔池；同时还要注意焊枪移动的速度要均匀，焊枪对准坡口的中心线等。实际操作时，焊工应根据焊接电流大小、溶池形状、熔合情况、装配间隙以及钝边大小等现场条件，灵活地调整焊枪前进速度和摆幅大小，力求获得合格的焊缝。

焊枪的倾角也是不容忽视的因素。当焊枪倾角小于10°时，不论是前倾还是后倾，对焊接过程及焊缝成形都没有明显的影响；但倾角过大时，将增加熔宽并减小熔深，还会增加飞溅。

CO_2保护焊的操作方法，按其焊枪的移动方向（向左或向右），可分为左向焊法和右向焊法两种，如图6-25所示。

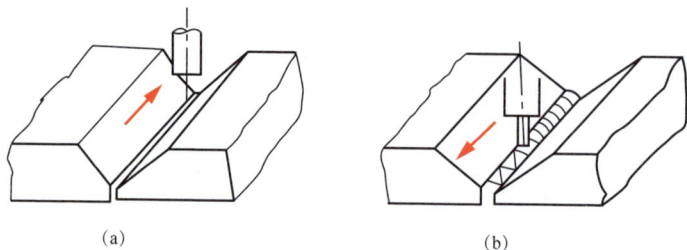

(a)   (b)

图6-25　右向焊法和左向焊法示意图

(a) 右向焊法；　(b) 左向焊法

采用右向焊法时，熔池可见度及气体保护效果都比较好，但焊接时不便观察接缝的间隙，容易焊偏。而且由于焊丝直径直指溶池，电弧对溶池有冲刷作用，如果操作不当，可使焊波高度过大，影响焊缝成形。

通常焊工都习惯用右手持焊枪，采用左向焊法时（从右向左焊接），焊枪采用前倾角，喷嘴不会挡住焊工视线，能够清楚地看到接缝，故不容易焊偏，并且能够得到较大的熔宽，焊缝成形比较平整美观，因此，一般都采用左向焊法。

二、引弧

在引弧时，电弧稳定燃烧点不易建立，使引弧变得比较困难，往往造成焊丝成段地爆断，所以引弧前要把焊丝伸出长度调好。如果焊丝端部有粗大的球形头，应用钳子剪掉。引弧前要选好适当的引弧位置，起弧后要灵活掌握焊接速度，以避免焊缝始段出现熔化不良和使焊缝堆得过高的现象。

半自动CO_2保护焊，通常采用短路接触法引弧，短路接触法引弧又分为爆断引弧和慢送丝引弧两种。

1. 爆断引弧法

爆断引弧法的基本过程是：首先使焊丝与工件接触，在较大的短路电流的作用下，焊丝与工件的接触处熔化，焊丝爆断后引燃电弧。具体操作步骤如图6-26所示。

（1）引弧前先按遥控盒上的点动开关或按焊枪上的控制开关，点动送出一段焊丝，伸出长度小于喷嘴与工件间应保持的距离。

（2）将焊枪按要求（保持合适的倾角和喷嘴高度）放在引弧处。此时焊丝端部与工件未接触。喷嘴高度由焊接电流决定。若操作不熟练时，最好双手持枪。

（3）按焊枪上的控制开关，焊机自动提前送气，延时接通电源，保持高电压。当焊丝碰撞工件短路后，自动引燃电弧。短路时，焊枪有自动顶起的倾向，引弧时要稍用力下压焊枪，防止因焊枪抬高，电弧太长而熄灭。

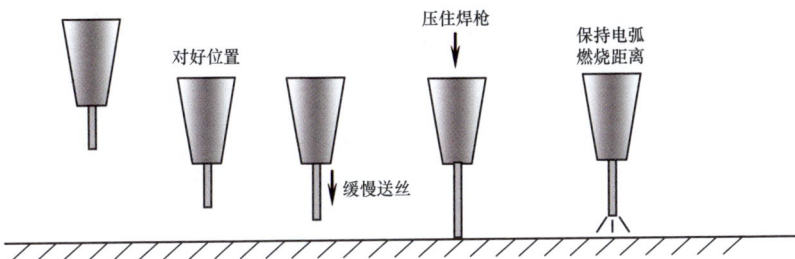

图6-26 CO₂气体保护焊的爆断引弧过程

2.慢送丝引弧

慢送丝引弧适用于粗丝，基本过程与爆断引弧类似，不同之处是通过缓慢送丝使焊丝与工件接触后再提高送丝速度达到正常值，以保证引弧的可靠性，具体操作如图6-27所示。

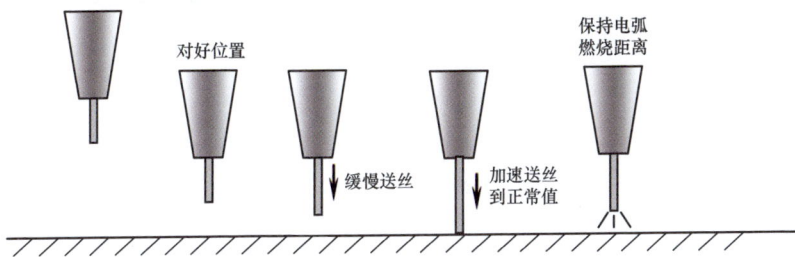

图6-27 CO₂气体保护焊的慢送丝引弧过程

引弧后，为保证电弧正常燃烧，喷嘴与工件间距离根据焊接电流来选择，如图6-28所示。

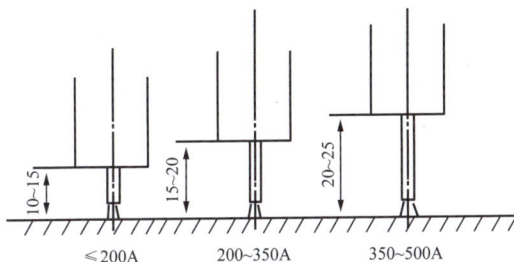

图6-28 喷嘴与工件间距离与焊接电流的关系

三、焊枪运动形式

为控制焊缝的宽度和保证熔合质量，CO₂气体保护焊施焊时也要像焊条电弧焊那样，焊枪也要作横向摆动。通常，为了减小热输入、热影响区，减小变形，不应采用大的横向摆动来获得宽焊缝，较厚焊件应采用多层多道焊来焊接。

焊枪的摆动形式及应用范围见表6-7。

表6-7　　　　　　　　　　　　　焊枪的摆动形式及应用范围

应用范围及要点	摆动形式
薄板及中厚板打底焊道	
薄板根部有间隙、坡口有钢垫板时	
坡口小时及中厚板打底焊道，在坡口两侧需停留0.5 s左右	
厚板焊接时的第二层以后的横向摆动，在坡口两侧需停留0.5 s左右	
多层焊时的第一层	
坡口大时，在坡口两侧需停留0.5 s左右	

四、收弧

CO_2保护焊机有弧坑控制电路，则焊枪在收弧处停止前进，同时接通此电路，待熔池填满时断电。这种程序控制的熄弧方式有焊丝反烧熄弧和电流衰减熄弧两种。焊丝反烧熄弧时，先停止送丝，电弧继续燃烧，弧长逐渐增大，经过一定时间后切断焊接电源，电弧熄灭。电流衰减熄弧时，首先使焊接电流及送丝速度衰减，防止焊丝与工件粘连，填满弧坑后再停止送丝并切断电源。

若焊机没有弧坑控制电路，或因焊接电流小没有使用弧坑控制电路时，在收弧处焊枪停止前进，并在熔池未凝固时，反复断弧，引弧几次，直至弧坑填满为止。操作时动作要快，如果熔池已凝固才引弧，则可能产生未熔合及气孔等缺陷。

收弧时应在弧坑处稍作停留，然后慢慢抬起焊枪，这样就可以使熔滴金属填满弧坑，并使熔池金属在未凝固前仍受到气体的保护。若收弧过快，容易在弧坑处产生裂纹和气孔。

五、接头

接头的好坏直接影响焊接质量，接头处的处理方法如图6-29所示。当对不需要摆动的焊道进行接头时，一般在收弧处的前方10~20mm处引弧，然后将电弧快速移到接头处，待熔化金属与原焊缝相连后，再将电弧引向前方，进行正常焊接，如图6-29（a）所示。

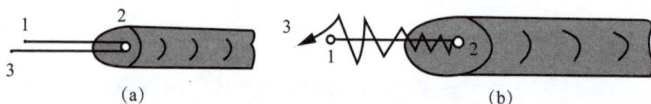

图6-29　CO_2焊的接头操作

（a）不摆动操作；　（b）摆动操作

摆动焊道进行接头时，在收弧处的前方10～20mm处引弧，然后以直线方式将电弧带到接头处，待熔化金属与原焊缝相连后，再从接头中心开始摆动，在向前移动的同时逐渐加大摆幅，转入正常焊接，如图6-29（b）所示。

为了保证焊件装配关系的坡口尺寸，在焊前必须对焊件进行定位焊，具体可参见以前章节。

第五节　板材CO₂保护焊的操作技巧

一、对接平焊

板材平焊时的焊接工艺参数见表6-8。

表6-8　　　　　　　　　　板材平焊时的焊接工艺参数

板厚（mm）	坡口形式	焊接顺序	焊丝直径（mm）	焊丝伸出长度（mm）	焊接电流（A）	电弧电压（V）	气体流量（L/min）
2	I形		0.8	10～15	60～70	17～19	8～10
6	V形	打底焊	0.8	10～15	70～80	17～18	8～10
		盖面焊	0.8	10～15	90～95	19～20	8～10
12	V形	打底焊	1	15～20	90～95	18～20	10
		填充焊	1	15～20	110～120	20～22	10
		盖面焊	1	15～20	110～120	20～22	10
12	V形	打底焊	1.2	20～25	90～110	18～20	10～15
		填充焊	1.2	20～25	220～240	24～26	20
		盖面焊	1.2	20～25	230～250	25	20

对于薄板对接一般都采用短路过渡，随着工件厚度的增大，大都采用颗粒过渡，这时熔深较大，可以提高单道焊的厚度或减小坡口尺寸；对于中等厚度的钢板，可以采用I形坡口进行双面单层焊，也可以开坡口进行单面或双面焊。通常CO₂保护焊时，坡口的钝边稍大而坡口角度较小。

1.打底焊

打底焊时，熔池的形状如图6-30所示。焊工必须根据装配间隙及焊接过程中焊件的温升情况的变化，调整焊枪角度、摆动幅度和焊接速度，尽可能地维持熔孔直径不变，保证获得平直、均匀的背面焊道。

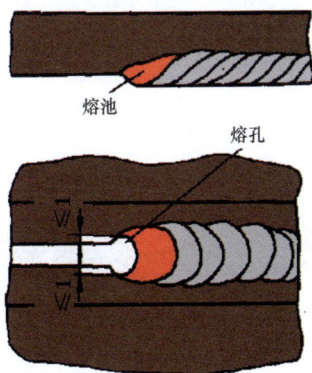

图6-30　打底焊道的熔池形状

打底焊时，如果坡口角度较小，熔化金属容易流到电弧前面去，而产生未焊透的缺陷。在焊接时可采取右焊法，直线式移动焊枪；当坡口角度较大时，应采用左焊法和小幅度摆动焊枪。

坡口间隙的大小对熔透效果和焊工操作影响很大。坡口间隙小时，焊丝近于垂直地对准熔池头部；而坡口间隙大时，焊丝指向熔池中心，并进行摆动。当坡口间隙较小时，一般采用直线焊接或者小幅度摆动，当坡口间隙为1～2mm时，采用月牙形的小幅度摆动，如图6-31（a）所示，在焊道中心稍快些移动，而在坡口两侧停留大约0.5～1s。当坡口间隙更大时，摆动方式在横向摆动的同时还要前后摆动，如图6-31（b）所示，这时不应使电弧直接作用到间隙上。

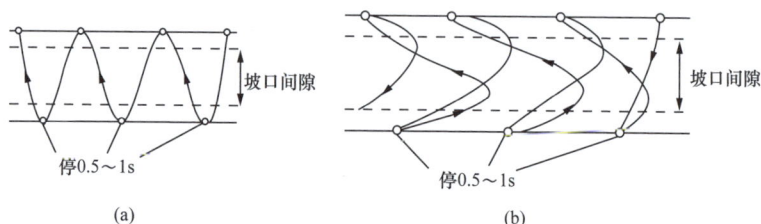

停0.5～1s

(a)

停0.5～1s

(b)

图6-31 不同坡口间隙的焊丝摆动方式
（a）坡口间隙较小； （b）坡口间隙较大

打底焊通常采用短锯齿形或月牙形摆动。假如短锯齿形或月牙形的间距没有掌握好，焊丝在装配间隙中间可能穿出，一般情况下，可允许整条焊缝中有少量焊丝穿出，但如果穿出的焊丝很多，是不允许的。为了防止焊丝向外穿出，打底时，焊枪要握得稳，必要时可用双手同时把住焊枪，右手握住焊枪的后部分，食指按住起动开关，左手握把，这样可减少穿丝或不穿丝，保证打底的顺利进行和焊缝的内部质量。

当采用左焊法时，一般电弧在坡口两侧稍加停留，使熔孔直径比间隙略大0.5～1mm，尽量保持熔孔的直径不变，保证坡口两侧熔合良好。打底焊时要保证焊道两侧与坡口结合处略下凹，焊道表面平整，焊道厚度不要太厚，如图6-32所示。

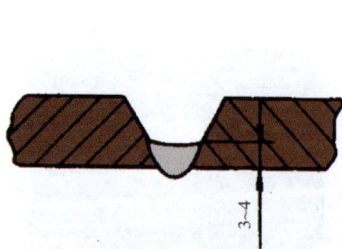

图6-32 打底焊道

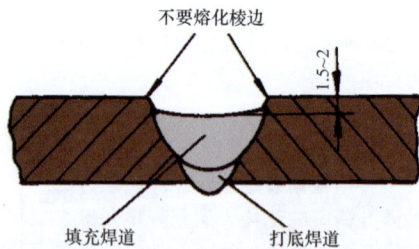

不要熔化棱边

填充焊道   打底焊道

图6-33 填充焊道

打底焊时，应减少接头。CO_2焊的接头方式与焊条电弧焊完全不一样。焊条电弧焊时，当电弧烧到熔孔处，压低电弧，稍作停顿才能接上，而CO_2焊只需正常焊接，用它的熔深就可以把接头接上。接头时，要用砂轮把弧坑部位打磨成缓坡形。打磨时不要破坏坡口的边缘，使试件间隙局部变宽，而给打底焊造成困难。接头时，焊丝的顶端对准缓坡焊接，当电弧燃烧到缓坡最薄处时即可正常摆动。熄弧或打底焊结束后，焊枪不要马上离开弧坑，防止产生缩孔、气孔等缺陷。

2. 填充焊

填充焊时如果采用单层焊，要注意摆动幅度要适当加大，坡口的两侧熔合良好，保证焊道表面平整并略向下凹，同时还要保证不能将棱边熔化，使焊道表面距离坡口上棱边1.5~2mm为好，如图6-33所示。如果采用多层焊，要注意焊接次序、摆动手法及焊缝宽度等。

3. 盖面焊

盖面焊时的摆动幅度要比填充焊时大，尽量保证焊接速度均匀，以获得良好的外观成形；要保证熔池边缘超过工件表面0.5~1.5mm，并防止咬边。

对于较薄焊件，焊接时只需单层单道焊即可完成焊接，这时焊接既要保证焊缝背面成形，又要保证正面成形，焊接时要特别仔细，在焊件右端引燃电弧，待左侧形成熔孔后，向左焊接，焊枪可沿间隙前后摆动或小幅度摆动，不能长时间对准间隙中心，否则容易烧穿。

二、平角焊

根据焊件厚度不同，水平角焊缝可采用单层单道焊和多层焊。

1. 单层单道焊

当焊脚高度小于8mm时，可采用单道焊。单道焊时根据焊件厚度的不同，焊枪的指向位置和倾角也不同。当焊脚高度小于5mm时，焊枪指向根部，如图6-34（a）所示；当焊脚高度大于5mm时，焊枪指向如图6-34（b）所示，距离根部1~2mm。焊接方向一般为左焊法。

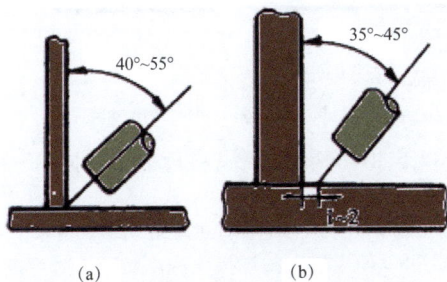

图6-34　角接平焊时的焊枪位置

(a) 焊脚小于5mm；　(b) 焊脚大于5mm

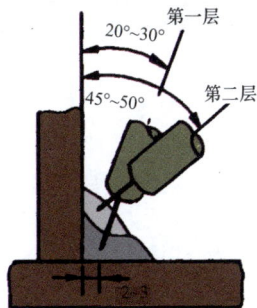

图6-35　两层焊时的焊枪角度

水平角焊缝由于焊枪指向位置、焊枪角度及焊接工艺参数使用不当，将得到成形不良焊道。当焊接电流过大时，铁水容易流淌，造成垂直角的焊脚尺寸小和出现咬边，而水平板上焊脚尺寸较大，并容易出现焊瘤。为了得到等长度焊脚的焊缝，焊接电流应小于350A，对于不熟练的焊工，电流应再小些。

2. 多层焊

由于水平角焊缝使用大电流受到一定的限制，当焊脚尺寸大于8mm时，就应采用多层焊。多层焊时为了提高生产率，一般焊接电流都比较大。大电流焊接时，要注意各层之间及各层与底板和立板之间要熔合良好。最终角焊缝的形状应为等焊脚，焊缝表面与母材过渡平滑。根据实际情况要采取不同的工艺措施。例如焊脚尺寸为8～12mm的角焊缝，一般分两层焊道进行焊接。第一层焊道电流要稍大些，焊枪与垂直板的夹角要小，并指向距离根部2～3mm的位置。第二层焊道的焊接电流应适当减小，焊枪指向第一层焊道的凹陷处（见图6-35），并采用左焊法，可以得到等焊脚尺寸的焊缝。

当要求焊脚尺寸更大时，应采用三层以上的焊道，焊接顺序如图6-36所示。图6-36（a）是多层焊的第一层，该层的焊接工艺与5mm以上焊脚尺寸的单道焊类似，焊枪指向距离根部1～2mm处，焊接电流一般不大于300A，采用左焊法。图6-36（b）为第二层焊缝的第一道焊缝，焊枪指向第一层焊道与水平板的焊趾部位，进行直线形焊接或稍加摆动。焊接该焊道时，注意在水平板上要达到焊脚尺寸要求，并保证在水平板一侧的焊缝边缘整齐，与母材熔合良好。图6-36（c）为第二层的第二道焊缝。如果要求焊脚尺寸较大时，可按图6-36（d）所示角度进行焊接。

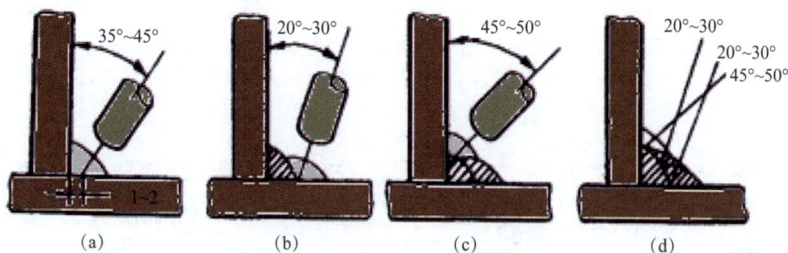

图6-36 厚板角接平焊的焊枪角度与焊接顺序

(a) 第一层；(b) 第二层第一道焊缝；(c) 第二层第二道焊缝；(d) 焊脚尺寸较大时

一般采用两层焊道可焊接14mm以下的焊脚尺寸，当焊脚尺寸更大时，可参考图6-36完成第三层、第四层的焊接。

当采用船形位置焊接角焊缝时，其焊接特点与V形对接焊缝相似，焊脚尺寸不像水平焊缝那样受到限制，因此可以使用较大的焊接电流。船形焊时可以采用单道焊，也可以采用多层焊，采用单道焊即可焊10mm厚度的工件。

三、横焊

横焊时，熔池金属在重力作用下有自动下垂的倾向，在焊道的上方容易产生咬边，焊道的下方易产生焊瘤。焊接时要注意焊枪的角度及限制每道焊缝的熔敷金属量，必须使熔池尽量小，使焊道表面尽可能接近对称，可通过采用双道焊来调整焊道表面形状，因此，通常都采用多层多道焊。板材横焊时的焊接工艺参数见表6-9。

表6-9　　　　　　　　　　板材横焊时的焊接工艺参数

板厚(mm)	坡口形式	焊接顺序	焊丝直径(mm)	焊丝伸出长度(mm)	焊接电流(A)	电弧电压(V)	气体流量(L/min)
2	I形	—	0.8	10~15	60~70	18~20	8
6	V形	打底焊	0.8	10~15	70~80	20~22	8
		盖面焊	0.8	10~15	90~100	19~20	
6	V形	打底焊	1.2	15~20	90~110	19~20	15
		盖面焊	1.2	20~25	120~140	20~23	
12	V形	打底焊	1	10~15	90~100	18~20	10
		填充焊	1	10~15	110~120	20~22	10
		盖面焊	1	10~15	110~120	20~22	10
12	V形	打底焊	1.2	20~25	100~110	20~22	15
		填充焊	1.2	20~25	130~150	20~22	15
		盖面焊	1.2	20~25	130~150	22~24	15

较薄的焊件焊接时，一般进行单层单道横焊，此时可采用直线形或小幅度摆动方式。单道焊道一般都采用左焊法，焊枪角度如图6-37所示。当要求焊缝较宽时，可采用小幅度的摆动方式，如锯齿形或斜圆圈形。横焊时摆幅不要过大，否则容易造成铁水下淌，多采用较小的规范参数进行短路过渡。

焊接时既要控制背面成形又要控制正面成形，操作时要特别细心。

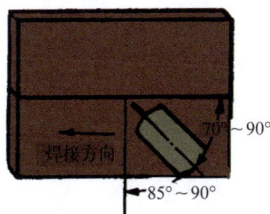

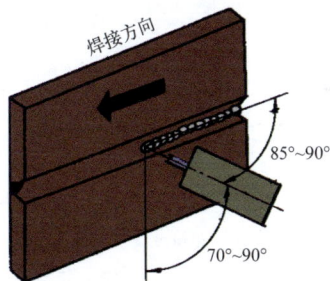

图6-37　单层单道焊（横焊位置）的焊枪角度　　图6-38　打底焊的焊枪角度

对于较厚工件的对接横焊时，要采用多层焊接。

　　焊接第一层焊道（打底焊）时，焊枪的角度如图6-38所示。焊枪的仰角为0°～10°，并指向顶角位置，在定位焊缝上引弧（见图6-39），采用直线形或小幅度摆动焊接（见图6-40），焊接过程中要仔细观察熔池和熔孔（见图6-41），根据间隙调整焊接速度和焊枪摆幅，尽可能地维持熔孔直径不变，使熔孔边缘超过坡口下棱边0.5～1mm为宜。在上坡口停留的时间要比在下坡口停留的时间稍长，防止熔化金属下坠而焊缝成形不好。

图6-39　引弧

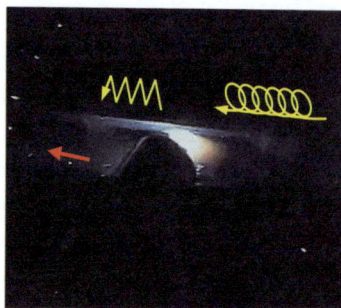

图6-40　焊枪的摆动形式

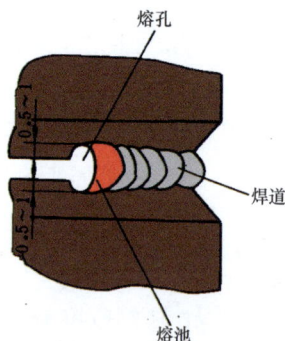

图6-41　横焊熔孔和熔池

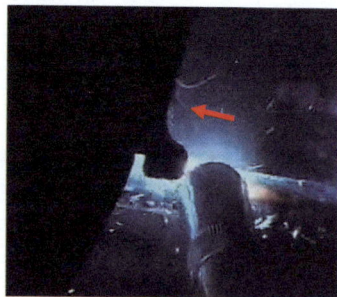

图6-42　填充焊

　　打底焊过程中，如果焊接中断，再焊接时，应将接头处焊道打磨成斜坡状。在打磨后焊道的最高处引弧，并开始小幅度的锯齿形摆动，当接头前端形成熔孔后，即可继续焊接。

　　焊接第二层焊道，即填充焊（见图6-42）的第一条焊道时，焊枪的仰角为0°～10°，如图6-43所示，焊枪以第一层焊道的下缘为中心作横向小幅度摆动或直线形运动，保证下坡口处熔合良好。

　　焊接第二层（填充层）的第二条焊道时，焊枪的仰角为0°～10°，并以第一层焊道的上缘为中心进行小幅度摆动或直线形移动，保证上坡口熔合良好。以此类推，第三层以后的填充焊道与第二层类似，由下往上依次排列焊道。在多层焊接中，中间填充层的焊道焊接规范可稍大些。

盖面焊的焊枪角度如图6-44所示，两侧熔池应超过焊件坡口上棱边0.5~1.5mm。盖面焊的焊接规范应适当减小，接近于单道焊的焊接规范。

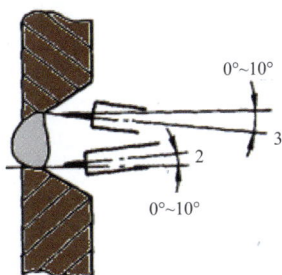

图6-43　填充焊的焊枪角度

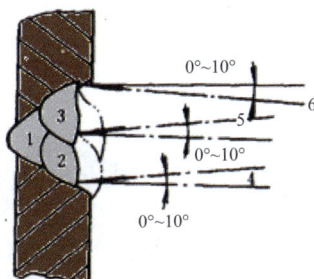

图6-44　盖面焊的焊枪角度

四、立焊

立焊时，熔池底部是个斜面，熔融金属在重力作用下容易下淌，如图6-45所示，这样造成焊道表面很难平整，必须使用比平焊稍小的电流，焊枪摆动频率较快，使熔池小而薄，并要防止焊道两侧咬边，中间下坠。立焊时的关键是保证铁水不流淌，熔池与坡口两侧熔合良好。板材立焊时的焊接工艺参数见表6-10。

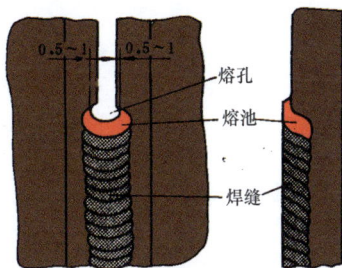

图6-45　立焊时的熔孔与熔池

表6-10　　　　板材立焊时的焊接工艺参数

板厚(mm)	坡口形式	焊接顺序	焊丝直径(mm)	焊丝伸出长度(mm)	焊接电流(A)	电弧电压(V)	气体流量(L/min)
2	I形	—	0.8	10~15	60~70	18~20	9~10
6	V形	打底焊	0.8	10~15	70~80	17~18	8
		盖面焊	0.8	10~15	70~80	19~20	
6	V形	打底焊	1.2	20~25	100~110	18~19	15
		盖面焊	1.2	20~25	120~130	19~20	
12	V形	打底焊	1	10~15	90~95	18~20	12~15
		填充焊	1	10~15	110~120	20~22	
		盖面焊	1	10~15	110~120	20~22	
12	V形	打底焊	1.2	15~20	90~110	18~20	12~15
		填充焊	1.2	15~20	130~150	20~22	
		盖面焊	1.2	15~20	130~150	20~22	

根据焊件厚度不同，CO_2气体保护焊可以采用向下立焊或向上立焊。一般厚度小于6mm的工件采用向下立焊，厚度大于6mm的工件采用向上立焊。

1. 向下立焊

向下立焊时的熔深较浅，焊缝成形美观，但容易产生未焊透和焊瘤。为了保证熔池金属不下淌，一般焊枪应指向熔池，并保持如图6-46所示的倾角。

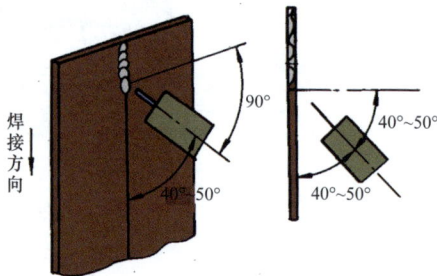

图6-46 立焊时的焊枪角度

焊接时，电弧始终对准熔池的前方，利用电弧的吹力来托住铁水，一旦有铁水下淌的趋势时，应使焊枪前倾角增大，并加速移动焊枪。利用电弧力将熔池金属推上去。向下立焊主要使用细焊丝、较小的焊接电流和较快的焊接速度。

薄板的立角焊缝也可采用向下立焊，与开坡口的对接焊缝向下立焊类似。一般焊接电流不能太大，电流大于200A时，熔池金属将发生流失。焊接时尽量采用短弧和提高焊接速度。为了更好地控制熔池形状，焊枪一般不进行摆动，如果需要较宽的焊缝，可采用多层焊。

2. 向上立焊

当工件的厚度大于6mm时，应采用向上立焊。向上立焊时的熔深较大，容易焊透，但是由于熔池较大，使铁水流失倾向增加，一般采用较小的规范进行焊接，熔滴过渡采用短路过渡形式。向上立焊时焊枪位置及角度如图6-47所示。

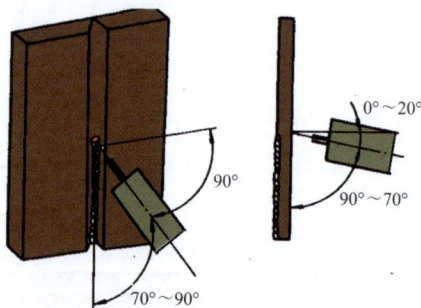

图6-47 向上立焊时的焊枪角度

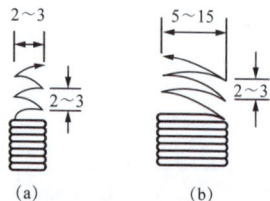

图6-48 立焊时焊枪摆动形式
(a) 小幅度锯齿形； (b) 上凸月牙形

通常向上立焊时焊枪都要作一定的横向摆动。直线焊接时，焊道容易凸出，焊缝外观成形不良并且容易咬边，多层焊时，后面的填充焊道容易焊不透。因此，向上立焊时，一般不采用直线式焊接。向上立焊时的摆动方式如图6-48所示。

当要求较小的焊缝宽度时，一般采用如图6-48（a）所示的小幅度摆动，此时热量比较集中，焊道容易凸起，因此在焊接时，摆动频率和焊接速度要适当加快，严格控制熔池温度和大小，保证熔池与坡口两侧充分熔合。如果需要焊缝宽度较大时，应采用如图6-48（b）所示的月牙形摆动方式，在坡口中心移动速度要快，而在坡口两侧稍加停留，以防止咬边。要注意焊枪摆动要采用上凸的月牙形。

焊缝宽度较大的焊缝焊接时，一般要采用多层焊接。多层焊接时，第一层打底焊（见图6-49）时要采用小直径的焊丝、较小的焊接电流和小摆幅进行焊接，注意控制熔池的温度和形状，仔细观察熔池和熔孔的变化，保证熔池不要太大。如果焊接过程中断，要先将接头处打磨成斜面，然后进行接头操作。打磨时注意不能磨掉坡口的下边缘，以免局部间隙太宽。

图6-49　打底焊

图6-50　填充焊

填充焊（见图6-50）时焊枪的摆动幅度要比打底焊时大，采用锯齿形摆动，焊接电流也要适当加大，电弧在坡口两侧稍加停留，保证各焊道之间及焊道与坡口两侧很好地熔合。一般最后一层填充焊道要比工件表面低1.5～2mm，注意不要破坏坡口的棱边。

盖面焊时，摆动幅度要比填充焊时大，应使熔池两侧超过坡口边缘0.5～1.5mm。立焊后的焊道外观如图6-51所示。

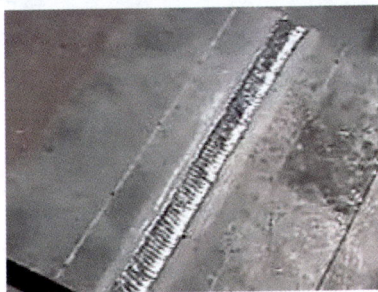

图6-51　立焊后的焊道外观

五、仰焊

仰焊是各种位置焊接中最困难的一种焊接方法，由于熔池倒悬在焊件下面，没有固体金属承托，所以使焊缝成形产生困难，容易产生烧穿、咬边及焊道下垂等缺陷。同时，在焊接过程中，焊工必须无依托地举着焊枪，抬头看熔池，劳动强度大。板材仰焊时的焊接工艺参数见表6-11。

表6-11　　　　　　　　　　　　　板材仰焊时的焊接工艺参数

板厚（mm）	坡口形式	焊接顺序	焊丝直径（mm）	焊丝伸出长度（mm）	焊接电流（A）	电弧电压（V）	气体流量（L/min）
2	I形	—	0.8	10~15	60~70	18~19	15
6	V形	打底焊	1.2	10~15	90~100	18~20	15
		盖面焊	1.2	10~15	120~130	20~22	
12	V形	打底焊	1.2	15~20	90~110	18~20	15
		填充焊	1.2	15~20	130~150	20~22	
		盖面焊	1.2	15~20	120~140	20~22	

薄板仰焊时一般采用单层单道焊，为了保证焊透工件，装配时要留有1.2~1.6mm的间隙，使用细焊丝短路过渡焊接。

焊接时焊枪要对准间隙或坡口中心，焊枪角度如图6-52所示，采用右焊法。应以直线形或小幅度摆动焊枪，焊接时仔细观察电弧和熔池，根据熔池的形状及状态适当调节焊接速度和摆动方式。

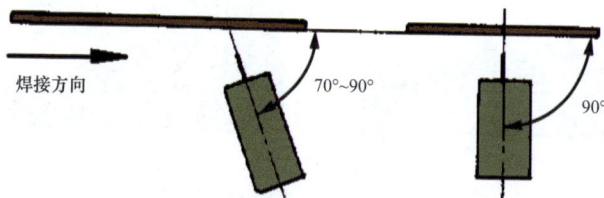

图6-52　仰焊时的焊枪角度

如果工件较厚，需开坡口采用多层焊接。多层焊的打底焊时，与单层单道焊类似。一般在坡口长度方向的左端进行引弧，焊枪开始作小幅度锯齿形摆动，熔孔形成后转入正常焊接。焊接过程中不能让电弧脱离熔池，利用电弧吹力防止熔融金属下淌，同时必须注意控制熔孔的大小，既保证根部焊透，又要防止焊道背面下凹、正面下坠。

填充焊时要掌握好电弧在坡口两侧的停留时间，保证焊道之间、焊道与坡口之间熔合良好。填充焊的最后一层焊缝表面应距离工件表面1.5~2mm左右，但不要将坡口棱边熔化。

盖面焊应根据填充焊道的高度适当调整焊接速度及摆幅，保证焊道表面平滑，两侧不咬边，中间不下坠。

第六节　管材、管板CO₂保护焊的操作技术

一、水平固定管焊接技巧

水平固定管焊接时，管子固定，轴线处于水平位置，属于全位置焊接，它要求对平焊、立焊及仰焊的操作都必须熟练。水平固定管的焊接工艺参数见表6-12。

表6-12　　　　　　　　　　水平固定管的焊接工艺参数

坡口形式	焊接顺序	焊丝直径（mm）	焊丝伸出长度（mm）	焊接电流（A）	电弧电压（V）	气体流量（L/min）
I形或V形	—	1.2	15~20	90~110	18~20	15
V形	打底焊	1.2	15~20	110~130	18~20	12~15
	填充焊	1.2	15~20	130~150	20~22	
	盖面焊	1.2	15~20	130~140	20~22	

采用单层道焊时，分前后两半周焊接，焊枪角度如图6-53所示。

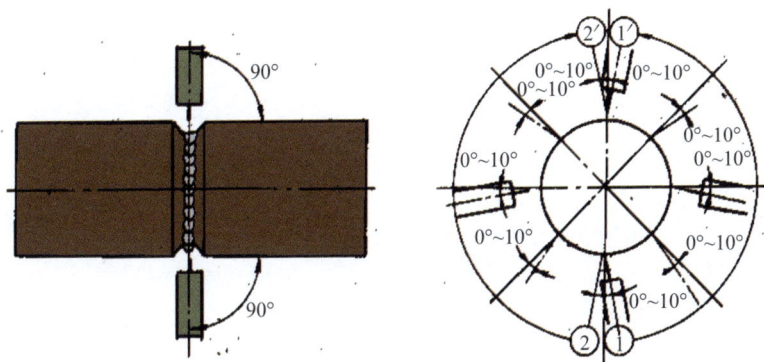

图6-53　全位置焊接时的焊枪角度

固定管子并保证管子的轴线在水平面内，12点在最上方。在7点处的定位焊缝上引弧，保持焊枪角度，焊丝成锯齿形摆动（见图6-54），沿逆时针方向焊至3点处断弧，不必填弧坑，但断弧后不能立即拿开焊枪，利用余气保护熔池，直到凝固为止。然后将弧坑处第二个定位焊缝打磨成斜面，接着，在3点处的斜面最高处引燃电弧，沿逆时针方向焊至11点处断弧。将7点处的焊缝头部磨成斜面，从最高处引燃电弧后迅速接好头，并沿顺时针方向焊至9点处断弧。

最后，将9点和11点处的焊缝端部都打磨成斜面，然后从9点处引弧，仍沿顺时针方向焊完封闭段焊缝，在12点处收弧，并填满弧坑。

图6-54　焊枪摆动形式

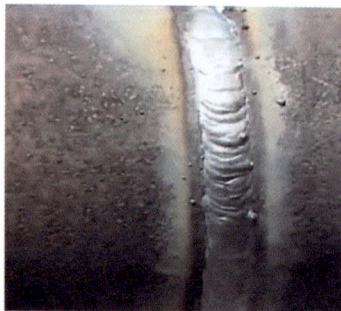

图6-55　焊后焊道外观

大径管多采用多层多道焊，焊接过程中焊枪的角度变化如图6-53所示。首先焊接打底焊缝，分前后两半周完成。焊前半周时，由6～7点钟位置处引弧开始焊接，焊接时保证背面成形，不断调整焊枪角度，严格控制熔池及熔孔的大小，注意不要烧穿。如果在焊接过程中需要改变身体位置而断弧，断弧时不必填满弧坑，断弧后焊枪不能立即拿开，等送气结束，熔池凝固后方可移开焊枪。接头时为了保证接头质量，可将接头处打磨成斜坡形。前半周焊缝焊至12点钟位置处停止。后半周焊接时与前半周相似，注意处理好始焊端与封闭焊缝的接头。

填充焊的焊接同打底焊步骤，焊接过程中，要求焊枪摆动的幅度稍大，在坡口两侧适当停留，保证熔合良好，焊道表面稍下凹，不能熔化管子外表面坡口的棱边。

盖面焊按填充焊的顺序进行焊接，焊枪横向摆动幅度应比填充焊时大，焊枪角度与打底焊时相同，保证熔池与坡口两侧熔合良好，熔池边缘超出坡口上棱0.5～2.5mm。焊接速度要均匀，保证焊缝表面平整，外形美观，无凸出现象。盖面焊完成后焊道如图6-55所示。

二、垂直固定管焊接技巧

垂直固定的管子，中心线处于竖直位置，焊缝在横焊位置。垂直固定管子焊接与平板对接横焊类似，只是在焊接时要不断转动手腕来保证焊枪的角度。垂直固定管的焊接工艺参数见表6-13。

表6-13　　　　　垂直固定管的焊接工艺参数

坡口形式	焊接顺序	焊丝直径（mm）	焊丝伸出长度（mm）	焊接电流（A）	电弧电压（V）	气体流量（L/min）
I形或V形	—	1.2	15～20	110～130	20～22	12～15
V形	打底焊	1.2	15～20	110～130	18～20	12～15
	填充焊	1.2	15～20	130～150	20～22	
	盖面焊	1.2	15～20	130～150	20～22	

小径管焊接时的焊枪角度如图6-56所示。

焊接时采用左焊法，可采用单层单道或两层两道焊缝。焊接打底层焊道时，首先在右侧的定位焊缝处引燃电弧，焊枪作小幅度横向摆动，当定位焊缝左侧形成熔孔后，开始进入正常焊接。

焊接过程中，尽量保持熔孔直径不变，熔孔直径比间隙大0.5～1mm为宜，从右向左依次焊接，同时不断改变身体位置和转动手腕来保证合适的焊枪角度。焊枪沿上、下两侧坡口作锯齿形横向摆动，并在坡口面上适当停留，保证焊缝两侧熔合良好。焊接速度不能太慢，防止烧穿，背面焊缝太高或正面焊缝下坠。

当焊到不好观察熔池位置时要断弧，断弧后不能移开焊枪，利用余气保护熔池完全凝固为止，不必填弧坑；然后将弧坑处磨成斜面，转到右侧开始引弧，再从右至左焊接，如此反复操作。

大径管通常采用多层多道焊来调整焊缝外观形状，焊接时要掌握好焊枪角度。打底焊时的焊枪角度如图6-57所示。

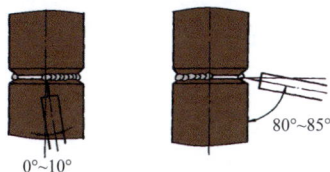

图6-56 小径管焊接时的焊枪角度　　图6-57 大径管打底焊时的焊枪角度

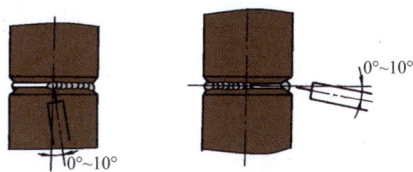

打底焊在右侧定位焊缝上引弧，自右向左开始作小幅度的锯齿形横向摆动，待左侧形成熔孔后，转入正常焊接。

打底焊道主要是保证焊缝的背面成形。焊接过程中，保证熔孔直径比间隙大0.5～1mm，两边对称才能保证背面熔合好。要特别注意定位焊缝处的焊接，保证打底焊道与定位焊缝熔合好，接好头。当焊到不好立即断弧，不必填弧坑，但不能移开焊枪，利用余气保护熔池完全凝固为止，然后将焊件转一个角度，将弧坑转到开始引弧处再引弧焊接，如此反复操作，直至打底层焊完。

填充焊的焊枪角度同打底焊，但要适当加大焊枪的横向摆动幅度，保证坡口两侧熔合好，不准熔化坡口的棱边，保证焊缝表面平整并低于管子表面2.5～3mm。填充焊完成后要除净熔渣、飞溅，并打磨掉填充焊道接头的局部凸起处。

盖面焊时，为保证焊缝余高对称，盖面层分多道进行焊接，盖面层分两道焊接时的焊枪角度如图6-58所示。

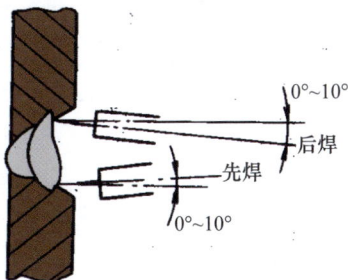

图6-58 盖面焊焊枪角度

205

焊枪沿上下坡口作锯齿形摆动，并在坡口两侧适当停留，保证焊缝两侧熔合良好，熔池边缘要超过坡口棱边0.5~2mm。注意采用合理的焊接速度，防止烧穿及焊缝下坠。

三、管板焊接

1.垂直固定平角焊

垂直固定平角焊比较容易掌握，操作的要点是焊接过程中要求不断地转动手腕，来保证合适的焊枪角度和位置，要求焊脚要对称。管板垂直固定平角焊的焊枪角度如图6-59所示。

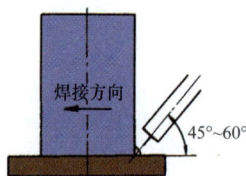

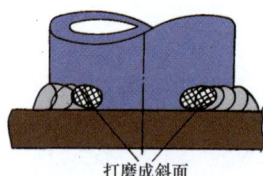

焊接时一般采用左向焊法，对于焊脚尺寸要求较小的采用单层单道焊接；如果管径较大，管壁较厚，要采用多层多道焊接。可采用转动管板进行，一次焊完一圈，也可采用不转动管板分段进行焊接。分段焊接时要保证接头处熔合良好。

焊接时，在右侧定位焊缝引弧，从右向左沿管子外圆焊接，焊完圆周的1/4～1/3收弧，收弧时不必填满弧坑，将收弧处磨成斜面。将磨好的接头处转到始焊处，再引弧焊接管子圆周的1/4～1/3，如此重复，直焊到剩下最后的一段封闭焊缝为止。

焊接封闭焊缝前，需将已焊好的焊缝两头都焊磨成斜面，如图6-60所示。将打磨好的试件转到合适的地方焊完最后一段焊缝，结束时必须填满弧坑，并使接头不要太高。

管板垂直固定平角焊的焊接工艺参数见表6-14。

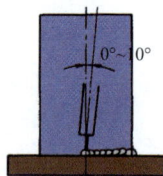

图6-59　管板垂直固定平角焊的焊枪角度　　图6-60　封闭段的打磨

表6-14　　　　管板垂直固定平角焊的焊接工艺参数

焊丝直径（mm）	焊丝伸出长度（mm）	焊接电流（A）	电弧电压（V）	气体流量（L/min）
1.2	15~20	130~150	20~22	15

2.垂直固定仰焊

垂直固定仰焊的焊接可采用单层单道焊接和多层多道焊接，焊枪角度如图6-61所示。

单层单道焊时，从左侧定位焊缝上引弧，若只有两个定位焊缝，则从没有定位焊缝的那面引弧，并从左向右焊接。焊接过程中应根据管子曲率的变化情况，焊工不断地改变体位和焊枪角度，尽可能地减少接头，焊接速度可稍快些，保证根部焊透。焊完后，注意清渣并将焊道局部的凸起处磨平。

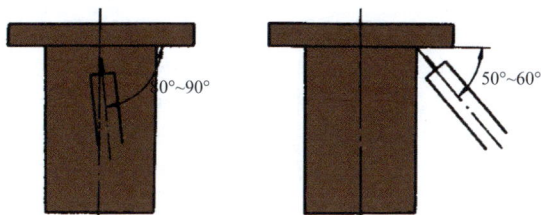

图6-61　焊枪角度

采用多层焊时，焊枪角度同单层单道焊，在左侧的定位焊缝上引弧，并从左向右沿管子外圆焊接，焊完圆周的1/4～1/3断弧，不必填弧坑。

将试件焊缝的收弧处打磨成斜面，并转到开始焊接处，在斜面的最高处引弧，接头并继续向右焊接。将已焊完的焊缝两端(头和尾)都打磨成斜面，将试件转到合适的位置，并继续引弧焊完打底焊道。最后除净焊渣和飞溅，并将打底焊道上的局部凸起处磨平。

对于操作熟练的焊工，打底焊道不需要打磨焊缝的端部，中间不必接头，要根据焊缝的位置，焊工应随时改变体位和焊枪角度，即使被迫断弧也要迅速引弧，继续焊接。

打底焊时应注意保证根部焊透，焊接过程中要仔细观察熔池，根据焊丝熔孔直径的变化情况，及时调整焊枪角度、对中位置、摆幅和焊接速度，防止烧穿或未焊透。打底焊道的焊脚不准超过管子坡口，否则盖面后焊脚会超差。

盖面焊按打底步骤焊完盖面焊道，焊接时需注意保证熔合好，焊脚对称且没有咬边缺陷。

管板垂直固定仰焊的焊接工艺参数见表6-15。

表6-15　　　　　　管板垂直固定仰焊的焊接工艺参数

焊接顺序	焊丝直径（mm）	焊丝伸出长度（mm）	焊接电流（A）	电弧电压（V）	气体流量（L/min）
打底焊	1.2	15~20	90~110	18~20	12~15
盖面焊	1.2	15~20	110~130	20~22	12~15

第七章 埋 弧 焊

埋弧焊（简称SAW）是利用颗粒状焊剂作为金属熔池的覆盖层，焊丝自动送入焊接区，电弧在焊剂层下燃烧并熔化焊丝和母材形成焊缝的一种焊接方法，焊剂靠近熔池处熔融并覆盖在熔池上将空气隔绝使其不侵入熔池。自动埋弧焊的焊接过程如图7-1所示。焊剂由漏斗流出后，均匀地堆敷在焊件上，堆敷高度一般为40～60mm。焊丝由送丝机构送进，经导电嘴送入焊接电弧区。焊接电源的两极分别接在导电嘴和焊件上。送丝机构、焊丝盘、焊剂漏斗和控制盘等全部装在一个行走机构——自动焊小车上。焊接时只要按下起动按钮，焊接过程便可自动进行。

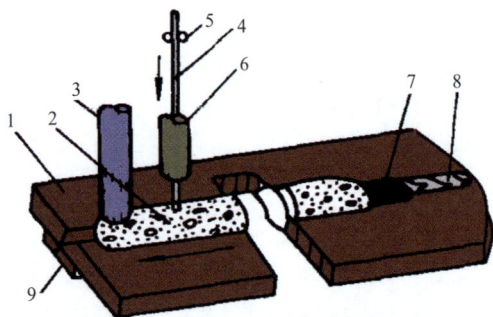

图7-1 自动埋弧焊的焊接过程示意图

1—焊件；2—焊剂；3—焊剂漏斗；4—焊丝；5—送丝滚轮；6—导电嘴；
7—渣壳；8—焊缝；9—焊剂垫

第一节 埋弧焊焊丝与焊剂

一、焊丝

埋弧焊焊丝牌号的编制方法参见氩弧焊焊丝部分。

埋弧焊用实心焊丝主要有低锰焊丝、中锰焊丝、高锰焊丝和Mn—Mo焊丝等，其中：含Mn量为0.2%～0.8%是低锰焊丝，含Mn量为0.8%～1.5%的是中锰焊丝，含Mn量为1.5%～2.2%的是高锰焊丝。含Mn量为1%以上，含Mo量为0.3%～0.7%的Mn—Mo焊丝，主要用于强度级别较高的低合金钢焊接。

埋弧焊用实心焊丝的直径一般在1.6～6.4mm之间，焊丝应妥善保存，注意防锈和防蚀，使用前应去锈、去油污。

二、焊剂

埋弧焊焊接时，焊剂能够熔化形成熔渣和气体，起隔离空气、保护焊接区金属不受空气的侵害，以及进行冶金处理的作用。

焊剂型号的表示方法如图7-2所示。

```
HJ  ×₁  ×₂  ×₃ — H×××
```

- 焊丝牌号
- 表示焊缝金属冲击吸收功不小于27J时的最低试验温度
- 表示拉伸试样和冲击试样的状态
- 表示焊缝金属的拉伸力学性能
- 表示埋弧焊用焊剂

图7-2　焊剂型号的表示方法

其中，"HJ"是"焊剂"二字汉语拼音的第一个字母，用来表示焊剂。

例如，HJ403-H08MnA表示埋弧焊用焊剂，采用H08MnA焊丝按规定的焊接工艺参数焊接试板，其试样状态为焊态时焊缝金属的抗拉强度为410～550MPa，屈服点不小于330MPa，伸长率不小于22%，在-30℃时冲击吸收功不小于27J。

通常，焊剂按制造方法分为熔炼焊剂和非熔炼焊剂。熔炼焊剂（牌号前用"HJ"表示）是将一定比例的各种配料放在炉内熔炼，然后经过水冷粒化、烘干、筛选而制成的焊剂。而非熔炼焊剂根据焊剂烘焙温度不同又分为粘结焊剂和烧结焊剂（牌号前用"SJ"表示），常用焊剂用途及配用焊丝见表7-1。

表7-1　　　　　　　　常用焊剂用途及配用焊丝

焊剂牌号	焊剂类型	配用焊丝	焊剂用途
HJ130	无锰高硅低氟	H10Mn2	低碳结构钢、低合金钢，如16Mn等
HJ131	无锰高硅低氟	配Ni基焊丝	焊接镍基合金薄板结构
HJ230	低锰高硅低氟	H08MnA、H10Mn2	焊接低碳结构钢及低合金结构钢
HJ260	低锰高硅中氟	Cr19Ni9型焊丝	焊接不锈钢及轧辊堆焊
HJ330	中锰高硅低氟	H08MnA、H08Mn2、H08MnSi	焊接重要的低碳钢结构和低合金钢，如Q235A、15g、20g、16Mn等
HJ430	高锰高硅低氟	H08A、H10Mn2A、H10MnSiA	焊接低碳钢结构及低合金钢
HJ431	高锰高硅低氟	H08A、H08MnA、H10MnSiA	焊接低碳结构钢及低合金钢
HJ433	高锰高硅低氟	H08A	焊接低碳结构钢
HJ150	无锰中硅中氟	配2Cr13或3Cr2W8，配铜焊丝	堆焊轧辊、焊铜
HJ250	低锰中硅中氟	H08MnMoA、H08Mn2MoA	焊接15MnV、14MnMoV、18MnMoNb等
HJ350	中锰中硅中氟	配相应焊丝	焊接锰钼、锰硅、及含镍低合金高强度钢
HJ172	无锰低硅高氟	配相应焊丝	焊接高铬铁素体热强钢（15Cr11CuNiWV）或其他高合金钢

续表

焊剂牌号	焊剂类型	配用焊丝	焊剂用途
SJ101	氟碱型，碱性	H08MnA、H08MnM-oA、H08Mn2MoA、H10Mn2	焊接低合金结构钢，锅炉、压力容器及管道等重要结构，可用于多丝埋弧焊，特别适用于大直径容器的双面单道焊
SJ301	硅钙型，中性	H08MnA、H08MnM-oA、H10Mn2	焊接普通结构钢、锅炉钢及管线钢，可用于多丝快速焊接，特别适用双面单道焊
SJ401	硅锰型，酸性	H08MnA	焊接低碳钢及某些低合金钢，多应用于矿山机械及机车车辆等金属结构焊接
SJ501	铝钛型，酸性	H08A、H08MnA	焊接低碳钢及16Mn、15MnV等低合金钢，多应用于船舶、锅炉、压力容器的焊接施工
SJ502	铝钛型，酸性	H08A	焊接重要的低碳钢及某些低合金钢重要结构，如锅炉、压力容器等

　　焊剂必须保证焊缝不产生气孔。造成焊缝产生气孔的原因很多，而与焊剂有关的因素主要是焊剂湿度过大和含脱氧剂太少等。因此，要求焊接的湿度不应超过0.1%，脱氧剂的含量不应太少。一般在使用前要进行烘干，常用焊剂的烘干温度及保持时间见表7-2。

表7-2　　　　　　常用焊剂的烘干温度及保持时间

类别	牌号	温度（℃）	时间（h）
熔炼焊剂	HJ431	250	2
	HJ350、HJ260	300～400	2
	HJ250	300～350	2
烧结焊剂	SJ101	300～350	2
	SJ102	300～350	2

第二节　埋弧焊设备与操作

　　自动埋弧焊时，为了获得较高的焊接质量，这就不仅需要正确地选择焊接规范，而且还要保证焊接规范在整个焊接过程中保持稳定。为了消除弧长变化的干扰，自动埋弧焊机采用两种能自动调节弧长的方式，即等速送丝式和变速送丝式两种自动埋弧焊机分别采用电弧自身调节和电弧电压自动（强制）调节。

一、埋弧焊机型号

　　由汉语拼音字母和数字组成。第一位拼音字母表示焊机大类：M—埋弧焊机，N—气体保护焊机。第二位拼音字母表示小类：Z—自动焊，B—半自动焊。紧接着的数字表示系列品种序号，最后的数字表示额定焊接电流。例如，

MZ1—1000，表示品种序号为1，额定焊接电流1000A的自动埋弧焊机。

埋弧焊机一般由机头、控制箱和焊接电源三部分组成。有些焊机，控制系统装入机头或焊接电源中，整台焊机只有机头和焊接电源两部分。

二、MZ-1000型埋弧焊机

MZ-1000型自动电焊机是根据对电弧电压强制调节的原理设计的变速送丝埋弧焊机。焊机主要由自动焊车、控制箱和焊接电源三部分组成。MZ-1000型自动埋弧焊机的外形如图7-3所示。

图7-3　MZ-1000型自动埋弧焊机的外形

1—机头；2—焊剂漏斗；3—控制盘；4—焊丝盘；5—焊机；6—行走机构

自动焊车是由机头、焊剂漏斗、控制盘、焊丝盘和行走机构等部分组成，具体结构如图7-4所示。

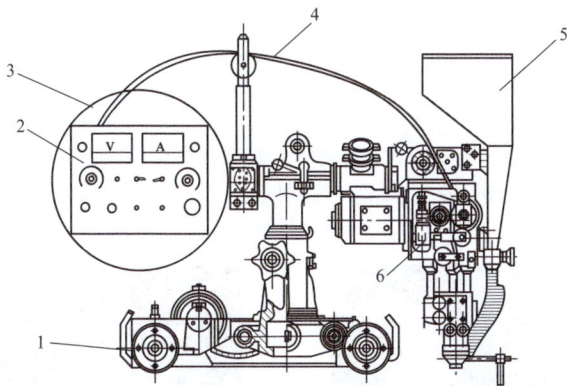

图7-4　MZ-1000型自动焊车结构图

1—台车；2—控制盘；3—焊丝盘；4—焊丝；5—焊剂漏斗；6—机头

机头是由送丝机构和焊丝矫直机构组成。它的作用是将送丝机构送出的焊丝，经矫直滚轮矫直，再经导电嘴，最后送到电弧区。机头上部装有与弧焊电源相连接的接线板，焊接电流经接线板和导电嘴送至焊丝。机头可以上下、前后、左右移动或转动。

焊剂漏斗装在机头的侧面，通过金属蛇形软管，将焊剂堆敷在焊件的预焊部位。

控制盘装有测量焊接电流和电弧电压的电流表和电压表及电弧电压调整器、焊接速度调整器、焊丝向上按钮、焊丝向下按钮、电流增大按钮、电流减小按钮、起动按钮、停止按钮等。

焊丝盘是圆形的，紧靠控制盘，里面装有焊丝供焊接之用。

行走机构主要是由四只绝缘橡皮车轮、减速箱、离合器和一台直流电动机组成。

此外，有时根据情况还可加装焊剂回收装置，焊剂回收装置即利用压缩空气在喷嘴中分别造成负压区和正压区，利用负压区产生的负压吸力可以回收焊剂，利用正压区的压力可以输送焊剂。因此，有的焊剂回收装置，同时又可作输送装置使用。

图7-5 电动吸入式回收焊剂工作情况

吸入式焊剂回收器有电动吸入式和气动吸入式等多种，但其基本依据都是空吸原理。电动吸入式工作情况如图7-5所示。

埋弧焊时，焊接电弧通常始终沿着焊接坡口中心或焊接线路移动，如果导向偏离，就会产生熔深不足、焊脚不等长等缺陷。导向的方法一般有人工导向、机械导向、光电导向和电磁导向等，人工导向是将铁丝一端磨尖，做成指针形状，将其固定在焊接机头的中心部位上，预先使指针的尖端对准坡口的中心线，在焊接过程中随时监视指针与焊缝中心的相对位置。

三、设备安装

首先，将焊接电缆与焊机连接，并将控制线一端的插头插入焊机上相应的插座内并拧紧（见图7-6），然后，根据焊接工艺要求（正接或反接），分别将焊接电缆与小车输出电极、工件进行连接（见图7-7）。

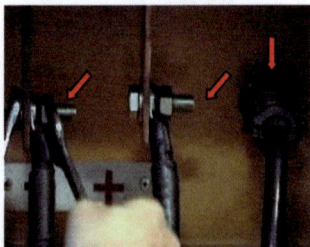

图7-6 电缆、控制线与焊机连接

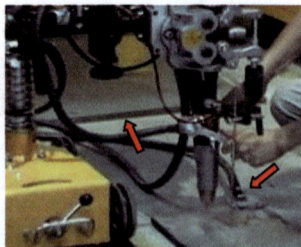

图7-7 电缆与机头、工件连接

将控制线另一端插入到控制箱（焊接小车上）上的对应插座内并拧紧（见图7-8）。接着将接地线连接到焊机上（见图7-9），接地线另一端接地。

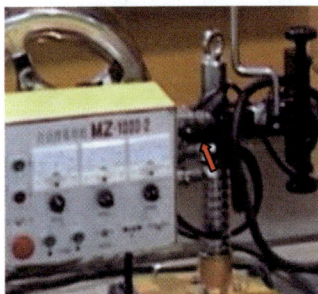

图7-8　控制线另一端与控制箱连接

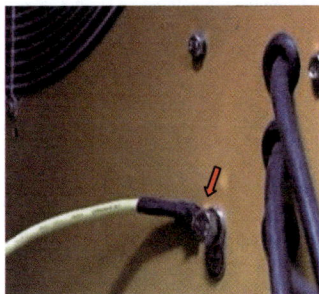

图7-9　接地线

最后将焊机电源电缆与380V电源连接（见图7-10）。

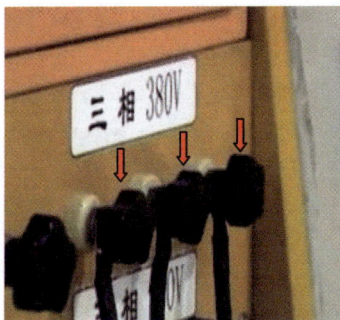

图7-10　连接焊机与电源之间电缆

四、埋弧焊调试与焊接

首先合上电源开关（见图7-11），打开焊机电源开关（见图7-12），再打开小车电源开关（见图7-13），在控制面板上先后调节焊接极性，拨到"预调"挡，设定焊车行走电压（见图7-14）。

图7-11　合上电源开关

图7-12　开起焊机电源开关

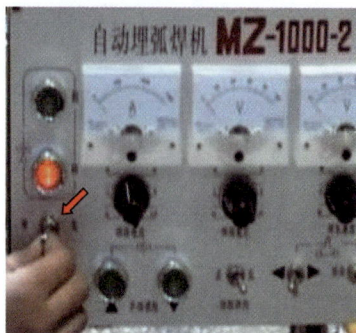

图7-13 开启小车电源开关

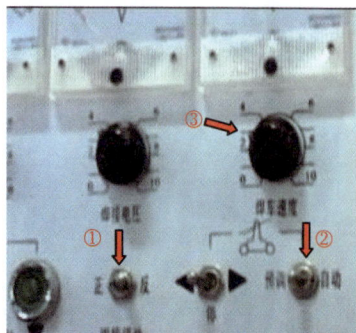

图7-14 设定极性、行走电压等参数

根据焊接前进方向设定"左"或"右"的行走开关（见图7-15），接着合上离合器（见图7-16），小车行进，观察小车行进方向正确后，再把开关调到"自动"挡（见图7-17），按"点动送丝"按钮（见图7-18），使焊丝对准焊缝，并与焊件接触，但不要太紧（见图7-19），开起焊剂漏斗的闸门，使焊剂堆敷在预焊部位（见图7-20）。调节好焊剂的堆积高度，约为30～50mm，一般以在焊接时刚好看不见红色熔融状态的熔渣为准，以免粘渣而影响焊缝成形。

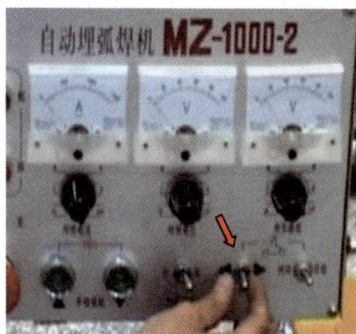

图7-15 设定焊车行走方向

图7-16 合上离合器

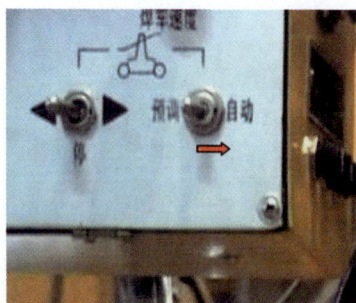

图7-17 调到"自动"挡

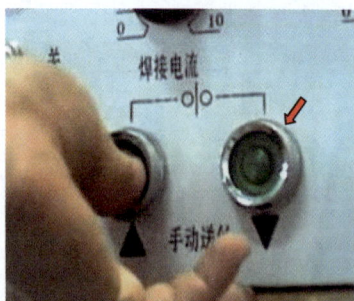

图7-18 按"点动送丝"按钮

图7-19　焊丝与工件接触

图7-20　堆敷焊剂

按下起动按钮，焊丝提起随即产生电弧，然后焊丝向下不断送进，同时自动焊车开始前进（见图7-21）。根据实际焊接情况，迅速调节焊接参数，进行自动焊接（见图7-22）。在焊接过程中，操作者应留心观察自动焊车的行走，注意焊接方向不偏离焊缝外，同时还应控制焊接电流、电弧电压的稳定，并根据已焊的焊缝情况不断地修正焊接规范及焊丝位置。另外，还要注意焊剂漏斗内的焊剂量，焊剂在必要时需进行添加，以及焊剂垫等其他工其措施正常与否，以免影响焊接工作的正常进行。

图7-21　按下"起动"按钮

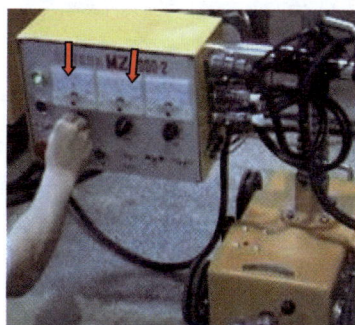

图7-22　调整焊接电流与电压

埋弧自动焊接时，起弧方式有短路回抽引弧和缓慢送丝引弧两种。短路回抽引弧时，引弧前让焊丝与工件轻微接触，按下"焊接"起焊，则为短路回抽引弧。因焊丝与工件短接，导致电弧电压为零，然后焊丝回抽，回抽同时，短路电流烧化短路接触点，形成高温金属蒸气，随后建立的电场形成电弧。

缓慢送丝引弧时，当焊丝未与工件接触时，按下"焊接"起焊时，为缓送丝引弧。这时，弧焊电源输出空载电压，焊接按钮需要持续按下，使送丝速度减小，这样，便形成慢送丝。焊丝慢送进直到与工件短接，焊丝回抽，形成电弧，完成引弧过程。

为了保证可靠的接触，应当将工件上焊丝末端短路的地方清理到发出金属光泽。焊丝可以用手工方法（放松进给机构和校直机构），也可以依靠进给机构使之短路。当焊丝和工件接触时应该停止再向下进给，否则焊丝将被弯曲（见图7-23），当以后进给机构逆转时，不能使它与工件分离，反而粘在工件上，于是电弧也不能引燃，必须剪掉（见图7-24）。

目前，引弧棉（见图7-25）在埋弧焊引弧时被越来越广泛的使用，引弧棉是采用优质钢材拉制成极细金属纤维细丝，形同棉絮一般，在很小的电流和很小的电压即可引燃电弧，焊接过程中发生断弧后，进行再起弧时操作简单方便。

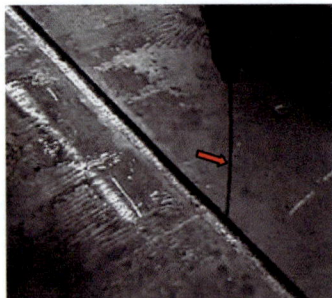

图7-23　焊丝弯曲

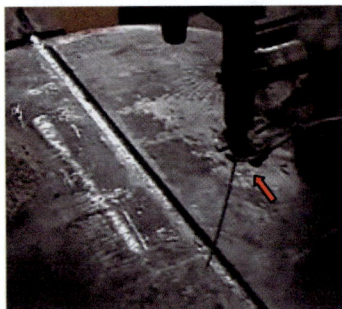

图7-24　剪断弯曲焊丝

图7-25　引弧棉

在使用引弧棉时，按正常焊接做准备工作，只是将焊丝尖端不直接接触母材，取1g引弧棉团成小球状，堵塞在焊丝与母材之间，使其间距保持4mm左右。直接起动主回路电源，引弧棉迅速熔化，造成空气电离，击穿起弧，使电弧迅速达到工作状态。

当焊接结束时，应首先关闭焊剂漏斗的闸门，然后按"停止"按钮（见图7-26），再按"点动送丝"按钮，使焊丝反抽上来（见图7-27），依次关闭焊接小车、焊机及电源开关，使焊机停止工作。

图7-26　按停止开关

图7-27　反抽焊丝

最后合上离合器，并用手把它推到其他位置同时回收未熔化的焊剂，供下次使用，并清除焊渣，检查其他缝的外观质量。

根据自动焊机和焊件的结构以及焊接装置的形式，埋弧焊接时弧坑的填平方法也各有不同。

当在焊机固定而焊件移动的焊接装置上进行焊接时，弧坑是在焊丝不进给的情况下利用瞬时焊接法就地填平的。当按下"停止"按钮时，焊接运动和焊丝进给同时停止，电弧继续燃烧到由于伸长而自然熄灭为止。此时，根据焊剂的稳定性能，焊丝将熔化10~20mm一段长度，如图7-28所示。如果以普通的焊接规范进行焊接，并且熔池的长度和容积不大时，这点填充金属是足够填满弧坑的。如果以强规范（即电弧功率及焊接速度都很大时）进行焊接时，弧坑的填平需要多量的金属。

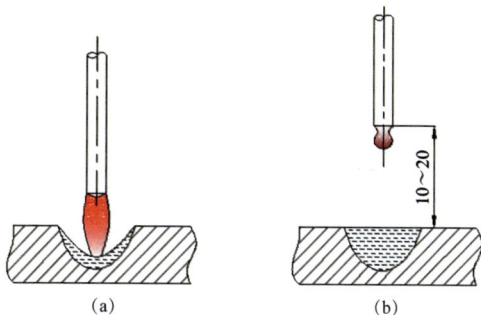

图7-28　焊丝停止向焊接区进给而焊丝继续燃烧的情形
(a) 开始填补弧坑；　(b) 弧坑填补节结束

当焊接时工件不动而仅是焊机头或焊车移动，弧坑填平的方法采用当焊机走到焊缝末端时，切断行程机构，此时焊丝仍继续进给，使焊机在原地停留几秒钟，或者将焊机退后100~120mm，而将弧坑填平。

因此，在未采用收弧板情况下收弧时，按"停止"按钮，必须分两步进行，首先按下一半（这时手不要松开），使焊丝停止送进，此时电弧仍继续燃烧，接着将自动焊车的手柄向下扳，使自动焊车停止前进。在这个过程中电弧慢慢拉长，弧坑逐渐填满，等电弧自然熄灭后，再继续将停止按钮按到底，切断电源，使焊机停止工作。为了不使焊缝末端上的熔渣凝固，上述返回动作应尽量迅速。

五、埋弧焊设备的维护

设备的经常保养，是保证顺利完成生产任务的重要因素之一，同时也能延长焊机的使用寿命，因此需要建立和实行必要的保养制度。埋弧焊机的常见故障与排除方法见表7-3。

表7-3　　　　　　　　　　　埋弧焊机的常见故障与排除

故　　障	产生原因	处理方法
当按下"向下"、"向上"按钮时，焊丝动作不对或不动作	1. 变压器有故障	1. 检查并修复
	2. 整流器损坏	2. 修复或调换
	3. 按钮开关接触不良	3. 检查并修复
	4. 感应电动机转动方向不对	4. 改换输入三相线接线
	5. 发电机或电动机电刷接触不良	5. 检查并修复
接通转换开关，电动机不转动	1. 转换开关损坏	1. 修复或更换
	2. 熔断器烧断	2. 换新
	3. 电源未接通	3. 接通电源
按下"起动"按钮，线路正常工作，但引不起弧	1. 焊接电源未接通	1. 接通焊接电源
	2. 电源接触器接触不良	2. 检查修复接触器
	3. 焊丝与焊件接触不良	3. 清理焊丝与焊件的接触点
	4. 焊接回路无电压	
起动后，焊丝一直向上抽	电弧反馈线未接或断开	将电弧反馈线接好
线路工作正常，焊接工艺参数正确，但送丝不均匀，电弧不稳	1. 送丝压紧轮太松或已磨损	1. 调整压紧滚轮压力或换新
	2. 焊丝被卡住	2. 清理焊嘴或换新
	3. 焊丝未清理	3. 清理焊丝
	4. 焊丝盘内焊丝太乱	4. 重盘焊丝
	5. 网路电源波动太大	5. 检查原因并改善
	6. 焊丝输送机构有故障	6. 检查并修复
焊接过程中焊剂停止输送或输送量很小	1. 焊剂已用完	1. 填加焊剂
	2. 焊剂漏斗阀门处被渣壳或杂物堵塞	2. 清理并疏通焊剂漏斗
	3. 焊嘴未置于焊剂漏斗头中间	3. 检查并调整
焊接过程中焊车突然停止行走	1. 焊车离合器脱开	1. 关紧离合器
	2. 焊车车轮被电缆等物阻挡	2. 排除车轮的阻挡物
按下"起动"按钮后，继电器动作，而接触器不能正常动作	1. 中间继电器失常	1. 检修中间继电器
	2. 接触器线圈有问题	2. 检修接触器
	3. 接触器磁铁接触面生锈或污垢太多	
接通后，按下起动按钮，熔断器立即熔断	1. 控制线路短路	1. 修复
	2. 变压器一次绕组短路	2. 修复
焊丝没有与焊件接触，焊接回路有电	焊车与焊件之间绝缘被破坏	1. 检查焊车车轮绝缘情况
		2. 检查焊车下面是否与金属与焊件短路
焊接过程中，机头或导电嘴的位置不是改变	焊车有关部件有间隙	检查并消除间隙或更换磨损零件

故　　障	产生原因	处理方法
焊机起动后，焊丝末端周期地与焊件"粘住"或常常断弧	1. "粘住"是由于电弧电压太低，焊接电流太小或网路电压太低	1. 增加电弧电压或焊接电流
	2. 经常断弧是由于电弧电压太高，焊接电流太大或网路电压太高	2. 减小电弧电压或焊接电流
		3. 改善网路负荷状态
焊丝在导电嘴中摆动，导电嘴以下的焊丝不时变红	1. 导电块磨损	更换新导电块
	2. 导电不良	
导电嘴末端随焊丝一起熔化	1. 电弧太长，焊丝伸出太短	1. 提高送丝速度和增加焊丝伸出长度
	2. 送丝和焊车行走均已停止，但电弧仍在燃烧	2. 检查焊丝和焊车停止的原因
	3. 焊接电流太大	3. 减小焊接电流
焊接电路接通时，电弧为引燃，焊丝粘接在焊件上	1. 焊丝与焊件之间接触太紧	1. 使焊丝与焊件轻微接触
	2. 预选电弧电压太低	2. 适当调高电弧电压
焊接停止后，焊丝与焊件粘住	1. "停止"按钮按下速度太快	1. 慢慢按下"停止"按钮
	2. 不经"停止1"起到作用而直接按下"停止2"	2. 先按"停止1"待电弧自然熄灭后，再按"停止2"按钮

第三节　埋弧焊操作技术

一、工艺参数

埋弧焊的主要工艺参数有焊接电流、电弧电压、焊接速度、焊丝直径、焊丝伸出长度、焊剂和焊丝类型、焊剂粒度和焊剂层厚度、电源极性等。这些工艺参数对焊缝成形和焊接质量有不同程度的影响，当各工艺参数值增大时，对焊缝的影响效果见表7-4。此外，在同样的焊接工艺参数条件下，焊件倾斜角度也直接影响焊缝成形。

关于电源极性，直流比交流容易引弧，容易控制焊缝形状，特别是高焊速时，直流埋弧焊焊成的焊缝比交流时均匀。但并不是直流总比交流的好，在容易产生磁偏吹的场合，采用交流焊接可以防止磁偏吹。直流反接时熔深最大，直流正接时熔敷速度最高，交流介于两者之间。

小电流（300~500A）或高焊速（60~300m／h）的自动埋弧焊，最好用直流焊接。中等大小电流（600~900A）和中等焊速（22~45m／h）时，用交流或直流焊接都可以。单丝大电流（1200A以上）焊接，焊接速度8~23m／h时，最好用交流焊接。

表7-4　　　　　埋弧焊工艺参数的影响（参数值增大时）

焊缝特征	焊接电流(A) ≤1500	电弧电压(V) (22~24)~(32~34)	电弧电压(V) (34~36)~(50~60)	焊接速度(m/h) 10~40	焊接速度(m/h) 40~100	焊丝直径	焊丝前倾①	焊件倾斜 上坡焊	焊件倾斜 下坡焊	间隙和坡口	焊剂粒度
熔深 B	显著增大	略增大	略减小	无变化	减小	减小	显著减小	略增大	减小	无变化	略减小
熔宽 H	略增大	增大	显著增大②	减小	减小	增大	增大	略减小	增大	无变化	略增大
余高 h	显著增大	减小	减小	略增大	略增大	减小	减小	增大	减小	减小	略减小
形状系数 ψ	显著减小	增大	显著增大②	减小	略增大	减小	显著增大	减小	增大	无变化	增大
熔合比 γ	显著增大	略增大	无变化	显著增大	增大	减小	减小	略增大	减小	减小	略减小

① 焊丝前倾，焊丝与已焊完的焊缝成锐角。
② 直流正接除外。

实践证明：熔深s和焊接电流I成直线关系，即$H=KI$，从而$I=H/K$。各种条件下的K值见表7-5。

表7-5　　　　　　　　不同情况下的系数K值

电流种类	极性	焊丝直径(mm)	系数K（cm/100A） 对接焊缝(不开坡口)和堆焊	系数K（cm/100A） 对接焊缝(开坡口)和角接接头
交流	—	2	1	2
交流	—	5	1.1	1.5
直流	反接	5	1.1	1.45
直流	正接	5	1	1.25

焊接电流增大时，电弧排开熔池金属而深入熔池，电弧的活动能力受到限制，所以电流变化时熔宽变化不大。

埋弧焊焊接电流与电弧电压的对应关系，见表7-6。焊接厚板深坡口焊缝和进行高速埋弧焊时，为了减小磁偏吹，电弧电压应选得低一些，以增大电弧的"挺度"。

表7-6　　　　埋弧焊焊接电流与电弧电压的对应关系

焊接电流（A）	600~700	700~850	850~1000	1000~1200
电弧电压（V）	34~36	36~38	38~40	40~42

理论上，电弧电压是焊丝端头与熔化金属表面间的电压，即电弧两端的电压。但由于这个电压难以测量，实际生产中所指的电弧电压是导电嘴与焊机之间的电压，它可由机头上的电压表读出。当焊接电缆较长时，焊接电源输出的电流会在焊接电缆中产生压降，因此，焊接电源上的电压表数值（焊接电源的电压）比机头上电压表的数值要高1~2V以上。调节电弧电压时，应根据机头上的电压表数值进行调节。

焊丝直径应与所用的焊接电流大小相适应。不同直径焊丝适用的焊接电流见表7-7。

表7-7　　　　　　　　　不同直径焊丝适用的焊接电流

焊丝直径（mm）	$\phi 2$	$\phi 3$	$\phi 4$	$\phi 5$	$\phi 6$
焊接电流（A）	200~400	350~600	500~800	700~1000	800~1200

焊丝伸出长度一般应为焊丝直径的6~10倍，即20~60mm。对于不锈钢焊丝等电阻较大的材料，伸出长度应小一些，以免焊丝过热。埋弧焊生产中，大多数情况是焊丝与焊件垂直。当焊丝与焊件不垂直布置且焊丝与已焊完的焊缝夹角为锐角时，称为焊丝前倾，相反，成钝角时称为焊丝后倾。

焊件倾斜可使焊接分为上坡焊和下坡焊两种，如图7-29所示。

图7-29　焊件倾斜对焊缝形状的影响
(a) 上坡焊；(b) 下坡焊

埋弧焊时，无论是上坡焊或下坡焊，其焊件的倾斜角α均不宜超过6°~8°，否则会严重破坏焊缝成形，造成焊缝缺陷。焊件倾斜的允许最大角度与焊接电流大小有关。一般当焊接电流在800A以内时，上坡或下坡焊的允许最大角度为6°左右，即每米内倾斜100mm。如果焊接电流更大时，允许的倾斜角度还应减小。

对于一定粒度的焊剂，如果焊接电流过大，会造成电弧不稳、焊缝表面及边缘凹凸不平。焊剂粒度与焊接电流的匹配见表7-8。当用细焊丝焊接时，如果采用的是细颗粒焊剂，则焊缝成形就会很好。当焊件表面有油、锈时，采用粗颗粒焊剂有利于熔池中气体逸出，减少气孔。

表7-8　　　　　　　　　焊剂粒度与焊接电流的匹配

焊接电流（A）	焊剂粒度（mm）
<600	0.25~1.6
600~1200	0.4~2.5
>1200	1.6~3

焊剂层高度对焊缝的外表成形和内在质量都有较大影响，焊接时，必须尽可能使焊剂层的高度保持不变。

当焊剂层过厚时，电弧受到焊剂层的压迫，会使焊缝表面变得粗糙，出现绳索状的压痕。并且由于焊接时产生的气体不易穿过焊剂层逸出，使熔化金属表面产生不规则变形，造成焊缝成形不良。焊剂层过薄时，焊接区覆盖不完全，焊接时产生闪光和飞溅，焊缝成形变差或产生气孔。

焊剂层高度合适时，电弧完全埋在焊剂层下，不会长时间出现电弧闪光，只是在焊丝与焊剂层的交界处有很微弱的闪光（见图7-30），沿焊丝周围有烟气平稳地冒出来，冒出的气体有时会燃烧而产生火苗。

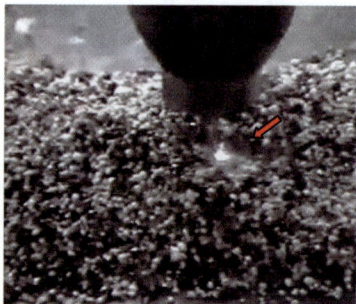

图7-30　焊剂层高度合适时的焊接情形

二、确定工艺参数的方法

焊接工艺参数的选择不仅要保证电弧稳定，焊缝形状尺寸符合要求，焊缝表面成形光洁整齐，无气孔、裂纹、夹渣、未焊透等缺陷，而且要求生产效率高和成本低。在实际生产中，要根据接头的形式、焊接位置和焊件厚度等不同情况，进行焊接工艺评定和制订工艺规程，焊工应按工艺规程施焊。当需要焊工选择焊接工艺参数时，一般有查表、试验、经验、计算四种方法。通过上述方法确定的焊接规范，必须在实际生产中加以修正，以制订出更切合实际的规范。

1. 查表法

查表即查阅类似的焊接情况所用的焊接参数表，作为制订新工艺参数的参考。由于这些焊接参数已在生产中应用过，一般均可满足焊接质量的要求。

2. 试验法

试验是在与焊件相同的焊接试样板上试焊，最后确定规范，通常与查表法结合使用。

3. 经验法

经验法是根据焊工在实践中积累的经验，确定最佳焊接规范。如采用MZ-1000型埋弧焊机时，对于厚14mm以下的钢板，采用一般常用的焊丝和焊剂，不开坡口的双面交流自动焊接，根据板厚和焊丝直径，可按经验公式计算

$$I = 40S + 50d + 50$$

式中：I为焊接电流，A；S为钢板厚度，mm；d为焊丝直径，mm。

对于其他板厚，可适当调节，以满足焊接的要求。

同样，电弧电压也可可通过经验公式计算为

$$U = 30 + \frac{I}{100} + C$$

式中：U为焊接电压，V；I为焊接电流，A；C为焊丝直径系数。焊丝ϕ5mm时，C取1；焊丝ϕ4mm时，C取2；焊丝ϕ3mm时，C取2。

计算出来的焊接电压，在使用过程中还应加以调节才能满足焊接的要求。

4. 计算法

采用计算法确定焊接工艺参数的方法有两种：①为获得一定几何尺寸的焊缝而进行的尺寸计算，②热计算。尺寸计算方法仅能确定电流、电弧电压和焊接速度等焊接工艺参数。热计算方法是计算保证焊缝附近区域以及焊缝的金属具有一定机械性能的焊接规范。确保焊缝所需形状和尺寸的参数计算（即尺寸计算）是在焊接各种钢和合金时都要用到的。

（1）不开坡口对接焊参数计算。焊缝的主要尺寸是熔深，保证达到要求熔深的焊接工艺参数是根据直线关系，也就是熔深和电流值之间正比关系$H=KI$进行计算的。

当用双面焊缝要求焊透厚为15mm的焊件。在这种情况下为了防止产生未焊透的现象，每一种焊缝的计算熔深H应该不小于金属的厚度0.6倍，如图7-31所示，因此$H=0.6\delta=0.6×15=9$mm；比例系数$K=1.1$mm/100A（见表7-5）。为了使边缘熔深为9mm，电流$I=\dfrac{H}{K}=\dfrac{9×100}{1.1}=880$A，因此，可取电流为900A。

按照表7-6所列的数据，电压的数值是38~40V；焊接速度通常规定在20~45m/h的范围中。焊接速度在这个范围内的变化很少影响到熔深，但是严重影响到焊缝宽度。究竟哪一种焊接速度恰当，还需要按所得到的焊缝外形来最后决定。

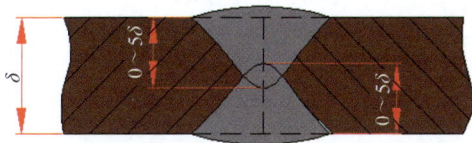

图7-31　双面对接焊缝

如果用单面焊缝进行边缘完全焊透的焊接，计算的熔深应取金属厚度的0.8倍，即$H=0.8×15=12$mm。这时，焊接电流应增加到

$$I=\frac{H}{K}=\frac{12×100}{1.1}=1090.9\text{A}≈1100\text{A}$$

（2）角焊、堆焊与开坡口对接焊参数计算。在焊接角焊缝和有坡口的对接焊缝，以及在进行堆焊工作时常常要求计算能保证获得一定数量（即规定的焊缝或焊缝截面）填充金属的焊接工艺参数。这类计算是根据埋弧焊接时，填充金属的数量等于焊丝金属的熔化数量原则来进行的，因而填充金属的数量正比于焊丝的熔化速度，但反比于焊接速度。填充金属的截面F_H可按下式计算

$$F_H=F_S\frac{v_s}{v_c}$$

式中：v_s为焊丝熔化的线速度或送丝速度，m/h；F_s为焊丝的截面积，mm^2；v_c为焊接速度，m/h。

为了获得所需的焊缝截面，必须根据现有的焊丝直径来给定送丝速度。

例如，要求计算能保证获得有堆焊截面积为$50mm^2$的堆焊焊缝的焊接工艺参数，所用的焊丝直径为$\phi 5mm$，则焊丝的截面积$F_s=19.6mm^2$。对这种焊丝，正常的送丝速度通常在50～80m/h，电流相应地从550～900A，取送丝速度$v_s=75m/h$，在这种情况下，堆焊速度可由公式$F_H = F_s \dfrac{v_s}{v_c}$得到

$$v_c = \frac{F_s \times v_s}{F_H} = \frac{19.6 \times 75}{50} = 29.4m/h \approx 30m/h$$

同时可以看出，由于堆焊截面积是焊丝截面积的2.5倍，所以送丝速度应该是堆焊速度的2.5倍。

（3）小直径环缝的参数计算。在焊接直径不大焊件的环缝时会遇到。这种计算式确定熔池的长度L。电弧的功率P和熔池长度L之间有着正比例的关系

$$L = \frac{KP}{1000}$$

式中：L为熔池长度，mm；K为比例系数，平均约为3mm/kW；P为电弧功率，为焊接电流I和电弧电压U的乘积，W。

例如采用焊接电流650A和电弧电压36V进行小直径环缝焊接时，熔池的计算长度便为

$$L = \frac{KP}{1000} = \frac{3 \times 36 \times 650}{1000} = 70mm$$

总之，焊接工艺参数的确定不应拘泥于某一方法，在实际中应结合多种方法确定，并在实际生产中加以修正，以制订出理想的焊接工艺参数，满足焊接生产需要。

第四节　对接直缝的焊接

对接直缝的焊接是埋弧焊常见的焊接工艺，该工艺有两种基本类型，即单面焊和双面焊，同时，它们又可分为有坡口、无坡口和有间隙、无间隙等形式。根据焊件厚薄的不同，又可分为单层焊和多层焊；根据防止熔化金属泄露的不同情况，又有各种衬垫法和无衬垫法，具体分类如图7-32所示。

一、焊前准备

焊接接头的质量在较大的程度上取决于焊接前焊件的加工和装配工作。埋弧自动焊时，这项工作对焊接接头质量的影响比手工焊接时更大，是焊接操作的一个重要组成部分，必须认真完成焊前准备工作，才能保证焊接质量。

埋弧焊焊前准备工作一般包括坡口准备、焊件装配、布置焊剂垫、检查、

确认焊机和焊接材料等。

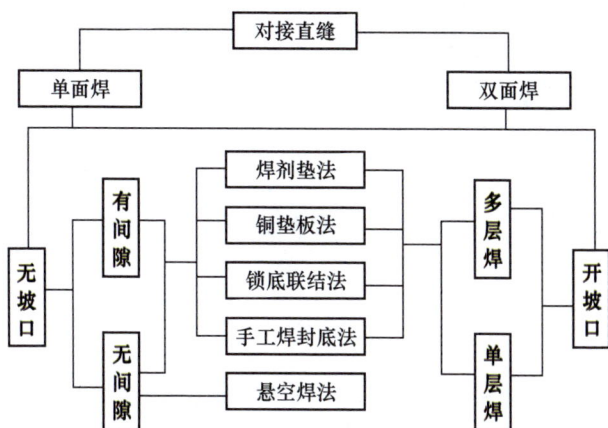

图7-32 埋弧自动焊对接焊缝焊接方法分类

1. 坡口制备

由于埋弧焊可使用较大规范，所以焊件厚度 $\delta<14mm$ 的钢板可以不开坡口；当焊件厚度 $\delta=14\sim22mm$ 时，一般开"V"形坡口；当焊件厚度 $\delta=22\sim50$ 时，可开"X"形坡口；更厚的焊件多开"U"形坡口，以减少坡口的宽度。"U"形坡口还能改善多层焊第一道焊缝的脱渣性。当要求以小的线能量焊接时，有时较薄的焊件也可开"U"形坡口。"V"形和"X"形坡口角度一般为 $60°\sim80°$，以利于提高焊接质量和生产率。

坡口的加工可采用刨边机、气割机、碳弧气刨及其他机械设备加工，坡口边缘的加工必须符合技术要求，焊前应对其他及焊接部位的表面铁锈、氧化皮、油污清除干净，以保证焊接质量。对重要产品，应在距坡口边缘30mm范围内打磨出金属光泽。

2. 装配

埋弧焊的焊前装配必须给以足够重视，否则会影响焊缝的质量，具体要按产品的技术要求执行。焊件装配要求间隙均匀，高低平整无错边。装配点固焊时要求使用的焊条要与焊件材料性能相符，定位焊缝一般应在第一道焊缝的背面，长度大于30mm，一般厚度在25mm以内的焊件，每300~500mm长度内，应有一条连续长度为50~70mm的点固焊缝。点固焊缝上的焊渣要清除干净，防止混入焊剂，否则容易在埋弧焊时产生气孔和夹渣。

对接焊时，装配不良最容易引起焊缝夹渣和诱发气孔。当装配间隙超过0.8mm时，焊剂可能落到电弧前面的间隙中，造成夹渣或诱发深气孔，在焊接厚度为16mm以内焊件时，要特别注意这一点。边缘错边（钢板没有对齐，两边缘高低不平）会影响焊缝成形和接头使用性能，装配时要严格控制不超过允许范围。表7-9为对接接头的间隙量和错边量允许范围。

表7-9　　　　　　　　　　　对接接头的装配允许变动范围

厚度（mm）	不开坡口		开坡口	
	间隙（mm）	错边量（mm）	间隙（mm）	错边量（mm）
10~15	1~3	≤2	—	—
16~20	2~4	≤2.5	—	—
21~30	3~6	≤3	2~4	≤3

在直焊缝组装时需要加与坡口形状相似截面的引弧板和收弧板焊接工作即在引弧板开始，在引出板上结束。

引弧板和引出板应加工出与焊件同样的坡口，与焊件对接部位要保持齐平。如果引弧板比焊件高，或向焊件一侧有下坡度，焊接时熔渣会流到电弧前面造成夹渣。

引弧板和引出板可以做成整体的，也可以用两块钢板并成。引出板的长度应比主焊缝的弧坑长30~40mm。开始焊接用的引弧板长度为40~50mm，二者的宽度则根据焊剂能保持住的原则取60~120mm。用两块钢板并成的引出板依靠定位焊方法固定在被焊钢板的端部（见图7-33）。图7-34为实际生产时的引弧板。

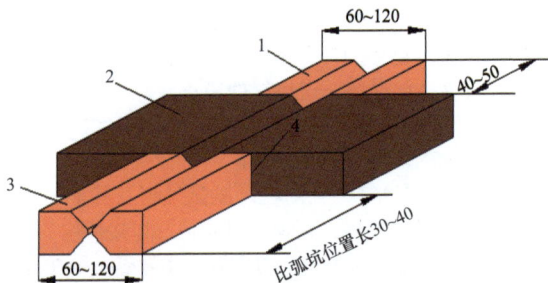

图7-33　引弧板与引出板的尺寸
1—引弧板；2—焊件；3—引出板；4—定位焊缝处

(a)　　　　　　　　　　　　　　(b)

图7-34　生产中的引弧板
(a) 引弧板；(b) 在引弧板上引弧焊接

埋弧自动焊接中，当电弧熔化装配用的定位焊缝时，可能会引起纵向热裂纹，这种热裂纹是在熔化定位焊缝时由于焊缝内间隙突然增大而造成的，它往往不能从焊缝表面上察觉出来。为了防止产生这种热裂纹，定位焊缝的距离就不得大于500mm。

焊接环缝时，引弧部位被正常焊缝重叠，收弧在已焊成的焊缝上进行，不需要另外再加引弧板和引出板。

3. 焊机和焊接材料的准备

焊前应检查控制电缆的接头有无松动，焊接电缆是否连接妥当。导电嘴是易损件，一定要检查导电嘴磨损情况和是否夹固可靠。焊机要作空车调试，检查各种指示及动作情况。

起动焊机前，应再次检查焊机和辅助装置的各种开关、旋钮等的位置是否准确无误，离合器是否可靠接合，焊剂垫等是否贴紧。

埋弧焊原则上应该在室内进行，如果因施工特点一定要在室外焊接，则必须注意，焊接材料尽可能放在室内，随用随取，用剩的要收回，妥善保管。对焊件、焊机及有关器材，必须采取有效的防雨措施。必须准备好预热工具，一旦刮大风，随时可以进行预热，避免焊接区被冷风淬硬。必须准备防风装置，以便风大时进行焊接。当气温在0~15℃时，必须对坡口两侧100mm以内的部位进行预热，预热必须达到36℃。定位焊后，应尽快进行焊接。室内一般允许放二三天，室外最多只能放一夜。在湿度大的情况下，还要缩短放置时间，否则就会生锈。如果出现含水分的红锈，应立即用燃烧器烤干，并清除干净。雨天或湿度高的情况下，必须特别注意保持焊剂和坡口的干燥。

二、焊剂垫法埋弧自动焊

在焊接对接焊时，为防止熔池和熔渣的泄漏，在焊接直缝的第一面时，常用焊剂垫作为衬垫进行焊接。焊剂垫的焊剂应尽量使用适合于施焊件的焊剂，并需烘干及经常过筛和去灰。焊接时焊剂垫必须与焊件背面贴紧，并保持焊剂的承托力在整个焊缝长度上均匀一致。在焊接过程中，要注意防止因焊件受热变形而发生焊件与焊剂垫脱空，以致造成焊穿，尤其应防止焊缝末端出现这种现象。直缝焊接的焊剂垫应用如图7-35所示。

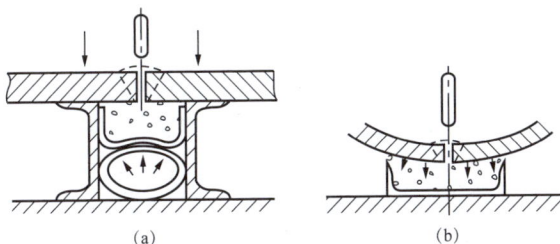

图7-35　直缝焊接的焊剂垫应用

(a) 软管气压式；　(b) 简易槽钢式

1. 无坡口预留间隙双面埋弧焊

在焊剂垫上进行无坡口的双面埋弧焊，为保证焊透，必须预留间隙，钢板厚度越大，间隙也应越大。通常在定位焊的反面进行第一面焊缝的施焊。第一面的焊缝熔深一般要超过板厚的1/2～2/3。表7-10的规范可供施焊时参考，第二面焊缝使用的规范可与第一面相同或稍许减小。对重要产品在焊接第二面时，需挑焊根进行焊缝根部清理。焊根清理可用碳弧气刨、机械挑凿或砂轮打磨。

为施工方便，焊剂垫可在焊缝背面用水玻璃粘贴一条宽约50mm的纸带，起衬垫的作用，也可以采用其他型式的衬垫。

表7-10　　　　　　　　　　留间隙双面埋弧焊规范

焊件其他（mm）	装配间隙（mm）	焊接电流（A）	电弧电压（V）		焊接速度（m/h）
			交流	直流	
10～12	2～3	750～800	34～36	32～34	32
14～16	3～4	775～825	34～36	32～34	30
18～20	4～5	800～850	36～40	34～36	25
22～24	4～5	850～900	38～42	36～38	23
26～28	5～6	900～950	38～42	36～38	20

不开坡口的对接缝自动焊要求装配间隙均匀平直，不允许局部间隙过大。但实际生产中常常存在对接板缝装配间隙不均匀、局部间隙偏大的情况。这种情况如不及时调整焊接参数，极易造成局部烧穿缺陷，甚至使焊接过程中断，需要进行返修，浪费工时和材料。由于局部间隙过大，即使调解参数焊完这一小段后，还需重新将参数调节到原来规定值。因此焊工在实际操作时非常紧张，还不能马上将焊接参数稳定下来，焊接质量也很不稳定。

焊接时如遇到局部间隙偏大，可采用右手把停止按钮按下一半的操作方法，其目的是减慢焊丝的给送速度，并保证焊接电弧维持燃烧，使焊接能够进行。操作时可根据间隙大小和具体焊接情况分别对待，也可以采用间断按法，即间断给送焊丝。操作时，一边按按钮，一边观察情况，如果焊机电弧发蓝光，按钮仍按一半；如焊接电弧发红光，表明可能引起烧穿。此时焊工要特别注意控制焊丝的给送，避免烧穿。焊过这一段间隙偏大的板缝后，再松开按钮，恢复正常操作。焊完后应检查焊缝，如发现局部焊缝达不到焊缝尺寸要求时，需进行补焊。如遇到局部间隙偏小也可以同样采取按停止按钮，以控制焊丝给送速度的方法进行焊接。

2. 开坡口预留间隙双面埋弧自动焊

对于厚度较大的焊件，当不允许使用较大的线能量焊接，或不允许有较大的加强高时，可采用开坡口焊接，坡口形式由板厚决定。表7-11为开坡口预留间隙双面埋弧自动焊的单道焊接规范。

表7-11　　　　　开坡口预留间隙双面埋弧自动焊（单道）焊接规范

焊件厚度（mm）	坡口形式	焊丝直径（mm）	焊接顺序	焊接电流（A）	电弧电压（V）	焊接速度（m/h）
14		5	1	830～850	36～38	25
		5	2	600～620	36～38	45
16		5	1	830～850	36～38	20
		5	2	600～620	36～38	45
18		5	1	830～860	36～38	20
		5	2	600～620	36～38	45
22		6	1	1050～1150	38～40	18
		5	2	600～620	36～38	45
24		6	1	1100	38～40	24
		5	2	800	36～38	28
30		6	1	1000～1100	38～40	18
		6	2	900～1000	36～38	20

3. 无坡口单面焊双面成形埋弧自动焊

这种焊接工艺，主要是采用较大的焊接电流，将焊件一次焊透，并使焊接熔池在焊剂垫上冷却凝固，以达到一次成形的目的。这样，可提高生产率、减轻劳动强度、改善劳动条件。图7-36为不开坡口单面焊双面成形埋弧焊的焊接施工。

在焊剂垫上单面焊双面成形自动焊，要留一定间隙，可不开坡口，将焊剂均匀地承托在焊件背面。焊接时，电弧将焊件熔透，并使焊剂垫表面的部分焊剂熔化，形成一层液态薄膜，使熔池金属与空气隔开，熔池则在此液态焊剂薄膜上凝固成形，形成焊缝。为使焊接

图7-36　不开坡口单面焊双面成形埋弧焊施工

过程稳定，最好使用直流反接法焊接。焊剂垫的焊剂颗粒度要细些。另外，焊剂垫对焊剂的承托力对焊缝双面成形的影响较大。如果压力较小，会造成焊缝下塌；压力较大，则会使焊缝背面上凹；压力过大时，甚至会造成焊缝穿孔。

无坡口单面焊双面成形埋弧焊所采用的方法主要有：

（1）磁平台—焊剂垫法。即用电磁铁将下面有焊剂垫的待焊钢板吸紧在平台上，适用于8mm以下的薄钢板对接焊。其规范见表7-12。

表7-12 焊剂垫上单面焊双面成形埋弧自动焊规范

焊件厚度（mm）	装配间隙（mm）	焊丝直径（mm）	焊接电流（A）	电弧电压（V）	焊接速度（m/h）
2	0～1	1.6	120	24～28	43.5
3	0～1.5	2	275～300	28～30	44
		3	400～425	25～28	70
4	0～1.5	2	375～400	28～30	40
		4	525～550	28～30	50
5	0～2.5	2	425～450	32～34	35
			575～625	28～30	46
6	0～3	2	475	32～34	30
		4	600～650	28～32	40.5
7	0～3	4	650～700	30～34	37
8	0～3.5		725～775	30～36	34

（2）龙门压力架—焊剂铜垫法。焊缝下部用焊剂—铜垫托住，具体形式见表7-13。焊件预留一定间隙，利用横跨焊件并带有若干个气压缸或液压缸的龙门架，通过压梁压紧，从正面一次完成焊接，双面成形。采用焊剂—铜垫的交流自动埋弧焊工艺参数，见表7-14。

表7-13 铜垫板截面形式

截面性状	铜板厚度	槽宽b	槽深h	槽曲率半径r
	4～6	10	2.5	7.0
	6～8	12	3.0	7.5
	8～10	14	3.5	9.5
	12～14	18	4.0	12

表7-14 单面焊双面成形埋弧焊工艺参数

焊件厚度（mm）	装配间隙（mm）	焊丝直径（mm）	焊接电流（A）	电弧电压（V）	焊接速度（m/h）
3	2	3	380～420	27～29	47.0
4	2～3	4	450～500	29～31	40.5
5	2～3	4	520～560	31～33	37.5
6	3	4	550～600	33～35	37.5
7	3	4	640～680	35～37	34.5
8	3～4	4	680～720	35～37	32.0
9	3～4	4	720～780	36～38	27.5
10	4	4	780～820	38～40	27.5
12	5	4	850～900	39～41	23.0
14	5	4	880～920	39～41	21.5

（3）水冷滑块铜垫法。此法利用装配间隙把水冷短铜滑块贴紧在焊缝背面，并夹装在焊接小车上跟随电弧一起移动，以强制焊缝成形，滑块长度以保持熔池底部凝固不漏为宜。具体结构如图7-37所示。

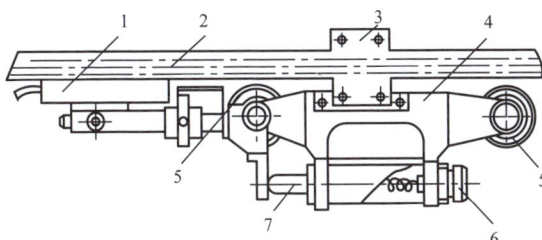

图7-37　移动式水冷滑块结构

1—铜滑块；2—钢板；3—拉片；4—拉紧滚轮架；5—滚轮；6—夹紧调节装置；7—顶杆

（4）热固化焊剂衬垫法。是用酚醛或苯酚树脂作热固化剂，在焊剂中加入一定量的铁合金，制成条状的热固化剂软垫，粘贴在焊缝背面，并用磁铁夹具等固定进行焊接的方法，热固化焊剂垫的形式和使用方法如图7-38所示。

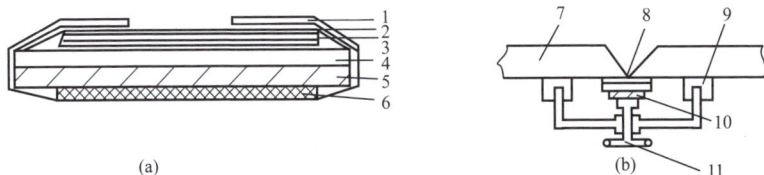

图7-38　热固化焊剂垫的结构及安装

(a) 结构；(b) 安装方法

1—双面粘接带；2—热收缩薄膜；3—玻璃纤维布；4—热固化焊剂；5—石棉布；6—弹性垫；
7—焊件；8—热固化焊剂垫；9—磁铁；10—托板；11—调节螺栓

三、手工焊封底埋弧自动焊

对于无法使用焊剂垫进行埋弧自动焊的对接直缝（包括环缝），可先用手工焊封底后再焊。这类焊缝接头可根据板厚的不同，分别采用单面坡口或双面坡口，一般在厚板手工封底焊的部分采用V形坡口，并保证封底厚度要大于8mm且达到板厚的1/3，以免在焊接另一面时被焊穿，如图7-39所示。

这种焊接方法不要求边缘的装配和坡口的加工具有很高的精度。但是这种

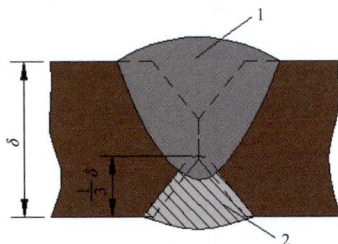

图7-39　手工焊封底的埋弧焊

1—埋弧焊缝；2—手工焊焊缝

对接缝的焊接方法不是最适当的。因此它的自动焊接时直接沿着已经手工预先焊的焊缝进行的。这种焊接方式仅仅当熔深不超过钢板厚度的3/4时才可以采用。因此就意味着手工封底焊的深度必须不小于对接缝钢板厚度的1/3。因而采用这种焊接方法时，手工焊接的工作量较大，所以并不经济，只有当无法采用自动封底焊时才允许采用此法，例如在焊接不能翻转的工件时。

在某些情况下，该方法实际上也可应用在环焊缝的焊接中，例如当环焊缝中的间隙过大时，可以用上述方法将焊缝根部用手工薄薄地焊上一层封底焊缝，然后用自动焊焊接外面的焊缝，也就是在整个环缝上完全用手工封底焊后，再用自动焊焊接大截面的外焊缝。

四、锁底联结法埋弧自动焊

在焊接无法使用衬垫的焊件时，可采用锁底联结法。这种方法在环缝时也有应用，如厚壁小直径容器的环缝焊接时常常采用带锁口的坡口。这种坡口的结构是：对接的钢板（焊接纵缝时）或圆筒（焊接环缝时）的一个边缘有一个凸翼，而另一个边缘则叠在此凸翼上，其接头形式如图7-40所示。翼的厚度根据焊接规范而定。它的厚度应按翼的熔化深度不应该超过其厚度的一半来选择；否则翼可能被烧穿，熔化的金属便会从焊接区域中流出来。带锁口的焊接接头要求焊缝坡口的边缘进行正确的加工。焊后可根据设计要求保留或车去锁底的突出部分。

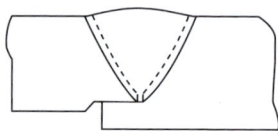

图7-40 锁底联结焊缝

五、悬空焊

当无法或不便采用焊剂垫时，可将坡口钝边增加到8mm左右，不留间隙（或装配间隙小于1mm），在背面无衬托条件下悬空焊接。正面焊缝的熔深通常为焊件厚度的40%～50%，背面焊缝，为保证焊透，熔深应达到板厚的60%～70%。悬空焊焊接规范，可参考表7-15。

表7-15　　　无预留间隙的悬空双面自动埋弧焊规范

焊件厚度（mm）	焊丝直径（mm）	焊接顺序	焊接电流（A）	电弧电压（V）	焊接速度（m/h）
15	5	正 背	800～850 850～900	34～36 36～38	38 26
17	5	正 背	850～900 900～950	35～37 37～39	36 26
18	5	正 背	850～900 900～950	36～38 38～40	36 24
20	5	正 背	850～900 900～1000	36～38 38～40	35 24
22	5	正 背	900～950 1000～1050	37～39 38～40	32 24

由于在实际操作时，往往无法测出熔深的大小，通常靠经验来估计焊件的熔透与否。如在焊接时，观察熔池背面热场的颜色和形状，或观察焊缝背面氧化物生成的多少和颜色等。

对于5～14mm厚度的焊件，在焊接时熔池背面热场应呈红到淡黄色（焊件越薄颜色应越浅）。如果热场颜色呈淡黄或白亮色时，则表明将要焊穿，必须迅速改变焊接规范。如果此时热场前端呈圆形，则可提高焊接速度；若热场前端已呈尖形，说明焊接速度较快，必须立即减小焊接电流，并适当增加电弧电压。如果焊缝背面热场颜色较深或较暗时，则说明焊速太快或焊接电流太小，应当降低焊接速度或增加焊接电流。上述方法不适用于厚板多层焊后几层的焊接。

观察焊缝背面氧化物生成的多少和颜色是在焊后进行的。热场的温度越高，焊缝背面被氧化的程度就越严重。如果焊缝背面氧化物呈深灰色。且厚度较厚并有脱落或裂开现象，则说明焊缝已有足够熔深；当氧化物呈赭红色，甚至氧化膜也未形成，这就说明被加热的温度较低，熔深较小，有未焊透的可能（较厚钢板除外）。

六、多层埋弧自动焊

对于较厚钢板，常采用开坡口的多层焊。无论单面或双面埋弧焊，焊接接头都必须留有大于4mm的钝边，如果一面用手工焊封底，钝边可在2mm左右。图7-41为厚板常用的自动焊接头形式。

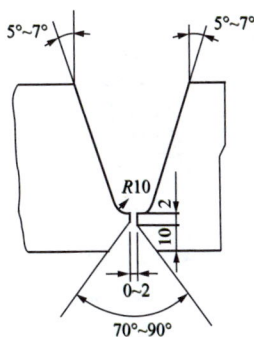

图7-41　厚板埋弧自动焊接头形式

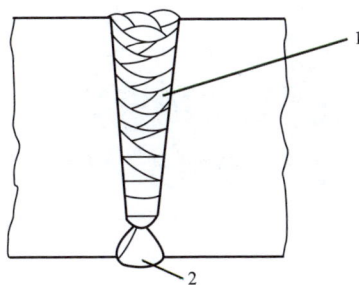

图7-42　多层埋弧自动焊焊道分布
1—埋弧自动多层分道焊；2—手工焊

多层焊的质量，很大程度上取决于第一道自动焊焊接的工艺是否合理，以及以后各层焊道焊接顺序及位置的合理分布、成形恰当与否。

多层焊的第一层焊缝既要保证焊透，又要避免焊穿和产生裂纹，故规范需选择适中，一般不宜偏大。同时由于第一层焊缝位置较深，允许焊缝的宽度应较小，否则容易产生咬边和夹渣等缺陷，因此电弧电压要低些。一般多层焊在焊接第一、二层焊缝时，焊丝位置是位于接头中心的，随着层数的增加，应开始采用分道焊（同一层分几道焊，见图7-42)，否则易造成边缘未熔合和夹渣现象。

当焊接靠近坡口侧边的焊道时，焊丝应与侧边保持一定距离，一般约等于焊丝的直径，这样，焊缝与侧边能形成稍具凹形的圆滑过渡，既保证熔合又利于脱渣。随着层数的增加可适当增大焊接的线能量，以提高焊接生产率，但也不宜使焊接的层间温度过高，否则，不仅会影响焊缝成形和脱渣，还会降低接头的强度，尤其在焊接低合金钢时更明显。因此，在焊接过程中应控制层间温度，一般不高于320℃。在盖面焊时，为保证表面焊缝成形良好，焊接规范又应适当减小，但应适当提高电弧电压。表7-16为多层焊的焊接规范。

表7-16　　厚板多层自动埋弧焊规范（焊丝直径5mm）

焊缝层次	焊接电流（A）	电弧电压（V）	焊接速度（m/h）
第一、二层	600～700	35～37	28～32
中间各层	700～850	36～38	25～30
盖面	650～750	38～42	28～32

第五节　对接环缝的焊接

图7-43为圆形筒体的对接环缝焊接现场，采用的是悬臂式埋弧焊机，该焊机适用于大型工字梁、化工容器等结构上的纵缝与环缝焊接，移动范围较小。

图7-43　圆形筒体的对接环缝焊接

图7-44　圆盘式焊剂垫

圆形筒体的对接环缝进行双面自动埋弧焊时，可先在焊剂垫（现在不少工厂已改用图7-44所示圆盘形焊剂垫）上焊接内环缝，如图7-45所示。焊剂垫是由滚轮和承托焊剂的皮带组成。环缝的双面埋弧自动焊，可按图7-45所示的形式，焊机小车固定在悬臂架上，先在焊剂垫上焊接内环缝，图中焊剂垫是随着焊件的转动，利用焊件与焊剂间的摩擦力带动一起运动的，焊件是由滚轮架带动的，焊接速度可由搁置圆筒形焊件的滚轮架来进行调节（调节变速马达的转速）。在焊接过程中不断向焊剂垫添加焊剂。

圆形筒体的对接环缝，其坡口形式可参照对接直缝的形式。

环缝自动焊时，除焊接规范对焊缝质量有影响外，焊丝和焊件的相对位置也起着重要的作用，如图7-46所示。焊接内焊缝时，焊丝的偏移是使焊丝处于"上坡焊"的位置，其目的是使焊缝有足够的熔深；焊接外环缝时，焊丝的偏移是使焊丝处于"下坡焊"的位置，这样可减小熔深，避免烧穿和使焊缝成形美观。

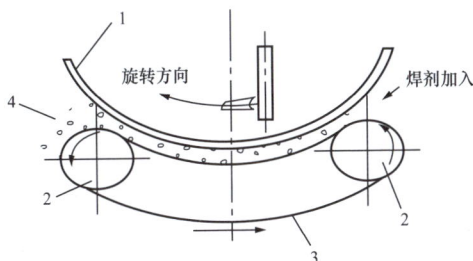

图7-45 内环缝焊接示意图
1—焊件；2—带轮；3—平带；4—焊剂

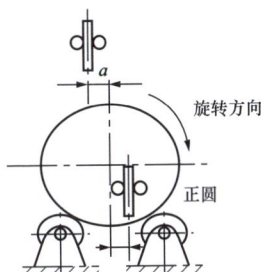

图7-46 环缝焊接时焊丝偏移距离a

环缝自动焊焊丝的偏移距离a（指与圆形焊件断面沿垂中心线的距离）如图7-46所示，随着圆形焊件的直径、焊接速度和焊件厚度的不同而不同。一般地说，焊接内环缝时，随着焊接层数的增加（即相当于焊件直径在减小），焊丝偏移距离a应由大到小变化。当焊到焊缝表面时，因要求有较大的焊缝宽度，这时a值可取得小些。焊接外环缝时，随着焊层的增加（即相当于焊件直径在增大），a值应由小到大变化。当焊接表面焊缝时，因要求有较大的焊缝宽度，这时a值可取得大些。

a值的大小可根据筒体直径参照表7-17选取。但最佳a值还应根据焊缝成型好坏来确定。

表7-17　　　　　　　　　偏移距离a选用表

筒 体 直 径（mm）	偏 移 距 离a（mm）
800～1000	20～25
<1500	30
<2000	35
<3000	40

在确定焊丝偏移距离的时候一定要注意与焊件直径和焊接速度相适应，保证前、后不淌渣和铁水。其衡量的标准主要是以能获得易于脱渣、无咬边、表面光洁且具有圆滑过渡的焊缝。在多层焊时，一般内层焊缝表面应具微凹状，表层具微凸带状。图7-47为埋弧焊焊接的对接环缝焊道外观。

图7-47 埋弧焊焊接的对接环缝焊道

235

第八章　焊接安全技术

第一节　预防触电的安全知识

一、安全电压

焊接过程中，如果电气线路绝缘不良，就有可能烧毁设备或发生人员触电事故。当电流通过人体超过0.05A时，就有生命危险，0.1A的电流，就会使人致命。通过人体的电流大小，不仅取决于线路中的电压，而且和人体电阻有关。人体电阻包括自身电阻及人身上的衣服和鞋子等附加电阻。干燥的衣服、鞋子和干燥的工作场地能使人体电阻增加，相反，潮湿的和有油污的衣服、鞋子以及工作场地，会使人体电阻降低。自身电阻也不是固定不变的，它与人的精神状态有很大关系，人在疲劳过度和神志不清时，自身电阻会显著降低。人体电阻大致在800～50000Ω之间变化。当人体电阻降到800Ω时，则40V的电压对人就有生命危险。因此，安全灯的电压一般均为36V，通常把36V电压作为安全电压。而焊接设备的一次电压通常为380V或220V，电弧焊机的二次空载电压一般均在60V以上，如果电气设备绝缘不好，就有可能发生触电的危险。

为防止触电事故而采用的由特定电源供电的安全电压系列，按GB3805—1985的规定分别为42、36、24、12、6V。在确定安全条件时，一般不计安全电流而用安全电压来表示，但安全电压值与工作环境有关：在比较干燥而触电危险性较大的环境中，安全电压为36V；在潮湿、狭小而触电危险性较大的环境中，安全电压为12V。

为了防止触电事故的发生，要求操作人员必须严格遵守用电安全操作规程。

二、预防触电的安全措施

（1）焊接设备的机壳必须接地，以免由于漏电而造成触电事故。

（2）焊接设备的安装、修理和检查应由电工进行，焊工不得私自拆修。

（3）为了防止电焊钳与焊件之间发生短路而烧坏电焊机，焊接工作结束时，应先把电焊钳放在安全的地方，然后切断电源。

（4）推拉闸刀开关时，一般应戴好干燥的皮手套，同时焊工的头部要偏斜些，以防推拉闸刀时脸部被电弧火花灼伤。

（5）在金属结构上面或金属容器内部焊接时，焊工必须穿好绝缘鞋，戴好皮手套，并在脚下垫上橡皮垫或其他绝缘衬垫，以保障焊工与焊件之间的绝缘，同时应由两人轮换工作，以便互相照顾。

（6）在潮湿的地方工作时，应穿上胶鞋或用干燥的木板作垫脚。

（7）使用安全灯时，其电压不应超过36V。

（8）遇到有人触电时，切不可赤手去拉触电人员，应迅速将电源切断。如果触电者处于昏迷状态，应立即进行人工呼吸或送到医院抢救。

第二节　焊接过程中的有害因素

常用焊接方法在焊接过程中的有害因素见表8-1。这些有害因素对焊工身体健康有一定影响，但只要采取有效的防护措施，这些危害是可以减轻或消除的。

表8-1　　　　　常用焊接方法在焊接过程中的有害因素

焊接方法及对象	有害因素						
	电弧辐射	高频电磁场	烟尘	有毒气体	金属飞溅	射线	噪声
焊条电弧焊（酸性焊条）	△		△△	△	△		
焊条电弧焊（碱性焊条）	△		△△△	△	△△		
碳弧气刨	△		△△△	△			△
电渣焊			△				
埋弧焊			△△	△			
实心细焊丝CO_2焊	△		△	△	△		
实心粗焊丝CO_2焊	△△		△	△	△△		
钨极氩弧焊（焊接Al、Cu、Ti、Ni、Fe）	△△	△△	△	△△	△	△	
钨极氩弧焊（焊接不锈钢）	△△	△△	△	△	△	△	
熔化极氩弧焊（焊接不锈钢）	△△		△	△△	△		

注　△表示强烈度，△—轻微，△△—中等，△△△—强烈，钨极氩弧焊采用铈钨极无放射性。

一、电弧辐射

电弧光中有三种对人体有害的光线，一是红外线，二是紫外线，三是强的可见光。长期受强红外线照射会引起"水晶体内障"眼疾，严重的可使人失明。紫外线即使是短时间照射，也会引起电光性眼炎，俗称"畏光"。畏光病患者感到剧痛和流泪，紫外线还能引起皮肤的灼伤，甚至脱皮，强烈可见光短时间照射会使眼睛发花，长期间照射会引起视力减弱。导致焊工发生电光性眼炎的主要原因有：

（1）几部焊机联合作业或距离太近。

（2）技术不熟练，在点燃电弧前未戴好面罩或息弧前过早揭开面罩。

（3）辅助工在辅助焊接时，由于配合不协调，在焊工点燃电弧时尚未实施保护措施（如戴目镜、偏头、闭眼等）。

（4）护目镜片破损漏光。

（5）工作地点照明不足，看不清焊缝，以致先引弧后戴面罩等。

二、金属粉尘

金属粉尘是由于熔化的金属及化合物的蒸发、氧化和凝结而产生的。它与所采用的焊接材料有关，其强烈程度受焊接规范的影响。当采用高效率铁粉焊条和低氢型焊条电弧焊、CO_2气体保护焊、碳弧气刨以及镀锌件的焊接时，粉尘则是主要的有害因素。

粉尘中的主要成分是铁、硅和锰等，其中锰的毒性较大。低氢型焊条的粉尘中还含有极毒的可溶性氟。铁、硅粉尘虽然毒性不大，但当尘粒在5μm以下时，能在空气中停留时间较长时，很容易被吸入肺内，也会影响操作者的身体健康。

三、有毒气体

有毒气体主要是臭氧、氮氧化合物和一氧化碳等。这是由于电弧辐射作用于空气中的氧、氮和CO_2而产生的。有毒气体量的多少与焊接方法、焊接材料、保护气体和焊接规范有关。

臭氧是有刺激性的有毒气体，浓度超过一定限度时，往往会引起咳嗽、胸闷、乏力、头晕和全身酸痛等症状，严重时有可能引起支气管炎。

氮氧化合物的种类很多，主要有N_2O、NO、NO_2等。它们对肺有刺激作用，严重时可引起慢性中毒。

一氧化碳是有毒气体，其中以CO_2气体保护焊产生的浓度最高。一氧化碳是一种窒息性气体，其严重降低血液携氧能力，引起人体组织缺氧坏死，危害性很大。

有毒气体与粉尘存在一定的联系，通常，粉尘浓度越高，电弧辐射越弱，有毒气体浓度越低；反之，粉尘越少，电弧辐射越强，则有毒气体浓度越高。

四、其他有害因素

金属飞溅是焊接熔池冶金反应和熔滴过渡所产生的其他所有明弧焊共有的危害因素。它很容易溅落在焊工的衣袜上而引起灼伤或烧破衣服等。

钨极氩弧焊引燃电弧时，常需由高频振荡器来激发引弧，所以在引弧的瞬间会产生高频电磁场。长期接触较强的高频电磁场，能引起植物神经功能紊乱和神经衰弱，表现为头昏、乏力、消瘦、血压下降等症状。

使用钍钨极氩弧焊时，会产生放射性物质。虽然焊接过程中的射线量很小，一般不会形成射线照射危害，但在打磨钍钨极时，射线量会超过卫生标准。人体长期受到超过允许量的射线照射，就可引起慢性放射性疾病，使人感到软弱无力，对疾病抵抗力显著降低，甚至引起造血系统方面的疾病。

当采用旋转直流弧焊机及清焊根时，会发出一定的噪声。很强的噪声或长期在噪声环境中工作，会引起听觉障碍，甚至耳聋。此外，噪声对中枢神经系统和血管系统也有不良影响，能引起血压升高、心跳过速，使人厌倦、烦躁等。

第三节 劳 动 保 护

劳动保护就是要把人体同生产中的危险因素和有毒因素隔离开来，创造安全、卫生和舒适的劳动环境，以保证安全生产。它包括两方面的内容：①要预防职业病的危害，即对粉尘、有毒气体、射线和噪声的控制；②要预防工伤事故的发生，即预防触电、金属飞溅、火灾、爆炸和机械伤害等事故。

一、预防职业病危害的措施

焊接过程中，预防职业病危害的措施主要有四个方面：①从焊接材料方面采取措施，如制造低毒低氢型焊条时，严格控制发尘量和氟、锰含量；②从焊接工艺方面采取措施，例如用自动焊代替手工电弧，以单面焊双面成形代替双面焊等；③通风的措施；④个人防护方面的措施。前两种措施参见以前各章节，本章主要介绍后两种措施。

1. 通风措施

通风措施是消除焊接粉尘和有毒气体，改善劳动条件的有力措施。通风可分为全面通风和局部通风两种方法。全面通风由于投资大、费用高且不能立即降低局部区域的烟雾浓度，排烟效果并不理想。因此除大型焊接车间外，一般情况下没有必要采取全面通风的措施，而通常采取局部通风措施。

局部通风主要有排烟罩（见图8-1）、排烟焊枪、风扇排烟及压缩空气引射器等四种方法。

(a)　　　　　　　　　　　　(b)

图8-1 排烟罩的形式
(a) 固定式； (b) 移动式

2. 个人防护措施

个人防护措施主要指对眼、耳、鼻、身等部位的防护措施。除用工作服、手套、鞋、眼镜、口罩、头盔和护耳器外，在特殊的作业场合，要有特殊的防护措施。

（1）预防有毒气体安全措施。当在容器内施焊或采用CO_2气体保护焊时，特别是焊接有色金属的情况下，除加强通风外，还应戴好通风焊帽，以减少有毒气体和粉尘对人体的危害。

（2）预防电弧辐射的安全措施。在明弧焊过程中，电弧会产生红外线、紫外线及亮度很强的普通光线。这些光线对于人体的健康有着不同程度的影响，尤其是紫外线对人体的危害更大。因而在操作过程中，必须采取以下安全措施：一般情况下，在施焊时要穿好白色的工作服、戴好手套、工作帽、脚盖和面罩。在辐射强烈的场合下作业时，如氩弧焊时，应穿耐酸呢或丝绸工作服并戴好通风焊帽。在高温条件下焊接时，应穿石棉工作服及石棉作业鞋等。在工作地点周围，应尽可能放置弧光屏蔽板，以免弧光伤害他人。

（3）对高频电磁场及射线的防护措施。氩弧焊采用高频引弧时，会产生高频电磁场。为减少高频电磁场对人体的危害，应在焊枪的焊接电缆外面套一根铜丝软管进行屏蔽，将铜丝软管一端接在焊枪上，另一端接地，并在外面用绝缘布包上，同时应在操作和附近地面垫上绝缘橡皮等。

钨极氩弧焊时，最好采用无放射性危害的铈钨极来代替钍钨极。因为采用钍钨极作电极时，由于钍具有微量的放射性，在一般的规范和短时间操作时，对人体并无多大危害。但在密闭容器内焊接或选用较强的焊接电流时，或在磨尖钍钨极时，对人体危害就比较大，除加强通风和保健外，还应戴好通风焊帽和其他劳其他护用品。

（4）对噪声的防护措施。噪声很大的工作环境会造成操作人员易疲劳，降低其劳动效率，甚至有可能震坏耳膜。因此长时间处于噪声环境下工作的人员应戴上护耳器，以降低噪声对人的危害（一般可降低20～30dB）。

二、预防工伤事故的安全措施

1. 预防金属飞溅和发生火灾的安全措施

（1）焊工除穿工作服和戴面罩等正常防护用品外，还应戴工作帽或披肩工作帽，以保护颈部，仰焊时尤其更应注意。

（2）扎好脚盖，以防飞溅金属灼伤皮肤或烧破鞋袜。

（3）在焊接场所5m范围内，严禁存放易燃、易爆物品；在高空作业时，更应注意防止火花飞溅伤害下面的人员以及引起火灾等事故，要求焊接施工时必须要有人监护。

2. 预防爆炸和其他伤害事故的安全措施

在焊接过程中，为防止爆炸及其他事故发生，应采取下列安全措施。

（1）未经技术人员进行其他可行性分析及论证，无详细的技术交底和方案，焊工严禁在有压力的容器和管道上进行焊接。

（2）焊接曾经放过某种易燃物品的容器（如汽油箱等）时，焊前必须将容器内介质放净擦干并用碱水和热水彻底洗刷干净，确认无误后方可焊接。

（3）储存易燃易爆有毒介质的设备焊前必须经过清洗置换和安全分析后，方可进行焊接与切割。同时要对系统进行通风换气，防止高温使粘附在容器内壁上的固态有毒介质发生汽化，导致焊接与切割人员中毒。

（4）当用氮气置换易燃易爆气体时，即使动火分析符合要求，此时人也不能进入受限空间，要严防氮气引起窒息死亡，只有通风置换吹扫分析合格后，经批准后焊工方准进入。

（5）焊件翻身，搬运和清除焊渣时，应戴好手套和平光眼镜，以防碰伤和烫伤。

（6）在3m以上的高空作业时，必须使用合格的安全带，并把焊接电缆扎在固定架上，切勿背在身上。

（7）在较高处焊接时，应使用牢固的扶梯或脚手架，并要有防滑措施，切不可在扶梯脚下端垫凳子或垫其他滑而不稳的物体。

参 考 文 献

[1] 中国焊接协会培训工作委员会．焊工取证上岗培训教材．北京：机械工业出版社，1993．

[2] 中国机械工程学会焊接学会．焊工手册（手工焊接与切割）．北京：机械工业出版社，2004．

[3] 宝钢工业技术学校．电焊工中级考核培训教程．北京：中国劳动社会保障出版社，2007．

[4] 孙景荣，王丽华．电焊工．北京：化学工业出版社，2001．

[5] 龚国尚，严绍华．焊工实用手册．北京：中国劳动出版社，1993．

[6] 胡特生．电弧焊．北京：机械工业出版社，1996．

[7] 吴敢生．埋弧自动焊．沈阳：辽宁科学技术出版社，2007．

[8] 于曾瑞．钨极氩弧焊实用技术．北京：化学工业出版社，2004．

[9] 李亚江，刘鹏，刘强．气体保护焊工艺及应用．北京：化学工业出版社，2005．

[10] 王亚君，周岐，富玉竹．电焊工操作技能．北京：中国电力出版社，2010．

[11] 朱兆华，郭振龙．焊工安全技术．北京：化学工业出版社，2005．